高等职业教育"十二五"规划教材

中国科学院优秀教材

高职高专计算机网络系列教材

网络故障诊断与实训

（第二版）

彭海深　主编

科学出版社

北 京

内 容 简 介

本书阐述了计算机网络体系结构、网络管理、网络故障诊断与维护的理论知识与实践技术，旨在帮助读者理清网络故障诊断与维护的思路，达到快速排除网络故障的目的。本书内容深入浅出、语言简洁明了、结构清晰合理，通过大量的实例和实训帮助读者进一步理解网络故障产生的原因，掌握网络故障排除的方法与技术。

本书可作为高职高专计算机及相关专业的教材，也可以作为计算机网络工程技术人员、网络管理员和网络维护培训人员的自学参考书。

图书在版编目(CIP)数据

网络故障诊断与实训/彭海深主编. —2版. —北京：科学出版社，2012.
（高等职业教育"十二五"规划教材·高职高专计算机网络系列教材）
ISBN 978-7-03-034594-3

Ⅰ.①网… Ⅱ.①彭… Ⅲ.①计算机网络-故障诊断-高等职业教育-教材 Ⅳ.①TP393.07

中国版本图书馆 CIP 数据核字（2012）第 115629 号

责任编辑：孙露露　郭丽娜 / 责任校对：王万红
责任印制：吕春珉 / 封面设计：耕者设计工作室

科 学 出 版 社 出版
北京东黄城根北街 16 号
邮政编码：100717
http://www.sciencep.com
新科印刷有限公司 印刷

科学出版社发行　　　各地新华书店经销

*

2012年8月第 二 版　　开本：787×1092 1/16
2016年11月第六次印刷　　印张：18
字数：445 000

定价：33.00 元
（如有印装质量问题，我社负责调换〈新科〉）

销售部电话 010-62142126　编辑部电话 010-62135763-8212

前　　言

本书从网络管理与维护的实际工作需求出发，介绍了网络维护和网络故障排除的知识与技术。网络管理与维护的任务就是保证网络的安全畅通，因此，掌握网络故障的诊断与排除的方法，迅速、准确地排除网络故障是网络管理人员应具备的能力。本书将对网络故障的诊断与排除给出切实可行的解决方案。

本书围绕着"故障"而展开，以 OSI 七层模型为线索，从低层到高层逐一分析了每层可能出现的典型故障，阐述了其故障产生的原因及解决方案，对解决方法给出了详细的讲解，使读者对网络常见故障不但知其然，而且知其所以然。

全书共 10 章，各章内容如下。

第 1 章：介绍计算机网络体系知识。

第 2 章：介绍网络的维护方法、步骤、常用的工具。

第 3 章：介绍物理层的常见故障及维护方法。

第 4 章：介绍数据链路层的常见故障及维护方法。

第 5 章：介绍网络层的常见故障及维护方法。

第 6 章：介绍传输层的常见故障及维护方法。

第 7 章：介绍 OSI 模型高层的常见故障及维护方法。

第 8 章：介绍网络服务器的常见故障及维护方法。

第 9 章：介绍无线局域网的组成、常见故障及维护方法。

第 10 章：Intranet 维护综合实训，包括 Intranet 组网实训、Intranet 性能测试与优化实训、Intranet 故障诊断与维护实训。

本书内容深入浅出、语言简洁明了、结构清晰合理，通过大量的实例和实训帮助读者进一步理解网络故障产生的原因，掌握网络故障排除的方法与技巧，案例实训具有普遍性，适合常用的网络操作系统。本书各章均有配套习题与实训，以供读者巩固、复习所学知识。为便于教学，本书配有电子课件等教学资源，可到网站（www.abook.cn）下载。

通过本书的学习，初学者可以在较短的时间内掌握计算机网络维护的知识和技能，达到一个网络管理员应具备的基本要求。本书既可作为高职高专计算机及相关专业的教材，也可作为计算机网络工程技术人员、网络管理员和网络维护培训人员的自学参考书。

由于编者水平有限，编写时间仓促，书中错误、疏漏之处在所难免，敬请广大读者批评指正。

目　　录

第1章

计算机网络体系结构概述

学习指导

学习目标 ☞　掌握 OSI 七层模型和 TCP/IP 网络模型的划分及作用。
掌握计算机网络系统的体系结构和网络协议的定义及其应用。
理解网络互连设备的工作原理，掌握其使用方法。
正确理解、设计网络工程模型。

要点内容 ☞　网络体系结构的概念。
开放系统参考模型及其意义。
计算机网络互连设备。
计算机网络工程模型。

学前要求 ☞　对计算机有一定的了解，已经接触或使用过计算机。
已经掌握了学习计算机所需要的外语、数学和物理等基础知识。
已经掌握了计算机网络的基本知识。

1.1 OSI 参考模型

1.1.1 网络体系结构的概念

计算机网络由多个互连的结点组成，结点之间要不断地交换数据和控制信息，要做到有条不紊地交换数据信息，每个结点就必须遵守一整套合理而严谨的结构化管理体系，计算机网络就是按照高度结构化设计方法，采用功能分层原理来实现的。

1. 网络体系结构的定义

计算机网络系统是一个十分复杂的系统。将一个复杂系统分解为若干个容易处理的子系统，然后"分而治之"，这种结构化设计方法是工程设计中常见的手段。分层是系统分解比较好的方法之一。

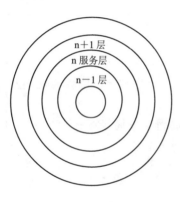

图 1.1 层次模型

在如图 1.1 所示的一般分层结构中，n 层是 n−1 层的用户，又是 n+1 层的服务提供者。n+1 层虽然只直接使用了 n 层提供的服务，实际上它通过 n 层还间接地使用了 n−1 层以及以下所有各层的服务。

在层次式结构中，每一层都可能有若干个协议。在两个 n 层的实体之间相互合作共同完成 n 层的某功能时，是受一个或几个局部于 n 层的协议（简称 n 协议）所支配的。n 协议精确地规定 n 层实体应如何利用 n−1 层服务协同工作去完成 n 层的功能，以便向 n+1 层实体提供 n 层的服务；换而言之，n 层协议规定了 n 层实体在执行 n 层的功能时的通信行为。

层次结构的好处在于各层相对独立、功能简单、层内的变化互不影响，即适应性强，易于实现和维护，分层结构还有利于交流、理解和标准化。

所谓网络体系就是为了完成计算机间的通信合作，把每个计算机互连的功能划分成定义明确的层次，规定了同层次进程通信的协议及相邻层之间的接口及服务。将这些同层进程通信的协议以及相邻层接口统称为网络体系结构。

2. 层次结构

层次结构一般以垂直分层模型来表示，如图 1.2 所示。

层次结构的要点如下：

1）除了在物理媒体上进行的是实通信之外，其余各对等实体间进行的都是虚通信。

2）对等层的虚通信必须遵循该层的协议。

3）n 层的虚通信是通过 n 与 n−1 层间接口处调用 n−1 层提供的服务以及 n−1 层的通信（通常也是虚通信）来实现的。

层次结构划分的原则如下：

1）每层的功能应是明确的，并且是相互独立的。当某一层的具体实现方法更新时，只要保持上、下层的接口不变，便不会对邻近层产生影响。

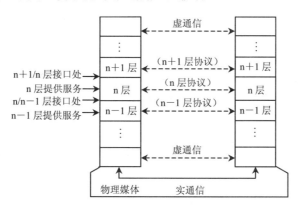

图 1.2　计算机网络的层次模型

2）层间接口必须清晰，跨越接口的信息量应尽可能少。

3）层数应适中。若层数太少，则造成每一层的协议太复杂；若层数太多，则体系结构过于复杂，使描述和实现各层功能变得困难。

网络的体系结构的特点如下：

1）以功能作为划分层次的基础。

2）第 n 层的实体在实现自身定义的功能时，只能使用第 n−1 层提供的服务。

3）第 n 层在向第 n+1 层提供的服务时，此服务不仅包含第 n 层本身的功能，还包含由下层服务提供的功能。

4）仅在相邻层间有接口，且所提供服务的具体实现细节对上一层完全屏蔽。

1.1.2　开放系统参考模型

1. 开放系统

在人们的日常工作中，不同年代、不同厂家、不同类型的计算机系统千差万别，将这些系统互连起来就需要它们之间彼此开放。所谓开放系统，就是遵守互连标准协议的实系统。实系统是一台或多台计算机、有关软件、终端、操作员、物理过程和信息处理手段等的集合。对实系统的研究，就会涉及具体的计算机技术细节。采用抽取实系统中涉及互连的公共特性构成模型系统，然后研究这些模型系统即开放系统互连的标准，这样就避免了涉及具体机型和技术上的实现细节，也避免了技术的进步对互连标准的影响。所谓模型化的方法，就是用功能上等价的开放系统模型代替实开放系统的方法。

2. OSI 七层模型

（1）OSI 网络分层参考模型

开放系统互连 OSI（Open System Interconnection）基本参考模型是由国际标准化组织（ISO）制定的标准化开放式计算机网络层次结构模型，又称 OSI 参考模型。"开放"这个词表示能使任何两个遵守参考模型和有关标准的系统进行互连。

OSI 包括了体系结构、服务定义和协议规范三级抽象。OSI 的体系结构定义了一个七层模型，用以描述进程间的通信，并作为一个框架来协调各层标准的制定；OSI 的服务定义描述了各层所提供的服务，以及层与层之间的抽象接口和交互用的服务原语；OSI 各层的协议规范，精确地定义了应当发送何种控制信息及使用何种过程来解释该控制信息。

OSI 七层模型从下到上分别为物理层（Physical Layer）、数据链路层（Data Link Layer）、网络层（Network Layer）、传输层（Transport Layer）、会话层（Session Layer）、表示层（Presentation Layer）和应用层（Application Layer），如图 1.3 所示。

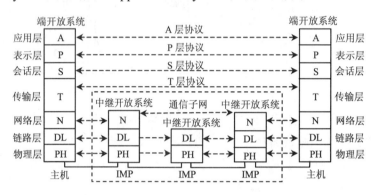

图 1.3　OSI 参考模型

从图中可见，整个开放系统环境由作为信源和信宿的端开放系统及若干中继开放系统通过物理媒体连接构成。这里的端开放系统和中继开放系统，都是国际标准 OSI 7498 中使用的术语。通俗地说，它们相当于资源子网中的主机和通信子网中的节点机（IMP）。只有在主机中才可能需要包含所有七层的功能，而在通信子网中的 IMP 一般只需要最低三层甚至只要最低两层的功能就可以了。

（2）各层功能简要介绍

1）物理层。物理层负责将信息编码成电流脉冲或其他信号用于网上传输。它由计算机和网络介质之间的实际界面组成，可定义电气信号、符号、线的状态和时钟要求、数据编码和数据传输用的连接器。最常用的 RS-232 规范、10Base-T 的曼彻斯特编码以及 RJ-45 就属于物理层。所有比物理层高的层都通过事先定义好的接口而与它通话。

2）数据链路层。数据链路层通过物理网络链路提供可靠的数据传输。不同的数据链路层定义了不同的网络和协议特征，其中包括物理编址、网络拓扑结构、错误校验、帧序列以及流控。数据链路层实际上由两个独立的部分组成，即介质存取控制（Media Access Control，MAC）和逻辑链路控制层（Logical Link Control，LLC）。MAC 描述在共享介质环境中如何进行节点的调度、发生和接收数据。MAC 确保信息跨链路的可靠传输，对数据传输进行同步，识别错误和控制数据的流向。一般地讲，MAC 在共享介质环境中是十分重要的，只有在共享介质环境中，多个节点才能连接到同一传输介质上。IEEE MAC 规则定义了地址，以标识数据链路层中的多个设备。逻辑链路控制层管理单一网络链路上的设备间的通信，IEEE 802.2 标准定义了 LLC。LLC 支持无连接服务和面向连接的服务。在数据链路层的信息帧中定义了许多域。这些域使得多种高层协议可以共享一个物理数据链路。

3）网络层。网络层负责在源点和终点之间建立连接。它一般包括网络寻径，还可能包括流量控制、错误检查等。相同 MAC 标准的不同网段之间的数据传输一般只涉及到数据链路层，而不同的 MAC 标准之间的数据传输都涉及到网络层，例如，IP 路由器工作在网络层，因而可以实现多种网络间的互连。

4）传输层。传输层向高层提供可靠的端到端的网络数据流服务。传输层的功能一般包括流控、多路传输、虚电路管理及差错校验和恢复。流控管理设备之间的数据传输，确保传输设备不发送比接收设备处理能力大的数据；多路传输使得多个应用程序的数据可以传输到一个物理链路上；虚电路由传输层建立、维护和终止；差错校验包括为检测传输错误而建立的各种不同结构；而差错恢复包括所采取的行动（如请求数据重发），以便解决发生的任何错误。传输控制协议（TCP）是提供可靠数据传输的 TCP/IP 协议族中的传输层协议。

5）会话层。会话层建立、管理和终止表示层与实体之间的通信会话。通信会话包括发生在不同网络应用层之间的服务请求和服务应答，这些请求与应答通过会话层的协议实现。它还包括创建检查点，使通信发生中断的时候可以返回到以前的一个状态。

6）表示层。表示层提供多种功能用于应用层数据编码和转化，以确保一个系统应用层发送的信息可以被另一个系统应用层识别。表示层的编码和转化模式包括公用数据表示格式、性能转化表示格式、公用数据压缩模式和公用数据加密模式。

7）应用层。应用层是最接近终端用户的 OSI 层，这就意味着 OSI 应用层与用户之间是通过应用软件直接相互作用的。注意，应用层并非由计算机上运行的实际应用软件组成，而是由向应用程序提供访问网络资源的 API（Application Program Interface，应用程序接口）组成，这类应用软件程序超出了 OSI 模型的范畴。应用层的功能一般包括标识通信伙伴、定义资源的可用性和同步通信。因为可能丢失通信伙伴，应用层必须为传输数据的应用子程序定义通信伙伴的标识和可用性。定义资源可用性时，应用层为了请求通信而必须判定是否有足够的网络资源。在同步通信中，所有应用程序之间的通信都需要应用层的协同操作。

OSI 的应用层协议包括文件的传输、访问及管理协议（FTAM），以及文件虚拟终端协议（VIP）和公用管理系统信息（CMIP）等。

（3）对等通信

不同系统同等层之间按相应协议进行通信，同一系统不同层之间通过接口进行通信。只有最底层物理层完成物理数据传递，其他同等层之间的通信称为逻辑通信，其通信过程为将通信数据交给下一层处理，下一层对数据加上若干控制位后再交给它的下一层处理，最终由物理层传递到对方系统物理层，再逐层向上传递，从而实现对等层之间的逻辑通信。

层次结构模型中数据的实际传送过程如图 1.4 所示。图 1.4 中，发送进程发送给接收进程数据，实际上是经过发送方各层从上到下传递到物理媒体，通过物理媒体传输到接收方

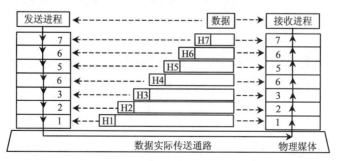

图 1.4　数据的实际传递过程

后，再经过从下到上各层的传递，最后到达接收进程。

在发送方从上到下逐层传递的过程中，每层都要加上适当的控制信息，即图中的 H7，H6，…，H1，统称为报头，到最底层成为由"0"和"1"组成的数据比特流，然后再转换为电信号在物理媒体上传输至接收方。接收方在向上传递时过程正好相反，要逐层剥去发送方相应层加上的控制信息。

因接收方的某一层不会收到底下各层的控制信息，而高层的控制信息对于它来说又只是透明的数据，所以它只阅读和去除本层的控制信息，并进行相应的协议操作。发送方和接收方的对等实体看到的信息是相同的，就好像这些信息通过虚通信直接给了对方一样。

1.2 网络互连协议

1.2.1 网络协议

1. 网络协议的定义

网络协议就是网络中传递、管理信息的一些规范，协议代表着标准化，这是一组规则的集合。如同人与人之间相互交流时需要遵循一定的规矩一样，在网络系统中，为了保证数据通信能正确而自动地进行，制定了一整套的规则、标准或约定，这就是网络系统的通信协议，简称为网络协议。网络协议是一套语义和语法规则，用来规定有关功能部件在通信过程中的操作。

一台计算机只有在遵守网络协议的前提下，才能在网络上与其他计算机进行正常的通信。网络协议通常被分为几个层次，每层完成自己单独的功能。通信双方只有在共同的层次间才能相互联系。常见的协议有 TCP/IP 协议、IPX/SPX 协议、NetBIOS 协议等。在 Internet 上被广泛采用的是 TCP/IP 协议，在局域网中用得的比较多的是 IPX/SPX 协议。用户如果访问 Internet，则必须在网络协议中添加 TCP/IP 协议。

2. 网络协议的组成

网络协议主要由三个要素组成。

（1）语义

网络协议的语义是指需要发出何种控制信息、完成何种操作以及作出何种应答。例如，在基本型数据链路控制协议中，规定协议元素 SOH 的语义表示所传输报文的报头开始，而协议元素 ETX 的语义，则表示正文结束。

（2）语法

网络协议的语法是指数据和控制信息的结构和格式。例如，在传输一份数据报文时，可用适当的协议元素和数据，按下述的格式来表达，其中 BCC 是检验码。

SOH	HEAD	STX	TEXT	ETX	BCC

（3）时序

它规定了事件的执行顺序。例如，在双方通信时，首先由源站发送一份数据报文，如果目标站收到的是正确的报文，就应遵循协议规则，利用协议元素 ACK 来回答对方，以使源站知道其所发出的报文已被正确接收；如果目标站收到的是一份错误报文，便应按规则用 NAK 元素做出回答，以要求源站重发刚刚发过的报文。

综上所述可见，网络协议实质上是实体间通信时所使用的一种语言。

1.2.2　常用网络协议及其应用

就像不同国家的人之间进行交流时需要使用一种彼此都理解的语言，网络中的计算机要想相互进行"交流"，也必须选择一种彼此都能听得懂的"公用语言"，即我们通常所说的网络通信协议。面对众多网络协议，我们可能无从选择。不过要是事先了解到网络协议的主要用途，就可以有针对性的选择了。以下是几种常用的网络协议及其应用。

1. 物理层协议

（1）EIA RS-232C 接口标准

EIA RS-232C 是由美国电子工业协会（Electronic Industry Association，EIA）在 1969 年颁布的一种目前使用最广泛的串行物理接口。RS（recommended standard）的意思是"推荐标准"，232 是标识号码，而后缀 C 则表示该推荐标准已被修改过的次数。RS-232C 标准提供了一个利用公用电话网络作为传输媒体，并通过 Modem 将远程设备连接起来的技术规定。

（2）X.21 和 X.21bis 建议

X.21 建议是 CCITT（Consultative Committee International Telephone and Telegraph，国际电话电报咨询委员会）于 1976 年制定的一个用户计算机的 DTE 如何与数字化的 DCE 交换信号的数字接口标准。X.21 建议的接口以相对来说比较简单的形式提供了点到点式的信息传输，通过它能实现完全自动的过程操作，并有助于消除传输差错。在数据传输过程中，任何比特流（包括数据与控制信号）均可通过该接口进行传输。ISO 的 OSI 参考模型建议采用 X.21 作为物理层的标准。X.21bis 标准指定使用 V.24/V.28 接口，它们与 EIA RS-232D 非常类似。

2. 数据链路层协议

（1）高级数据链路控制协议 HDLC

HDLC（High Level Data Link Control，高级数据链路控制协议）是一组用于在网络结点间传送数据的协议。在 HDLC 中，数据被组成一个个的单元（称为帧）通过网络发送，并由接收方确认收到。HDLC 协议也管理数据流和数据发送的间隔时间。HDLC 是在数据链路层中广泛使用的协议之一。现在作为 ISO 标准的 HDLC 是基于 IBM 的 SDLC 协议的，SDLC 被广泛用于 IBM 的大型机环境之中。在 HDLC 中，属于 SDLC 的部分被称为通常响应模式（NRM）。在通常响应模式中，基站（通常是大型机）发送数据给本地或远程的二级站。不同类型的 HDLC 被用于使用 X.25 协议的网络和帧中继网络，这种协议可以在局域网或广域网中使用。

（2）点对点协议 PPP

PPP（Point to Point Protocol，点对点协议）是用于串行接口的两台计算机的通信协议，是为通过电话线连接计算机和服务器，进行彼此通信而制定的协议。网络服务提供商可以提供点对点连接，这样提供商的服务器就可以响应请求，将请求接收并发送到网络上，然后将网络上的响应送回。PPP 使用 IP 协议，有时它被认为是 TCP/IP 协议族的一员。PPP 协议可用于不同介质包括双绞线，光纤和卫星传输的全双工协议，它使用 HDLC 进行数据包的装入。PPP 协议既可以处理同步通信也可以处理异步通信，可以允许多个用户共享一个线路，又可以进行差错控制。

（3）以太网上的点对点协议 PPPoE

PPPoE（Point to Point Protocol over Ethernet）是将以太网和 PPP 协议结合后的协议，目前广泛应用在 ADSL 接入方式中。通过 PPPoE 技术和宽带调制解调器（比如 ADSL Modem）就可以实现高速宽带网的个人身份验证访问，为每个用户创建虚拟拨号连接，这样就可以高速连接到 Internet。与传统的接入方式相比，PPPoE 具有较高的性能价格比，它在包括小区组网建设等一系列应用中被广泛采用。

3. 网络层协议

（1）Internet 协议 IP

网络层最重要的协议是 IP（Internet Protocol），它将多个网络连成一个 Internet，可以把高层的数据以多个数据报的形式通过 Internet 分发出去。

IP 的基本任务是通过 Internet 传送数据报。IP 从源主机取得数据，通过它的数据链路层服务传给目的主机的 IP 层。IP 不保证服务的可靠性，在主机资源不足的情况下，它可能丢弃某些数据报，同时 IP 也不检查被数据链路层丢弃的报文。

（2）Internet 控制信息协议 ICMP

从 IP 的功能可以知道 IP 提供的是一种不可靠的报文分组传送服务。若路由器或麻风故障使网络阻塞，就需要通知发送主机采取相应措施。

为了使 Internet 能报告差错，或提供有关意外情况的信息，在 IP 层加入了一类特殊用途的报文机制，即 Internet 控制报文协议 ICMP（Internet Control Message Protocol）。

分组接收方利用 ICMP 来通知 IP 模块发送方某些方面所需的修改。ICMP 通常是由发现别的站发来的报文有问题的站产生的，例如，可由目的主机或中继路由器来发现问题并产生有关的 ICMP。如果一个分组不能传送，ICMP 便可以用来警告分组源，说明有网络、主机或端口不可达，ICMP 也可以用来报告网络阻塞。ICMP 是 IP 正式协议的一部分，ICMP 数据报通过 IP 送出，因此它在功能上属于网络层，但实际上它是像传输层协议一样被编码的。

（3）地址转换协议 ARP

在 TCP/IP 网络环境下，每个主机都分配了一个 32 位的 IP 地址，这种 Internet 地址是在国际范围内标识主机的一种逻辑地址。为了让报文在物理网上传送，必须知道彼此的物理地址，这样就存在把 Internet 地址变换为物理地址的地址转换问题。以以太网（Ethernet）环境为例，为了正确地向目的站传送报文，必须把目的站的 32 位 IP 地址转换成 48 位以太网目的地址 DA。这就需要在网络层有一组服务将 IP 地址转换为相应物理网络地址，这组协议即是 ARP（Address Resolution Protocol，地址转换协议）。

在进行报文发送时，如果源网络层给的报文只有 IP 地址，而没有对应的以太网地址，则网络层广播 ARP 请求以获取目的站信息，而目的站必须回答该 ARP 请求。这样源站点可以收到以太网的 48 位地址，并将地址放入相应的高速缓存（Cache）。下一次源站点对同一目的站点的地址转换可直接引用高速缓存中的地址内容。地址转换协议 ARP 使主机可以找出同一物理网络中任一个物理主机的物理地址，只需给出目的主机的 IP 地址即可。这样，网络的物理编址可以对网络层服务透明。

在 Internet 环境下，为了将报文送到另一个网络的主机，数据报先确定发送方所在的网络 IP 路由器。因此，发送主机首先必须确定路由器的物理地址，然后依次将数据发往接收端。除基本 ARP 机制外，有时还需在路由器上设置代理 ARP，其目的是由 IP 路由器代替目的站对发送方 ARP 请求做出响应。

（4）反向地址转换协议 RARP

RARP（Reverse Address Resolution Protocol，反向地址转换协议）用于一种特殊情况，如果站点初始化以后只有自己的物理地址而没有 IP 地址，则它可以通过 RARP 协议发出广播请求，征求自己的 IP 地址，而 RARP 服务器则负责回答。这样，无 IP 地址的站点可以通过 RARP 协议取得自己的 IP 地址，这个地址在下一次系统重新开始以前都有效，不用连续广播请求。RARP 广泛用于获取无盘工作站的 IP 地址。

（5）IPv6 Internet 协议

IPv6（Internet Protocol Version 6）是 Internet 协议的最新版本，已作为 IP 的一部分被许多操作系统所支持。IPv6 也被称为"IPng"（下一代 IP），它对现行的 IP（版本 4）进行了重大的改进。使用 IPv4 和 IPv6 的网络主机和中间节点可以处理 IP 协议中任何一层的数据包。用户和服务商可以直接安装 IPv6 而不用对系统进行重大的修改。相对于版本 4，新版本的最大改进在于将 IP 地址从 32 位改为了 128 位，这一改进是为了适应网络快速的发展对 IP 地址的需求，也从根本上改变了 IP 地址短缺的问题。IP 首部选项编码方式的修改导致了更加高效的传输，在选项长度方面更少的限制，以及将来引入新的选项时更强的适应性。IPv6 加入一个新的能力，使得那些发送者要求特殊处理的属于特别的传输流的数据包能够贴上标签，如非缺省质量的服务或实时服务。为支持认证，数据完整性以及（可选的）数据保密的扩展都在 IPv6 中做了说明。IPv6 版的 ICMP 是所有 IPv6 应用都需要包含的。

4. 传输层协议

（1）传输控制协议 TCP

TCP（Transmission Control Protocol，传输控制协议）提供的是一种可靠的数据流服务。当传送受差错干扰的数据，或网络负荷太重而使网际基本传输系统不能正常工作时，就需要通过其他协议来保证通信的可靠。TCP 就是这样的协议，它对应于 OSI 模型的传输层，它在 IP 协议的基础上提供端到端的面向连接的可靠传输。

TCP 通信建立在面向连接的基础上，实现了一种"虚电路"的连接。双方通信之前，先建立一条连接，然后双方就可以在其上发送数据流。这种数据交换方式能提高效率，但事先建立连接和事后拆除连接需要开销。TCP 连接的建立采用三次握手的过程，整个过程由发送方请求连接、接收方确认连接和发送方再发送一个关于确认的确认三个过程组成。

（2）用户数据报协议 UDP

UDP（User Datagram Protocol，用户数据报协议）是对 IP 协议组的扩充，它增加了一种机制，发送方使用这种机制可以区分一台计算机上的多个接收者。每个 UDP 报文除了包含某用户进程发送的数据外，还有报文目的端口的编号和报文源端口的编号，UDP 的这种扩充使得在两个用户进程之间传送数据报成为可能。

UDP 是依靠 IP 协议来传送报文的，因而它的服务和 IP 一样是不可靠的。这种服务不用确认、不对报文排序、也不进行流量控制，UDP 报文可能会出现丢失、重复和失序等现象。

5. 高层协议

（1）文件传输协议 FTP

FTP（File Transfer Protocol，文件传输协议）是网际提供的用于访问远程计算机的一个协议，它使用户可以在本地计算机与远程计算机之间进行有关文件的操作。FTP 工作时建立两条 TCP 连接，一条用于传送文件，另一条用于传送控制。

FTP 采用客户/服务器模式，它包含客户 FTP 和服务器 FTP。客户 FTP 启动传送过程，而服务器 FTP 对其做出应答。客户 FTP 大多有一个交互式界面，这使客户可以灵活地向远地传文件或从远地取文件。

（2）TELNET 远程终端访问

TELNET 的连接是一个 TCP 连接，用于传送具有 TELNET 控制信息的数据。它提供了与终端设备或终端进程交互的标准方法，支持终端到终端的连接及进程到进程分布式计算机的通信。

（3）域名服务 DNS

DNS（Domain Name Service，域名服务）是一个域名服务的协议，提供域名到 IP 地址的转换，允许对域名资源进行分散管理。DNS 最初设计的目的是使邮件发送方知道邮件接收主 机及邮件发送主机的 IP 地址，后来发展成为服务于其他许多目标的协议。

（4）简单邮件传送协议 SMTP

Internet 标准中的电子邮件是一个单向的基于文件的协议，用于可靠、有效的数据传输。SMTP（Simple Mail Transfer Protocol，简单邮件传送协议）作为应用层的服务，并不关心它下面采用的是何种传输服务，它可能通过网络在 TCP 连接上传送邮件，或者简单的在同一计算机的进程之间通过进程通信的通道来传送邮件。这样，邮件传输就独立于传输子系统，可以在 TCP/IP 环境、OSI 传输层或 X.25 协议环境中传输邮件。

邮件发送之前必须协商好发送者和接收者。SMTP 服务进程同意为接收方发送邮件时，它将邮件直接交给接收方用户或将邮件逐个经过网络连接器，直到邮件交给接收方用户。在邮件传输过程中，所经过的路由被记录下来，这样，当邮件不能正常传输时可按原路由找到发送者。

（5）超文本传输协议 HTTP

HTTP 是用来在 Internet 上传送超文本的传送协议。它是运行在 TCP/IP 协议族之上的应用协议，它可以使浏览器更加高效，使网络传输减少。任何服务器除了包括 HTML 文件以外，还有一个 HTTP 驻留程序，用于响应用户请求。浏览器是 HTTP 客户向服务器发送请求的工具，当浏览器中输入了一个开始文件或单击了一个超级链接时，浏览器就向服务器发送了 HTTP 请求，此请求被送往由 IP 地址指定的 URL。驻留程序接收到请求，在进行必要的操作后送回所要求的文件。

除了上面介绍的这些协议以外，还有很多其他重要协议，如 RIP、OSPF、BGP4、HTTPS 及 RS-422 等。

1.2.3　Windows 操作系统的三个基本协议

　　网络中不同的工作站与服务器之间能传输数据源于协议的存在。随着网络的发展，不同的开发商开发了不同的通信方式。为了使通信成功可靠，网络中的所有主机都必须使用同一语言，因而必须开发严格的标准定义主机之间的每个数据包中的每一位。一台计算机只有在遵守网络协议的前提下，才能在网络上与其他计算机进行正常的通信。网络协议通常被分为几个层次，每层完成自己单独的功能。通信双方只有在共同的层次间才能相互联系。

　　目前，已经开发了许多协议，但是只有少数被保留了下来。协议被淘汰有多种原因——设计不好、实现不好或缺乏支持。而那些保留下来的协议经历了时间的考验并成为有效的通信方法。当今局域网中最常见的三个协议是 Microsoft 的 NetBEUI 协议、Novell 的 IPX/SPX 协议和交叉平台 TCP/IP 协议。

　　1. NetBEUI 协议

　　NetBEUI（NetBIOS Extended User Interface，用户扩展接口）最初由 IBM 开发，用于实现计算机间相互通信。Microsoft 将 NetBEUI 进行了扩充和完善，自 1985 年开始将 NetBEUI 作为其“客户/服务器”模式的网络系统的基本通信协议，应用在它的一系列产品，如 DOS、LAN Manager、Windows 系统中。在 Windows 早期版本中，NetBEUI 被作为默认协议安装。

　　NetBEUI 主要是为拥有 20～200 个工作站的小型局域网设计的，用于 NetBEUI、LanMan 网、Windows for Workgroups 及 Windows NT 网。NetBEUI 是一个紧凑、快速的非路由广播型协议，用于携带 NetBIOS 通信。NetBEUI 帧中唯一的地址是数据链路层媒体访问控制（MAC）地址，该地址标识了网卡但没有标识网络。路由器靠网络地址将帧转发到最终目的地，而 NetBEUI 帧完全缺乏该信息，所以，它不支持多网段网络，也即通常所说的“不可路由”，这是 NetBEUI 不适合大型网络的一个主要原因。正因为它不需要附加的网络地址和网络层头尾，所以适用于只有单个网络或整个环境都桥接起来的小工作组环境。NetBEUI 也有它的优点，如安装非常简单，不需要进行配置，在三种协议中占用内存最少。因为不支持路由，所以 NetBEUI 不会成为企业网络的主要协议，如果需要路由到其他局域网，则必须安装 TCP/IP 或 IPX/SPX 协议。

　　近年来依赖于第二代交换机的网络变得更为普遍。完全的转换环境降低了网络的利用率，尽管广播仍然转发到网络中的每台主机。事实上，使用 100Base-T Ethernet，允许 NetBIOS 网络扩展到 350 台主机才能避免广播通信成为严重的问题。

　　2. IPX/SPX 协议

　　（1）IPX/SPX 协议概述

　　IPX/SPX（Internetwork Packet Exchange/Sequential Packet Exchange，网间数据包交换/顺序包交换），它是由 Novell 提出的用于客户/服务器模式相连的网络协议。使用 IPX/SPX 协议能运行通常需要 NetBEUI 支持的程序，通过 IPX/SPX 协议可以跨过路由器访问其他网络。IPX/SPX 协议一般可以应用于大型网络（如 Novell）和局域网游戏环境中（如反恐精英、星际争霸）。不过，如果不是在 Novell 网络环境中，一般不使用 IPX/SPX 协议，而是使用 IPX/SPX 兼容协议，尤其是在 Windows 操作系统组成的对等网中。IPX/SPX 在设计一开始就考虑了多网段的问题，具有强大的路由功能，适合于大型网络使用。当用户端接入 NetWare 服务器时，IPX/SPX 及其兼容协议是最好的选择。

IPX/SPX 通信协议具有以下特点：

1）IPX 是 Novell 用于 NetWare 客户/服务器的协议群组，避免了 NetBEUI 的缺点。

2）IPX 具有完全的路由能力，可用于大型企业网。它包括 32 位网络地址，在单个环境中允许有多路由网络。

3）IPX 的可扩展性受到其高层广播通信和高开销的限制。SAP（Service Advertising Protocol，服务广告协议）将路由网络中的主机数限制为几千。尽管 SAP 的局限性已经被智能路由器和服务器配置克服，但是，大规模 IPX 网络管理员的工作仍然非常困难。

4）IPX/SPX 和 TCP/IP 的一个显著不同就是它不使用 IP 地址，而是使用网卡的物理地址，即 MAC 地址。

（2）IPX/SPX 协议的工作方式

IPX/SPX 及其兼容协议不需要任何配置，它可通过"网络地址"来识别自己的身份。Novell 网络中的网络地址由两部分组成：标明物理网段的网络 ID 和标明特殊设备的节点 ID。其中网络 ID 集中在 NetWare 服务器或路由器中，节点 ID 即为每个网卡的 ID 号（网卡卡号）。所有的网络 ID 和节点 ID 都是一个独一无二的"内部 IPX 地址"。正是由于网络地址的唯一性，才使 IPX/SPX 具有较强的路由功能。

在 IPX/SPX 协议中，IPX 是 NetWare 最底层的协议，它只负责数据在网络中的传输，并不保证数据是否传输成功，也不提供纠错服务。IPX 在负责数据传送时，如果接收节点在同一网段内，就直接按该节点的 ID 将数据传给它；如果接收节点是远程的（不在同一网段内，或位于不同的局域网中），IPX 将数据交给 NetWare 服务器或路由器中的网络 ID，继续数据的下一步传输。SPX 在整个协议中负责对所传输的数据进行无差错处理，所以我们将 IPX/SPX 也叫做"Novell 的协议集"。

在实际使用中，IPX/SPX 基本不需要什么设置，装上就可以使用了。由于其在网络普及初期发挥了巨大的作用，所以得到了很多厂商的支持，包括 Microsoft 等，现在很多软件和硬件也均支持这种协议。

3. TCP/IP 协议

（1）TCP/IP 协议概述

TCP/IP 是一种网络通信协议，它规范了网络上的所有通信设备，尤其是一个主机与另一个主机之间的数据传输格式以及传输方式。

TCP/IP 协议起源于美国国防高级研究计划局，是在 20 世纪 60 年代由麻省理工学院和一些商业组织为美国国防部开发的。ARPANET 就是由基于该协议开发的，并逐渐发展成为了 Internet。TCP/IP 是 Internet 的基础协议，也是一种计算机数据打包和寻址的标准方法。

（2）IP 协议

1）IP 地址的分类和表示。IP 地址是分配给连接在 Internet 上的设备的一个 32 字节长度的地址。IP 地址由两个字段组成：网络号码字段（Net-id）和主机号码字段（Host-id）。

IP 地址由美国国防数据网的网络信息中心进行分配。为了方便 IP 地址的管理，IP 地址分成 5 类，如图 1.5 所示。

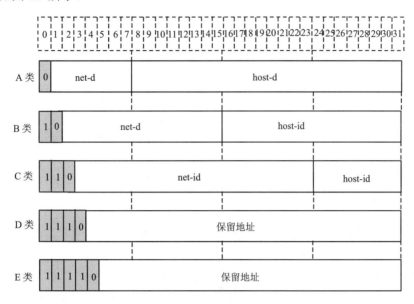

图 1.5　5 类 IP 地址

图中 A、B、C 类地址为单播（Unicast）地址；D 类地址为组播（Multicast）地址；E 类地址为保留地址，以备将来的特殊用途。目前，大量使用中的 IP 地址属于 A、B、C 三类地址。

IP 地址采用点分十进制方式记录，每个 IP 地址被表示为以小数点隔开的 4 个十进制整数，每个整数对应 1 个 8 位字节，如 10.110.50.101。

在使用 IP 地址时，要知道一些 IP 地址是保留作为特殊用途的，一般不使用。表 1.1 列出用户可配置的 IP 地址范围。

表 1.1　IP 地址分类及范围

网络类型	地址范围	用户可用的 IP 网络范围	说　明
A	0.0.0.0～127.255.255.255	1.0.0.0～126.0.0.0	全 0 的主机号码表示该 IP 地址就是网络的地址，用于网络路由； 全 1 的主机号码表示广播地址，即对该网络上所有的主机进行广播； IP 地址 0.0.0.0 用于启动后不再使用的主机； 网络号码为 0 的 IP 地址表示当前网络，可以让机器引用自己的网络而不必知道其网络号； 所有形如 127.X.Y.Z 的地址都保留作回路测试，发送到这个地址的分组不会输出到线路上，它们被内部处理并当作输入分组
B	128.0.0.0～191.255.255.255	128.0.0.0～191.254.0.0	全 0 的主机号码表示该 IP 地址就是网络的地址，用于网络路由； 全 1 的主机号码表示广播地址，即对该网络上所有的主机进行广播

续表

网络类型	地址范围	用户可用的 IP 网络范围	说　　明
C	192.0.0.0～223.255.255.255	192.0.0.0～223.255.254.0	全 0 的主机号码表示该 IP 地址就是网络的地址，用于网络路由； 全 1 的主机号码表示广播地址，即对该网络上所有的主机进行广播
D	224.0.0.0～239.255.255.255	无	D 类地址是一种组播地址
E	240.0.0.0～255.255.255.254	无	保留今后使用
其他地址	255.255.255.255	255.255.255.255	255.255.255.255 用于局域网广播地址

2）子网和掩码。在 Internet 迅速发展的今天，传统的 IP 地址分配方式对 IP 地址的浪费非常严重。为了充分利用已有的 IP 地址，人们提出了地址掩码（Mask）和子网（Subnet）的概念。

掩码是一个 IP 地址对应的 32 位二进制数，原则上这些 1 和 0 可以任意组合，不过一般在设计掩码时，把掩码开始连续的几位设置为 1。掩码可以把 IP 地址分为两个部分：子网地址和主机地址。IP 地址与掩码中为 1 的位对应的部分为子网地址，其他的位则是主机地址。当不进行子网划分时，子网掩码即为默认值，此时子网掩码中"1"的长度就是网络号码的长度。A 类地址对应的掩码默认值为 255.0.0.0；B 类地址的掩码默认值为 255.255.0.0；C 类地址的掩码的默认值为 255.255.255.0。

使用掩码可以把一个能容纳 1600 多万台主机的 A 类网络或 6 万多台主机的 B 类网络分割成许多小的网络，每一个小的网络就称之为子网。如一个 B 类网络地址 202.38.0.0 就可以利用掩码 255.255.224.0，把该网络分为 8 个子网：202.38.0.0、202.38.32.0、202.38.64.0、202.38.96.0、202.38.128.0、202.38.160.0、202.38.192.0 和 202.38.224.0，如图 1.6 所示，而每个子网可以包括 8000 多台主机。

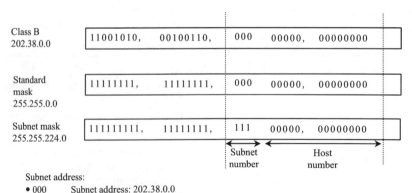

图 1.6　IP 地址子网划分

3）可变长子网掩码（VLSM）。如果想把网络分成多个不同大小的子网，可以使用可变长子网掩码，每个子网可以使用不同长度的子网掩码。例如，按部门划分网络，一些网络的掩码可以为 255.255.255.0（较小的部门），其他的可为 255.255.252.0（较大的部门）。

4）超网（Supernet）。超网与子网类似，IP 地址根据子网掩码被分为独立的网络地址和主机地址。但是，与子网把大网络分成若干小网络相反，超网是把一些小网络组合成一个大网络。

假设现在有 16 个 C 类网络 201.66.32.0～201.66.47.0，它们可以用子网掩码 255.255.240.0 统一表示为网络 201.66.32.0。但是，并不是任意的地址组都可以这样做，例如，16 个 C 类网络 201.66.71.0～201.66.86.0 就不能形成一个统一的网络。不过这其实没关系，只要策略得当，总能找到合适的一组地址的。

（3）IP 地址分配方法

IP 地址的分配方法。

静态分配——指定 IP 地址，固定地址。

动态分配——自动获取 IP 地址，不固定地址。

> **注意**
>
> 服务器必须使用静态地址。

（4）TCP 协议

传输控制协议 TCP 是 TCP/IP 协议栈中的传输层协议，处于 OSI 模型的传输层，它通过序列确认以及数据包重发机制，提供可靠的数据流发送和到应用程序的虚拟连接服务。TCP 与 IP 协议相结合组成了 Internet 协议的核心。

1）TCP 协议包结构如图 1.7 所示。

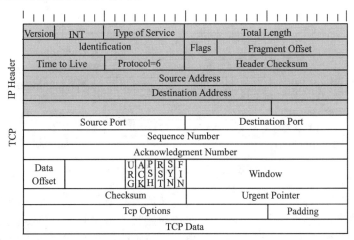

图 1.7 TCP 协议包结构图

Source Port：识别上层源处理器接收 TCP 服务的点。

Destination Port：识别上层目标处理器接收 TCP 服务的点。

Sequence Number：通常指定分配到当前信息中的数据首字节的序号。在连接建立阶段，该字段用于识别传输中的初始序列号。

Acknowledgment Number：包含数据包发送端期望接收的数据下一字节的序列号。一旦连接成功，该值会一直被发送。

Data Offset：4 位。TCP 协议头中的 32 位字序号表示数据开始位置。

SYN：同步标志。

ACK：确认标志。

RST：复位标志。

URG：紧急标志。

PSH：推标志。

FIN：结束标志。

2）TCP 连接的建立和终止。协议连接步骤如下。第一步：客户端向服务器提出连接请求。这时 SYN 标志置位，客户端告诉服务器序列号区域合法，服务器进行检查。客户端在 TCP 报头的序列号区中插入自己的 ISN。第二步：服务器收到该 TCP 分段后，以自己的 ISN 回应（SYN 标志置位），同时确认收到客户端的第一个 TCP 分段（ACK 标志置位）。第三步：客户端确认收到服务器的 ISN（ACK 标志置位）。到此为止建立了完整的 TCP 连接，开始全双工模式的数据传输过程。

这三个报文段完成连接的建立，如图 1.8 所示，称为三次握手。发送第一个 SYN 的一端将执行主动打开，接收这个 SYN 并发回下一个 SYN 的另一端执行被动打开。

连接终止步骤：由于 TCP 连接是全双工的，因此每个方向都必须单独进行关闭。原则是当一方完成它的数据发送任务后就能发送一个 FIN 来终止这个方向的连接。收到一个 FIN 只意味着这一方向上没有数据流动，一个 TCP 连接在收到一个 FIN 后仍能发送数据。首先进行关闭的一方执行主动关闭，而另一方执行被动关闭。

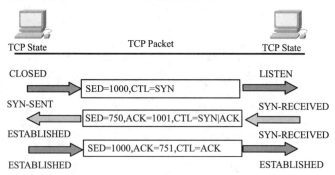

图 1.8　TCP 协议三次握手

3）TCP 的超时和重传。TCP 采用"带重传的肯定确认"技术来实现可靠的传输。简单的"带重传的肯定确认"是指与发送方通信的接收者每接收一次数据就送回一个确认报文，发送者对每个发出去的报文都留一份记录，等到收到确认之后再发出下一报文分组。发送者发出一个报文分组时，启动一个计时器，若计时器计数完毕，确认还未到达，则发送者重新送该报文分组。

往返时间测量：TCP 超时和重传最重要的就是对一个给定连接的 RTT（往返时间）的测量。TCP 必须测量在发送一个带有特别序号的字节和接收到包含该字节的确认报文之间的 RTT。

拥塞避免算法：该算法假定由于分组收到损坏引起的丢失是非常少的，因此分组丢失就意味着在源主机和目的主机之间的某处网络上发生了阻塞。

快速重传和快速恢复算法：如果一连收到三个或三个以上的重复 ACK，就可能是一个报文段丢失了。于是就需要重传丢失的数据报文段，而无需等待超时定时器溢出。

TCP 的流量控制：简单的确认重传严重浪费带宽，TCP 还采用一种称之为"滑动窗口"的流量控制机制来提高网络的吞吐量，窗口的范围决定了发送方发送的但未被接收方确认的数据报的数量。每当接收方正确收到一则报文时，窗口便向前滑动，这种机制使网络中未被确认的数据报数量增加，提高了网络的吞吐量。

TCP/IP 的 32 位寻址方案不足以支持即将加入 Internet 的主机和网络数，因而可能代替它的标准是 IPv6。

（5）选择原则

在组网时，具体选择哪一种网络通信协议主要取决于网络规模、网络应用需求、网络平台兼容性和网络管理几个方面。

如果正在组建一个小型的单一网段的局域网，只是为了文件和设备的共享，并且暂时没有对外连接的需要，可以选择 NetBEUI 协议。

如果网络存在多个网段或要通过路由器与外部相连，就不能使用不具备路由和跨网段操作功能的 NetBEUI 协议，而必须选择 IPX/SPX 或 TCP/IP 协议。

如果网络操作系统是从 NetWare 迁移到 Windows NT，同时还要保留一些基于 NetWare 的应用，IPX/SPX 及其兼容的 NWLink 通信协议则是一个必然的选择。

有人可能会认为把三种协议都安装就可以适应各种情况，其实这样做是不可取的，因为每个协议都要占用计算机的内存，选择的协议越多，占用计算机的内存资源越多，就会影响网络的速度。

1.3　网络互连设备

设计、安装和维护网络的过程中最困难的工作就是选择和配置连网设备。连网设备是指集线器、交换机和路由器等能够克服网络介质传输限制的设备。

用户应该了解各种设备的应用情况，同时必须知道每一种设备对于网络运行过程的影响。在以后的章节中我们会详细分析关于配置和排除网络设备故障的方法，这里我们先了解一些常见设备的功能。本节将集中讨论以太网设备，因为以太网是目前使用最广泛的网络结构。

1.3.1　以太网基础知识

快速以太网是在局域网中占主导地位的、速度为 100Mb/s 的广播式网络，100Mb/s 的快速以太网与 10Mb/s 的以太网从结构到功能基本相同，只是在速度上快速以太网是后者的 10 倍，在以后章节中我们以 10Mb/s 以太网为例来分析以太网。以太网网络结构被认为是最省时的传输系统，但是介质使用以太网传输数据帧时，没有任何控制机制能保证数据帧一定能够到达目的地。

以太网采用广播式网络技术。当计算机要传输数据帧到目的地时，目的地 MAC 地址将被放在帧首，然后数据帧被送到介质中。位于电缆上的所有工作站接收到这条报文后，都会处理帧首以决定帧是否是传输给自己，只有地址匹配的计算机才会处理整个数据帧。由于采用广播式的传输方式，每一段电缆上每段时间内只有一台计算机能成功传输数据。如果一台以上的计算机同时传输数据，这些信号就会相互干扰并会产生冲突。

必须有一种方法来确定在给定的时间内哪台计算机可以传输数据，以及检测和纠正产生的冲突。因此，以太网采用带有冲突检测的 CSMA/CD（载波侦听多路访问/冲突检测）技术。采用 CSMA/CD 技术时，计算机在传输数据前首先会侦听电缆上的情况。如果电缆上没有信号传输，则计算机就可以发送数据。当一台计算机发送数据时，它会同时侦听其他工作站的数据发送状况。如果与其他计算机数据产生冲突，这台计算机就会检测到这个冲突，并在等待一段时间后重新发送数据。等待时间，叫做延迟。在延迟时间段内重新发送数据前，必须设置可以重新发送数据的时间期限。在以太网放弃发送数据并且通知上层发生错误之前，一共可以有 16 次机会来重新发送数据。

以太网采用的另外一种错误检测机制被称为 FCS（帧检查序列）。FCS 是加在帧首末端的包含 CRC（循环冗余码校验）且长度为 32 位的域。CRC 是通过对将要发送的数据帧所有字节进行数学计算得到的。当帧到达目的地时，接收计算机将执行同样的计算过程。如果计算结果和帧中包含的 CRC 不匹配，接收方就会丢弃该帧，因为帧可能已经受电磁干扰或串扰而发生了改变。电磁干扰来源于外部信号源的干扰，串扰来源于同一根电缆中的信号干扰。如果产生了串扰，那么当发生信号冲突以后发送方可能检测不到。重新发送数据是上层协议需要完成的工作。

1.3.2 常用互连设备及其作用

1. 集线器/中继器

集线器工作在 OSI 模型的物理层。当集线器的一个端口接收到信号以后，集线器将整理这个信号，并增强这个信号然后转发到所有其他端口。集线器为一个工作组提供一个单独的连接点并使网络克服介质传输长度的限制。例如，典型的以太网使用 10Base-T 电缆，这种电缆的传输长度限制为 100m。如图 1.9 所示，如果采用电缆连接到集线器，则一端的工作站可以和集线器另一端 100m 处的工作站通信，这样整个距离就可以扩展到 200m。

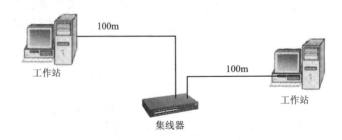

图 1.9 集线器延伸了网络传输的距离

因为集线器在转发信号时不考虑目的地址，所以连接到集线器上的工作站必须处理网络中传输的每一个帧。而且，如果几个集线器捆绑在一起，每个集线器都会给其他集线器转发信号，就形成了巨大的电缆段。电缆段是由交换机、网桥或路由器端口限定的电缆组件，电缆段也被称为冲突区域。

通过集线器连接网络中的计算机比较简单也相对便宜。然而，由于简单也导致集线器的规模或结构的可伸缩性不好。集线器上连接的工作站越多，产生信号冲突的几率就越大，输出的有用数据就会越少。图 1.10 表示了如何使用集线器扩大电缆段。标识为信号输入的箭头代表工作站的传输方向，其他箭头代表通过网络转发的信号传输方向。在本书的后面章节中，我们将分析有关集线器的故障问题和集线器常见的功能。

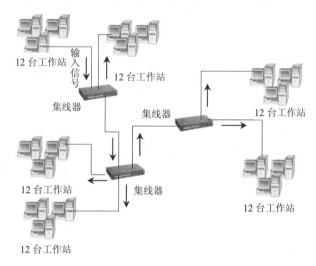

图 1.10　多集线器形成电缆段

2. 网桥/交换机

网桥和交换机在 OSI 模型的数据链路层工作。因为交换机本质上是一个快速、多端口的网桥，所以在本书的后面将使用"交换机"这一术语来表示网桥。

交换机可以执行许多和集线器相同的功能，但却克服了集线器的一些缺点。尽管集线器扩展了一个电缆段上的工作站数目，每个交换机端口却可以产生一个新的电缆段。每个交换机端口构成了一个不同的冲突区域，冲突区域定义了冲突产生的电缆段，因此，在具有交换机的网络中产生信号冲突的可能性很小。

交换机的另一个特点是，接收到数据帧后能够基于目的地的 MAC 地址进行处理，并确定过滤或继续向前传播。交换机将带有目的地的 MAC 地址的所有帧以广播的形式广播到所有端口。全部 48 位地址都为 1 的 MAC 地址表示广播。MAC 地址由十六进制数表示。因此一个广播帧的目的地址值为 0XFFFFFFFFFFFF，0X 表示这是十六进制数。这种情况下，交换机和集线器的功能是相同的。

图 1.11 中表示一个 MAC 地址为 AA 的工作站如何发送帧到 MAC 地址为 DD 的工作站。和集线器不同的是，交换机仅从工作站 DD 可以找到的端口发送数据帧。

3. 路由器

路由器是到目前为止所分析的最复杂的网络设备。路由器在网络层工作，所以它们不是基于 MAC 地址，而是基于逻辑地址对数据包进行过滤或者传输。路由器的主要功能是从一个网络向另一个网络传输数据包。尽管集线器和交换机在端口处可能连接有工作站，但路由器的接口却是与整个网络连接。

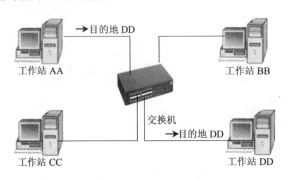

图 1.11　交换机工作原理

　　路由器常被用来连接两个或多个网络，或者在某些情况下对庞大的网络进行分解。与交换机不同的是，在默认状态下路由器不会传输广播数据包。因此，可以用路由器来分解网络以减少广播数据包影响到的工作站数目。图 1.12 表示通过路由器连接两个网络的方法。两个网络的网络 IP 地址不同，一个网络使用交换机连接到主机，另一个则是使用集线器。然而，正是由于使用了路由器才形成了两个物理网络，并实现了它们间的相互通信。

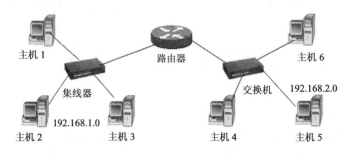

图 1.12　由一个路由器连接的两个网络

　　路由器根据存储在路由列表中的信息发送已经接收到的数据包。路由列表实质上是一个包含了路由器获得的全部网络以及到达每个网络的路径的图表。路由列表是通过路由器之间的信息交换产生的。路由器使用几个协议进行相互通信，从而创建和维护这些路由列表。这些协议包括路由信息协议（RIP）、开放式最短路径协议（OSPF）、内部网关路由协议（IGRP）和边界网关协议（BGP）。对于 Internet，正确选择和配置协议对于维护一个正常的、有效的网络是至关重要的。

　　路由器在网络安全中也同样起着重要的作用。如果路由器的网络安全配置不正确，就会导致网络通信中断，更严重的是当受到外来攻击时会导致数据丢失或数据被盗。

1.4　网络工程模型

　　为了能够正确地排除故障，仅仅了解 OSI 模型结构的核心内容（网络中数据的流动方式）是不够的，必须掌握人与计算机共享数据的各种方式。各种共享数据和设备的方法构成了网络模型。

网络模型可以分成三类：对等网络、文件服务器网络和客户/服务器网络。通常情况下网络中联合使用这三种模型。这些模型描述了网络资源是如何共享和管理的。客户/服务器模型具有集中管理的特点并指定了服务器以及客户机。文件服务器网络以服务器为中心，将计算机连网，使用专用服务器或者高档计算机充当文件服务器及打印服务器，单个计算机可独立运行，在需要的时候可以从服务器共享资源。对等网络模型将管理权限分配给所有的计算机，并且所有计算机既可以是服务器又可以是客户机。

三种模型都各有优缺点并且需要不同程度的维护。一般来说，客户/服务器模型用于大型网络以及能够通过集中管理获益的小型网络。相对于对等网络，客户/服务器模型的网络的规模或结构的可伸缩性更好，并且拥有更加完善的管理工具。对等网络中的计算机通常少于 10 台。因此，客户/服务器网络系统的网络管理员需要具有比一般网络系统的网络管理员更高的技能。文件服务器的适用范围介于两者之间，既可作为共享数据中枢，也可作为共享外部设备的中枢，缺点是文件服务器模型不提供多用户要求的数据并发功能；当许多工作站请求和传送很多文件时，网络很快就达到信息饱和状态并造成传输瓶颈。下面详细分析三种模型的故障及其排除方法。

1.4.1 客户/服务器网络

正如前面所提及的那样，客户/服务器模型指定网络中的某些计算机作为服务器，并将其余的大部分计算机作为客户机。服务器中安装有网络操作系统软件，以便客户机能够共享文件、打印机和其他资源。服务器所具有如下的特点：

1）大容量的内存（通常为 32GB 或者更大容量）。

2）高速磁盘控制器，如小型计算机接口（SCSI）。

3）大容量硬盘。

4）高速网络接口卡。

5）容错特性。

6）磁带备份。

7）中央用户数据库。

8）集中管理工具。

9）具有允许不同的客户操作系统连接的特性。

客户/服务器网络安装有一套网络操作系统，如 Novell NetWare、Windows Server、UNIX/Linux 或者 OS/2 Warp 等。

为了访问网络上的资源，客户机用户必须登录一台或更多的网络服务器。通常为了安全起见，服务器会为每个用户分配一个密码。客户机使用相应用户名登录后就能访问和获取资源。图 1.13 表示的是一个简单的客户/服务器网络。

通常，服务器上会给用户提供一个主目录来存储文件。设置目录便于在实现了服务器备份的同时实现用户数据文件的备份，这也就使得用户无需自己备份。这就是服务器必须具有比客户机更加可靠而且更大容量的硬盘的原因。

客户机上运行为单个用户和应用程序优化的操作系统。这些计算机通常不需要具有服务器的容错和高速磁盘部件等特性。客户机的主要目的就是为用户提供一个合适的接口，运行本地应用程序以及共享网络资源。

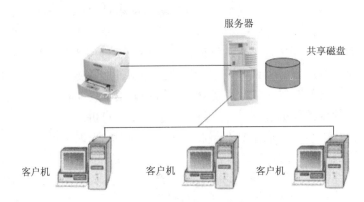

图 1.13　简单的客户/服务器网络结构

客户机具有以下一些特点：

1）常用的客户机操作系统有 Windows、Linux、MacOS 或 OS/2 等。

2）安装有网络客户软件。

3）高质量的视频部件。

4）专为工作站设计的磁盘控制器，如集成器件电子技术（IDE）。

5）多媒体组件。

许多组织拥有不同的客户机，这些服务器必须能够支持来自所有客户机的连接。当对客户/服务器网络中的故障进行排除时，IT 工作人员必须掌握与客户机有关的故障情况，并能正确配置服务器和客户机的操作系统。

1.4.2　对等网络模型

与客户/服务器网络相比，对等网络的组网费用更加便宜，并且安装和维护过程也变得更加容易。对于一个由 10 台或更少计算机组成的、没有指定的网络管理员且不需要集中管理和无需安全措施的网络而言，对等网络是比较理想的网络模型。事实上，现在对等网络已经开始逐步流行起来，所以市场上出售的大部分计算机都支持具有嵌入式、对等网络特性的操作系统。这些操作系统包括各种版本的 Windows、OS/2 和 MacOS。

在对等网络中，每个工作站都可以和网络中的其他计算机相互共享资源。换句话说，每个工作站既可以用作服务器也可以用作客户机。这一概念有时也被称作计算机工作组，每个用户都可以控制对本地计算机上的访问，同时每台计算机都要维护自己的安全信息。这样用户必须知道几个不同的登录命令而不是使用唯一的登录命令来访问不同计算机中的网络资源。但是，随着计算机数目的增加，管理过程会变得非常混乱，所以对等网络只是在小型网络中使用。

尽管这种网络通常都比较容易管理，但它们也存在问题。在本书的后面我们将会分析对等网络中存在的一些特殊问题。图 1.14 表示的是一个简单的对等网络。

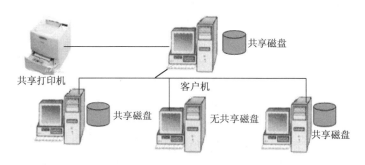

图 1.14　简单的对等网络结构示意图

1.4.3　文件服务器网络

文件服务器网络又称为"专用服务器网络"，如图 1.15 所示。在这种网络中一般都至少有一台比其他工作站功能强大许多的计算机，它上面安装有网络操作系统，因此，称它为专用的文件服务器，所有的其他工作站的管理工作都以此服务器为中心。

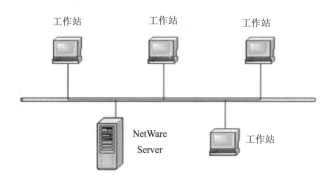

图 1.15　简单的文件服务器网络结构示意图

小　　结

---

1. OSI 七层模型

OSI 基本参考模型是由 ISO 制定的标准化开放式计算机网络层次结构模型。

OSI 七层模型从下到上分别为物理层、数据链路层、网络层、传输层、会话层、表示层和应用层。

2. 网络互连协议

网络协议就是网络中传递、管理信息的一些规范，协议代表着标准化，这是一组规则的集合。常见的协议有 TCP/IP 协议、IPX/SPX 协议、NetBIOS 协议等。在 Internet 上被广泛采用的是 TCP/IP 协议，在局域网中用得的比较多的是 IPX/SPX。用户如果访问 Internet，则必须在网络协议中添加 TCP/IP 协议。

3. 网络互连设备

集线器在 OSI 模型的物理层工作。当集线器的一个端口接收到信号以后，集线器将整理这个信号，并增强这个信号然后转发到所有其他端口。集线器为一个工作组提供一个单独的连接点并使网络克服介质传输长度的限制。

网桥和交换机在 OSI 模型的数据链路层工作。交换机接收到数据帧后能够基于目的地的 MAC 地址进行处理，并确定过滤或继续向前传播。

路由器在网络层工作，所以它们不是基于 MAC 地址而是基于逻辑地址对数据包进行过滤或者传输操作。路由器常被用来连接两个或多个网络，或者在某些情况下对庞大的网络进行分解。与交换机不同的是，在默认状态下路由器不会传输广播数据包。

思考与练习

一、选择题

1. IP 地址 202.100.80.110 是（   ）地址。
   A. A 类　　　　　　B. B 类　　　　　　C. C 类　　　　　　D. D 类
2. 一般来说，TCP/IP 的 IP 提供的服务是（   ）。
   A. 运输层服务　　B. 会话层服务　　C. 表示层服务　　D. 网络层服务
3. WWW 客户机与 WWW 服务器之间的信息传输使用的协议为（   ）。
   A. HTML　　　　　B. HTTP　　　　　C. SMTP　　　　　D. IMAP
4. 关于 IP 协议，以下说法错误的是（   ）。
   A. IP 协议规定了 IP 地址的具体格式
   B. IP 协议规定了 IP 地址与其域名的对应关系
   C. IP 协议规定了 IP 数据报的具体格式
   D. IP 协议规定了 IP 数据报分片和重组原则
5. 关于 IP 提供的服务，下列说法错误的是（   ）。
   A. IP 提供不可靠的数据传输服务，因此数据报传输不能受到保障
   B. IP 提供不可靠的数据传输服务，因此它可以随意丢弃报文
   C. IP 提供可靠的数据传输服务，因此数据报传输可以受到保障
   D. IP 提供可靠的数据传输服务，因此它不能随意丢弃报文
6. 在以下协议中，（   ）是 Internet 收发 E-mail 的协议。
   A. RARP　　　　　B. IP　　　　　　C. SMTP　　　　　D. HTTP
7. 在 TCP/IP 协议簇中，UDP 协议工作在（   ）。
   A. 应用层　　　　B. 传输层　　　　C. 网络互连层　　D. 网络接口层
8. 在 Internet 上浏览时，能进行远程登入的协议是（   ）。
   A. IP　　　　　　B. HTTP　　　　　C. FTP　　　　　　D. Telnet
9. 以下对 FTP 服务叙述正确的是（   ）。
   A. FTP 只能传送文本文件　　　　　B. FTP 只能传送二进制文件

C. FTP 不能传送非二进制文件　　　D. 以上述说都不正确

10. 网络层在 OSI 模型中位于第（　　）层。

A. 1　　　　　　　B. 2　　　　　　　C. 3　　　　　　　D. 4

二、填空题

1. 所谓_____的方法是用功能上等价的开放系统模型代替实开放系统。

2. 开放系统互连基本参考模型是由 ISO 制定的_____计算机网络层次结构模型，又称 OSI 参考模型。

3. OSI 包括了_____、_____和_____三级抽象。

4. OSI 七层模型从下到上分别为_____、_____、_____、_____、会话层、表示层和_____。

5. 网络模型可以分成三类：_____、_____和_____。

三、简答题

1. 什么是计算机网络体系结构？
2. OSI 模型分为哪几层？
3. IP 地址分为哪几类？
4. 交换机与集线器的区别是什么？
5. 网络工程的模型有哪些？

◆ **实　训**

项目　安装、配置 TCP/IP 协议

:: **实训目的**

掌握 TCP/IP 协议的安装与设置。

:: **实训环境**

每人一台计算机，并装有 Windows 操作系统。

:: **实训原理**

TCP 协议工作原理、IP 地址划分原理。

:: **实训内容与步骤**

1. 安装 TCP/IP 协议

1）当用户需要安装或者重新安装 TCP/IP 协议的时候，可以单击"开始→设置→网络和拨号连接"。在想进行配置的连接上右键单击"属性"按钮。

在"组件安装"对话框里寻找要使用的 TCP/IP 协议，如图 1.16 所示。如果没有找到，

就需要添加它。当然，也可能是用户要的协议包已经安装上了但是没有正确地进行配置。

2）确保已经安装了网络客户和服务，然后单击"安装"。从弹出的菜单中，双击"协议"一栏。或者，也可以单击"协议"按钮，然后选择"添加"按钮。

如果用户想使用的协议没有在列表中显示，那么就需要单击"从磁盘安装..."按钮。安装向导会要求给出协议包软件所在的位置，不管它是在一个硬盘，一个共享的网络磁盘，或者可移动的驱动器，一个 CD-ROM 或者 DVD 上。

2. 设置 TCP/IP 协议

对于 TCP/IP 协议，添加好了之后还要进行相关的设置才能正常的使用。右击"本地连接"，单击"属性"按钮，如图 1.17 所示，在弹出的"本地连接属性"对话框中选择"Internet 协议（TCP/IP），单击"属性"按钮，如图 1.18 所示。

图 1.16 寻找 TCP/IP 协议　　　　图 1.17 "本地连接"属性

1）网络采用动态 IP 分配，还是固定 IP 分配？如果采用固定 IP，需要让网络管理员给自己分配 IP 地址，同时获得相应的子网掩码的地址。将 IP 地址及子网掩码地址分别填好，如图 1.19 所示。

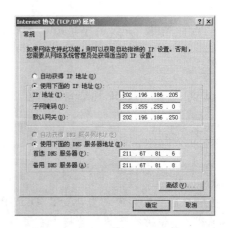

图 1.18 选择 TCP/IP 协议　　　　图 1.19 设置静态 IP

2）DNS 域名解析服务器的 IP 地址，如图 1.20 所示。

3）是否有网关？如果有，就需要知道网关的 IP 地址，如图 1.21 所示。

4）设置 WINS 服务器的 IP 地址。

现在 TCP/IP 协议就设置完毕了。

图 1.20　DNS 的设置

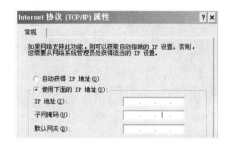
图 1.21　网关设置

网络维护的方法

学习目标 ☞　掌握网络故障诊断与排除常用的方法。
　　　　　　　理解网络故障诊断与排除的基本操作流程。
　　　　　　　掌握网络维护常用工具的使用。

要点内容 ☞　网络故障诊断与排除常用的方法。
　　　　　　　网络故障诊断与排除的基本操作流程。
　　　　　　　网络维护常用工具的介绍和使用。

学前要求 ☞　对 Windows 操作系统使用熟练。
　　　　　　　理解 OSI 七层模型的划分以及各层协议的功能。
　　　　　　　了解网络硬件、网络拓扑以及综合布线相关知识。

2.1　网络维护的方法

维护网络的正常运作是每一个网络管理员的职责。网络管理员面临的最大的难题是日新月异的网络技术，以及必须维护大量不同的网络设备。网络维护的主要任务是探求网络故障产生的原因，从根本上消除故障，并防止故障的再次发生。

在解决网络故障的过程中，可以采用多种方法，包括参考实例法、错误测试法等，本节将对这些方法进行简单介绍。

2.1.1　参考实例法

参考实例法是一种能够快速地解决网络故障的常用方法，因为它并不需要懂得太多的网络知识和网络故障排除的经验，但采用这种方法的前提条件是可以找到与发生故障的设备相同或类似的其他设备。

现在很多公司或者部门在购买计算机的时候，往往考虑到计算机系统的稳定性以及维护的方便性，从而选择相同型号的计算机，并设置相同的参数。只要充分利用这一个特点，在设备发生故障的时候，参考相同设备的配置可以帮助网络管理员快速准确地解决问题。

在采用参考实例法的时候，应该遵守以下原则：

1）只有在可以找到与发生故障的设备相同或类似的其他设备的条件下，才可以采用参考实例法。

2）在对网络配置进行修改之前，要确保现用配置文件的可恢复性。

3）在对网络配置进行修改之前，要确保本次修改产生的结果不会造成网络中其他设备的冲突。

采用参考实例法的一般步骤如图 2.1 所示。

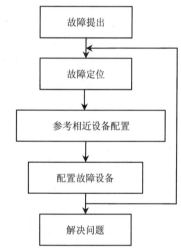

图 2.1　参考实例法

2.1.2　硬件替换法

硬件替换法也是一种常用的网络维护方法，前提是网络管理员知道可能导致故障产生的设备，且有能够正常工作的其他设备可供替换。

采用硬件替换法的步骤相对比较简单。在对故障进行定位后，用正常工作的设备替换可能有故障设备，如果可以通过测试，那么故障也就解决了。但是由于需要更换故障设备，必然会浪费大量的人力和物力。因此，在对设备进行更换之前必须仔细分析故障的原因。

在采用硬件替换法的时候，需要遵守以下原则：

1）故障定位所涉及的设备数量不能太多。

2）确保可以找到能够正常工作的同类设备。

3）每次只可以替换一个设备。

在替换第二个设备之前，必须确保前一个设备的替换已经解决了相应的问题。

采用硬件替换法的一般步骤如图 2.2 所示。

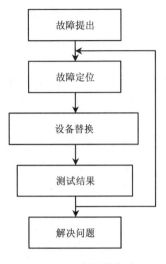

图 2.2　硬件替换法

2.1.3　错误测试法

错误测试法是一种通过测试而得出故障原因的方法。网络管理员需要根据工作经验对出现的问题做出判断，制定并实施相应的解决方案，然后测试故障是否已经得到解决。与其他故障排除法相比，错误测试法可以节约更多时间，耗费更少的人力和物力。实践的经验表明，错误测试法可以帮助排除不少网络故障。

在下列情况下可以选择采用错误测试法：

1）凭借实际经验，能够对故障部位做出正确的推测，找到产生故障的可能原因，并能够提出相应的解决方法。

2）有相应的测试和维修工具，并能够确保所做的修改具有可恢复性。

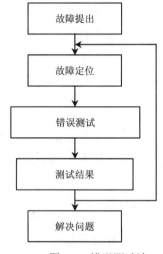

图 2.3　错误测试法

3）没有其他可供选择的更好解决方案。

在采取错误测试法时需要遵守以下原则：

1）在更改设备配置之前，应该对原来的配置做好记录，以确保可以将设备配置恢复到初始状态。

2）如果需要对用户的数据进行修改，必须事先备份用户数据。

3）确保不会影响其他网络用户的正常工作。

4）每次测试仅做一项修改，以便知道该次修改是否能够有效解决问题。

采用错误测试法的一般步骤如图 2.3 所示。

2.2　网络维护的步骤

2.2.1　网络维护前的准备工作

进行网络维护之前，需要完成以下准备工作：

1）了解网络的物理结构和逻辑结构。

2）了解网络中所使用的协议以及协议的相关配置。

3）了解网络操作系统的配置情况。

2.2.2　网络维护的基本步骤

为了保证网络能够提供稳定、可靠与高效的服务，必须制定一套有效的维护方法。尤其是在网络发生故障的时候，如果没有一个完备的分析问题、解决问题的方法，就不能快速地从根本上解决问题。

虽然网络故障的形式很多，但大部分的网络在维护的时候都可以遵守一定的步骤进行，而具体采用什么样的措施来排除故障，就要根据网络故障的实际情况而定。网络维护的基本步骤如图 2.4 所示。

1. 识别故障现象

在准备排故障之前，必须清楚地知道网络上到底出现了什么样的异常现象，这是成功排除故障的重要步骤之一。为了与故障现象进行对比，作为网络管理员，必须知道系统在正常情况下是如何工作的；反之，是不能很好地对问题和故障进行定位的。

在识别故障现象时，应该询问以下几个问题：

1）当被记录的故障现象发生时，正在运行什么进程。

2）这个进程以前运行过没有。

3）以前这个进程的运行是不是可以成功。

4）这个进程最后一次成功运行是什么时候。

5）从最后一次成功运行起，哪些进程发生了改变。

带着这些疑问来了解问题，才是对症下药成功排除故障的基础。

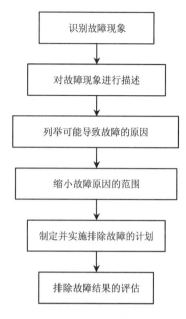

图 2.4 网络维护基本步骤

2. 对故障现象进行描述

当处理由操作员报告的问题时，对故障现象的详细描述显得尤为重要。如果仅凭用户对故障表面的描述，有时并不能得出结论。这时就需要管理员亲自操作运行一下导致故障的程序，并注意相关的出错信息，可以参考以下几个建议：

1）收集相关故障现象的信息内容并对故障现象进行详细描述，在这个过程中要注意细节，因为问题一般出在小的细节方面。

2）把所有的问题都记录下来。

3）不要匆忙下定论。

3. 列举可能导致故障的原因

作为一名网络管理员，应当考虑导致故障的所有可能的原因，是网卡硬件故障，还是网络连接故障；是网络设备（如集线器、交换机以及路由器）故障，还是 TCP/IP 协议设置不当等。

4. 缩小故障原因的范围

可根据出错的可能性把这些原因按优先级别进行排序，一个个先后排除。不要根据一次测试，就断定某一区域的网络是运行正常还是异常。另外，也不要在自己认为已经确定了的第一个错误上就停下来，应该把自己所列出的所有可能原因全部检查一遍。

5. 制定并实施排除故障的计划

当确定了导致问题产生的最有可能的原因后，要制定一个详细的故障排除操作计划。在确定操作步骤时，应尽量做到详细，计划越详细，按照计划执行的可能性就越大。一旦制定好计划，就要按步骤实施这个计划。

6. 排除故障的结果的评估

故障排除计划实施后，测试是否实现了预期目的。当排错行动没有产生预期的效果时，我们首先应该撤销在试图解决问题过程中对系统做过的修改，如果保留了这些修改，则可能会导致出现另外一些人为故障。

2.3 网络维护的工具

网络故障诊断与排除是一门综合性技术，涉及网络技术的方方面面。在网络测试和故障排除时，使用一些工具会事半功倍。在这里把工具的概念扩大化，它并不仅仅包括常见的网络维护的各种软件、硬件工具，还包括用户的工作经验、随手可得的网络资源、设备制造商的技术支持热线以及各种网络文档等。对于网络管理员来说，当出现网络故障的时候，迅速恢复网络运行是非常重要的，要想迅速进行网络故障的诊断与排除，重要的是要选择合适的网络测试和分析工具。

2.3.1 网络维护软件工具

1. ping

ping 无疑是网络中使用最频繁的小工具，它主要是用于确定网络的连通性问题。ping程序是 Windows 系统自带的，是测试网络连接状况的常用工具。它向目标主机发送一个回送请求数据包，要求目标主机收到请求后给予答复，从而判断网络的响应时间、本机是否与目标主机连通，同时在回复信息中会包含对方计算机的 IP 地址。由于 ping 命令所发送的包长非常小，所以在网上传递的速度非常快，可以快速地检测要去的站点是否可达。一般在访问某一站点时可以先运行一下该命令，看看该站点是否可达。如果执行 ping 不成功，则可以预测故障出在以下几个方面：网线是否连通、网络适配器配置是否正确及 IP 地址是否可用等，如果执行 ping 成功而网络仍无法使用，那么问题很可能出在网络系统的软件配置方面。ping 成功只能保证当前主机与目的主机间存在一条连通的物理路径。

ping 不通时，应该注意 ping 命令显示的出错信息。这种出错信息通常分为三种情况。

1）unknown host（不知名主机）。这种出错信息的意思是远程主机的名字不能被域名解析服务器转换成 IP 地址。网络故障可能为域名解析服务器有故障，或者是其名字不正确，或者网络管理员的系统与远程主机之间的通信线路有了故障。

2）network unreachable（网络不能到达）。这是本地系统没有到达远程系统的路由，可用 netstat -rn 检查路由表来确定路由配置情况。

3）no answer（无响应）。远程系统没有响应，这种故障说明本地系统有一条到达远程主机的路由，但远程主机却接收不到发给它的任何分组报文。这种故障可能是远程主机没有工作，或者本地或远程主机网络配置不正确，也可能是本地或远程的路由器没有工作，或者通信线路有故障，甚至是远程主机存在路由选择问题。

ping 的使用格式是在命令提示符下输 ping IP 地址或主机名。执行结果显示响应时间，重复执行这个命令，可以发现 ping 报告的响应时间是不同的。具体的 ping 命令后面还可以跟一些参数，可以输入 ping 后按回车键，其中会有很详细的说明。

下面是运行 ping 命令的示例。

【例1】 ping 到 IP 地址为 10.150.8.1 的计算机的连通性，该例子为正常。

```
C:\>ping        10.150.8.1
Pinging 10.150.8.1 with 32 bytes of data:
Reply from 10.150.8.1: bytes=32 time=4ms TTL=255
Reply from 10.150.8.1: bytes=32 time=3ms TTL=255
Reply from 10.150.8.1: bytes=32 time=3ms TTL=255
Reply from 10.150.8.1: bytes=32 time=3ms TTL=255
Ping statistics for 10.150.8.1:
    Packets: Sent = 4，  Received = 4，  Lost = 0 （0% loss），
Approximate round trip times in milli-seconds:
    Minimum = 3ms，  Maximum = 4ms，  Average = 3ms
C:\>
```

【例2】 ping 到 www.sohu.com 服务器的连通性，该例子为连通速率较慢，数据包有部分丢失。

```
C:\>ping        www.sohu.com
Pinging cachechengdu2.sohu.com [221.236.12.211] with 32 bytes of data:
Reply from 221.236.12.211: bytes=32 time=227ms TTL=54
Reply from 221.236.12.211: bytes=32 time=459ms TTL=54
Reply from 221.236.12.211: bytes=32 time=1029ms TTL=54
Request time out.
Ping statistics for 221.236.12.211:
Packets: Sent = 4，  Received =3，  Lost = 1 （25% loss），
Approximate round trip times in milli-seconds:
Minimum =227ms，  Maximum = 1029ms，  Average =428ms
C:\>
```

ping 参数的介绍如下。

-t：ping 指定的计算机直到中断。

-a：将 IP 地址解析为计算机名。

-n count：发送 count 指定的 Echo 数据包，默认值为 4。

-l length：发送包含由 length 指定的数据量的 Echo 数据包，默认为 32 字节，最大为 65 527 字节。

-f：：在数据包中发送"不要分段"标志，数据包就不会被路由上的网关分段。

-I ttl：将"生存时间"字段设置为 ttl 指定的值。

-v tos：将"服务类型"字段设置为 tos 指定的值。

-r count：在"记录路由"字段中记录传出和返回数据包的路由。count 可以指定最少 1 台，最多 9 台计算机。

-s count：为 count 次跳跃提供时间标签，取值范围为 1～4。

-j computer-list：利用 computer-list 指定的计算机列表路由数据包。连续计算机可以被中间网关分隔（路由稀疏源），IP 允许的最大数量为 9。

-k computer-list：利用 computer-list 指定的计算机列表路由数据包。连续计算机不能被中间网关分隔（路由严格源），IP 允许的最大数量为 9。

-w timeout：指定超时间隔，单位为毫秒。

Destination-list：指定要 ping 的远程计算机。

2. ipconfig

ipconfig 也是内置于 Windows 操作系统的 TCP/IP 应用程序之一，用于显示本地计算机 IP 地址配置信息和网卡的 MAC 地址。ipconfig 提供接口的基本配置信息。它对于检测不正确的 IP 地址、子网掩码和广播地址是很有用的。ipconfig 程序采用 Windows 窗口的形式来显示 IP 协议的具体配置信息。如果 ipconfig 命令后面不跟任何参数直接运行，程序将会在窗口中显示网络适配器的物理地址、主机的 IP 地址、子网掩码以及默认网关等。ipconfig 还可以查看主机的相关信息，如主机名、DNS 服务器及节点类型等。其中，网络适配器的物理地址在检测网络错误时非常有用。在命令提示符下输入"ipconfig/?"可获得 ipconfig 的使用帮助，输入"ipconfig/all"可获得 IP 配置的所有属性。

IP 地址或子网掩码配置不正确是接口配置的常见故障。其中，配置不正确的 IP 地址有以下两种情况：

1）网号部分不正确，此时执行每一条 ping 命令都会显示"no answer"。这样，执行该命令就能发现错误的 IP 地址，修改即可。

2）主机部分不正确，如与另一主机配置的地址相同而引起冲突。这种故障只有当两台主机同时工作时才会出现间歇性的通信问题，建议更换 IP 地址中的主机号部分，该问题即能排除。

当主机系统能到达远程主机但不能到达本地子网中的其他主机时，这表示子网掩码设置有问题，进行修改后故障便不会再出现。

下面是运行 ipconfig 命令的示例。

```
C:\>ipconfig
Windows IP Configuration
Ethernet adapter 本地连接:
    Connection-specific DNS Suffix :
    IP Address. . . . . . . . . . . : 10.150.8.101
    Subnet Mask . . . . . . . . . . 255.255.248.0
    Default Gateway . . . . . . . : 10.150.8.1
C:\>
```

运行 ipconfig 命令时加 all 参数，会显示本地计算机所有网卡的 IP 地址配置、MAC 地址，主机名、DHCP 和 WINS 服务器等详细内容。这种方法便于对计算机的网络配置进行全面检查。

下面列出 ipconfig 命令的常用参数。

/all：产生完整显示。在没有该参数的情况下，ipconfig 只显示 IP 地址子网掩码和每个网卡的默认网关值。

/renew [adapter]：更新 DHCP 配置参数。该选项只能在运行 DHCP 客户端服务的系统上使用。要指定适配器名称，可输入使用不带参数的 ipconfig 命令显示的适配器名称。

/release [adapter]：发布当前的 DHCP 配置。该选项禁用本地系统上的 TCP/IP，并只能在 DHCP 客户端上使用。要指定适配器名称，可以输入使用不带参数的 ipconfig 命令时显示的适配器名称。

3. netstat

netstat 程序有助于了解网络的整体使用情况，通常用来显示网络接口、网络插口和网络路由表等的详细统计资料。它可以显示当前正在活动的网络连接的详细信息，例如，显示网络连接、路由表和网络接口信息，显示目前共有哪些网络连接正在运行。

可以使用 "netstat /?" 命令来查看该命令的使用格式以及详细的参数说明，该命令的使用格式是在命令行提示符下或者直接在运行对话框中输入命令 netsta [参数]。利用该程序提供的参数功能，可以了解该命令的其他功能信息，例如，显示以太网的统计信息、所有协议的使用状态。这些协议包括 TCP 协议、UDP 协议以及 IP 协议等。另外，还可以选择特定的协议并查看其具体的使用信息，显示所有主机的端口号以及当前主机的详细路由信息。

下面是运行 netstat 命令的示例。

```
C:\>netstat -r
Route Table
===========================================================
Interface List
0x1 ..................... MS TCP Loopback interface
0x2 ...00 0d 61 c4 be 77 .. Realtek RTL8139 Family PCI Fast Ethernet NIC -
数据包计划程序微型端口
===========================================================
Active Routes:
Network Destination    Netmask            Gateway         Interface        Metric
      0.0.0.0           0.0.0.0         10.150.15.1      10.150.15.75       30
    10.150.15.0      255.255.255.0     10.150.15.75     10.150.15.75       30
    10.150.15.75    255.255.255.255    127.0.0.1        127.0.0.1          30
   10.255.255.255   255.255.255.255    10.150.15.75     10.150.15.75       30
      127.0.0.0        255.0.0.0        127.0.0.1        127.0.0.1           1
     224.0.0.0         240.0.0.0        10.150.15.75     10.150.15.75       30
  255.255.255.255   255.255.255.255    10.150.15.75     10.150.15.75        1
Default Gateway:       10.150.15.1
===========================================================
Persistent Routcs:
  None
C:\>
```

4. tracert

tracert（跟踪路由）是路由跟踪实用程序，通过向目标主机发送不同生存时间（TTL）的 ICMP 回应数据包，tracert 诊断程序确定到达目标所采取的路由。它要求路径上的每个路由器在转发数据包之前至少将数据包上的 TTL 递减 1。数据包上的 TTL 减为 0 时，路由器应该将"ICMP 已超时"的消息发回源系统。

tracert 先发送 TTL 为 1 的回应数据包，并在随后的每次发送过程将 TTL 递增 1，直到目标响应或 TTL 达到最大值，从而确定路由。tracert 通过检查中间路由器发回的"ICMP 已超时"的消息确定路由。如果某些路由器不经询问直接丢弃 TTL 过期的数据包，这在 tracert 实用程序中是看不到的。

tracert 命令按顺序打印出返回"ICMP 已超时"消息的路径中的近端路由器接口列表。如果使用-d 选项，则 tracert 实用程序不在每个 IP 地址上查询 DNS。

下面是运行 tracert 命令的示例。

```
C:\>tracert    172.16.0.99    -d
Tracing route to 172.16.0.99 over a maximum of 30 hops
  1   2s       3s       2s        10.0.0.1
  2   75 ms    83 ms    88 ms     192.168.0.1
  3   73 ms    79 ms    93 ms     172.16.0.99
Trace complete.
C:\
```

tracert 的参数介绍如下。

-d：指定不将 IP 地址解析到主机名称。

-h maximum_hops：指定跃点数以跟踪到称为 target_name 的主机的路由。

-j host-list：指定 tracert 实用程序数据包所采用路径中的路由器接口列表。

-w timeout：等待 timeout 为每次回复所指定的毫秒数。

5. arp

arp 命令用于显示和修改 ARP 缓存中的项目。为使 arp 命令更加有效，每个计算机会自动存储部分 IP 到 MAC 映射，以便消除重复的 ARP 广播请求。ARP 缓存中包含一个或多个表，它们用于存储 IP 地址及经过解析的以太网或令牌环物理地址。计算机上安装的每一个以太网或令牌环网络适配器都有自己单独的表。如果在没有参数的情况下使用，arp 命令将显示帮助信息。

可以使用 arp 命令查看和修改本地计算机上的 ARP 表项。arp 命令对于查看 ARP 缓存和解决地址解析问题非常有用。

下面是运行 arp 命令的示例。

```
C:\>arp -a
  Interface: 10.150.8.157 on Interface 0x1000003
    Internet Address        Physical Address        Type
```

10.150.8.1	00-0f-e2-12-4b-5b	dynamic
10.150.11.253	00-10-5c-fa-4f-f2	dynamic
C:\>		

arp 命令的参数介绍如下。

-a [inetaddr] [-n ifaceaddr]：显示所有接口的当前 ARP 缓存表。要显示指定 IP 地址的 ARP 缓存项，可以使用带有 inetaddr 参数的"arp -a"，此处的 inetaddr 代表指定的 IP 地址。要显示指定接口的 ARP 缓存表，可以使用"-n ifaceaddr"参数，此处的 ifaceaddr 代表分配给指定接口的 IP 地址，-N 参数区分大小写。

-g [inetaddr] [-n ifaceaddr]：与-a[inetaddr][-n ifaceaddr]相同。

-d inetaddr [ifaceaddr]：删除指定的 IP 地址项，此处的 inetaddr 代表 IP 地址。对于指定的接口，要删除表中的某项，可以使用 ifaceaddr 参数，此处的 ifaceaddr 代表分配给该接口的 IP 地址。要删除所有项，可以使用星号*通配符代替 inetaddr。

-s inetaddr etheraddr [ifaceaddr]：该选项可以向 ARP 缓存添加可将 IP 地址 inetaddr 解析成 MAC 地址 etheraddr 的静态项。要向指定接口的表添加静态 ARP 缓存项，可以使用 ifaceaddr 参数，此处的 ifaceaddr 代表分配给该接口的 IP 地址。

2.3.2　网络维护硬件工具

1. 电缆测试仪和万用表

电缆测试仪是常用的网络故障诊断工具，它通常用来诊断网络中电缆出现的故障。普通的电缆测试仪能够测试电缆状态，验证电缆的连续性、通断和角位配合不当等问题，并用指示灯显示电缆的状态。

高级的电缆测试仪能够测试电缆的连通性、开路、短路、跨接、反接与串绕，测试 TSB-67 规定的电缆测试参数（如接线图、长度、衰减和近端串扰），进行综合布线的认证测试。普通的电缆测试仪价格低廉现已普及，但功能有限，图 2.5 所示是美国 FLUKE 网络公司生产的 DSP-4000 数字式电缆测试仪，它能够实现 5 类线缆的认证测试及其故障诊断。

万用表也是网络故障诊断常用工具。常用的万用表有电阻、电压或电流挡，它们分别可以测量电阻、电压或电流。万用表经常用在电源测试，对传输介质如细缆和双绞线的检测，以及 BNC 连接器的电阻值和电阻终结器测量等场合。

万用表在使用过程中要特别注意挡位和量程的选择，如在测量电压时，如果错选为电流挡或电阻挡，可能会把万用表烧坏。万用表通常有两种：数字式万用表和指针式万用表。图 2.6 所示是美国 FLUKE 网络公司生产的数字式万用表。

图 2.5　DSP-4000　　　　图 2.6　数字万用表

2. 网络测试仪

网络测试仪功能更加强大，它包括了电缆测试仪的大部分功能，而且还集成了网络分析仪的大部分底层功能。这类仪器可以收集网络的统计资料并用图表形式显示，对使用人员的要求较低。通常，网络测试仪可以用于被动的工作方式（即出了问题再去查找），也可

图 2.7　网络测试仪

以用于主动的工作方式（即网络动态监测）。网络测试仪可以对广播帧、错误帧、帧检测序列 FCS、短帧、长帧及碰撞帧进行检测，能够产生流量进行网络测试，可以检测到诸如噪声、前导帧碰撞等问题。更高级的网络测试仪能够将网络管理、故障诊断以及网络安装调试等众多功能集中的在一个仪器里，可以通过交换机、路由器很容易地观察整个网络的状况，从而提供了各类直观、明了的网络故障信息。它便携可移动，能够带到现场自如地进行网络故障的查找，可以迅速发现、定位并隔离网络中的故障，使网络故障带来的损失降到最低。图 2.7 所示是美国 FLUKE 网络公司的网络测试仪 68X 图样。

3. 协议分析仪和网络万用仪

协议分析仪的主要功能是将数据包解码，使之成为比特或字节，然后按照协议帧格式对其进行分析，从而查找故障源。使用协议分析仪来进行故障诊断，使用起来比较复杂，不能为故障定位提供直观、明了的网络信息，并且使用和看懂协议分析仪提供的信息需要计算机网络的专业知识，不像网络分析仪提供的信息简单易懂。例如，协议分析仪需要正确与合理的设置，不然协议分析仪将不加选择地在几秒钟内捕捉成千上万个帧。显然，这些数据不会都有用，反而有可能遗漏反映错误信息的帧，所以实际上当网络管理人员使用协议分析仪解决几次网络故障以后就不会再使用它。

现在不少公司生产的协议分析仪，不但实现了协议分析，而且能完成电缆测试仪和网络测试仪的大部分功能。有一些产品称为"网络万用表"，不但能实现协议分析，还能对复杂的计算机至网络连通设置问题进行诊断，如 IP 地址、默认网关、E-mail 和 Web 服务器等。自 2000 年 FLUKE 网络公司推出世界上第一款价格低廉、功能强大的网络测试工具 "网络万用表" NetTool 以来，NetTool 已成为系统集成商和一线网络维护人员进行网络维护的必备工具。作为网络维护的基本工具，NetTool 能够准确诊断网络中的站点不能上网的故障原因及完成网络基本状况的测试。图 2.8 所示是美国 FLUKE 网络公司推出的世界第一台 "网络万用表" NetTool 的图样。

图 2.8　NetTool

2.3.3　工作经验

熟悉网络维护的管理员应该都有同感，丰富的工作经验就是网络维护最有效的工具。不断地工作学习是获得经验的保证。不少网络管理员往往没有充分利用这样工具，或者不懂得如何使用它。

1. 不要忽视过去发生的故障

忽视过去发生的故障是不少网络管理员常犯的毛病。要知道，在同一个网络里面，同样的问题也许会重复出现。如果能够在解决每一次故障后做一个小的总结，以后遇到同样问题的时候，就可以节省大量的时间和精力。同样，当遇到大型故障时，也应该及时回想过去的工作经历。其实，大型故障往往包含了许多的小问题。通过经验来解决这样一些繁琐的事情才是最好的办法。

2. 创建电子日志

有些管理员常认为解决了一个问题，以后再出现类似情况就可以马上想起当初的解决方案。然而，人的记忆水平往往限制了这样的想法。创建电子日志是一种有效的工作方法。哪怕对计算机网络已经非常熟悉，这种方法依然非常有效。作为一名网络管理员，每天都要进行许多不同的维护工作，养成坚持记录每天所看到、学到的内容的习惯，对日后的工作一定会有很大帮助。在对工作进行记录的时候，推荐使用电子文档，首先它的一个最重要的好处在于查询的方便，可以根据工作的需要迅速地查到相关的信息，同时，它也便于保管和收藏。

2.3.4　网络资源

Internet 对于网络管理员来说是一个很好的工具。过去，需要通过电话联系、邮件传送等方法来解决一些故障。这需要花费几天甚至几个星期的时间，工作效率低下。现在通过Internet，可以轻易地找到需要的各种免费的网络资源，善于利用 Internet 所提供的网络资源，工作才能事半功倍。

1. 网络设备生产商站点

许多网络设备生产商都会将一些常见的故障整理成知识库，放在其官方网站上供广大客户查询。要善于使用这种知识库，从而迅速找到问题的解决方案。知识库是一种可查询式的数据库，它包括了对故障情况的描述以及相应的解决方案。

2. 网络搜索引擎

尽管服务商网站可以帮助解决不少问题，但很多资源还需要通过网络搜索引擎来查找。如图 2.9 所示为大家熟悉的著名搜索引擎Google。

图 2.9　搜索引擎 Google

2.3.5　技术支持热线

在前面所提及的工具都不能将故障排除的情况下，可以通过设备生产商的技术支持热线来获得解决问题的方案。在拨打热线之前，应该做好以下工作。

（1）收集相关设备信息

为了技术支持人员更有效地解决问题，应该尽可能提供与故障相关的信息。这些信息包括软件的版本号、操作系统的版本、设备的型号以及设备的序列号等。

（2）排除与设备无关的因素

尽量排除与该设备无关的因素，这同样有利于技术支持人员更快地分析故障的原因，并给出相应有效的解决方案。

2.3.6 网络文档

在前面关于工作经验的章节中，提到了电子日志文档，这里所说的网络文档属于电子日志文档的一部分。它包括网络的拓扑结构和网络设备信息两部分。

1. 网络的拓扑结构

网络拓扑结构为总体把握网络的结构提供了一个直观的描述，是制定网络维护方案的重要信息。

2. 网络设备信息库

一个详细的网络设备信息库同样有助于进行网络维护。通常情况下，集线器所需要的信息最少，而路由器所涉及的信息比较多。要根据不同的设备设计不同的网络设备列表，网络设备列表主要涉及到以下几个方面：设备类型、设备型号、设备所在位置、设备物理地址、设备 IP 地址以及设备端口号。

小　结

本章主要介绍了网络故障诊断与维护的基本知识，网络故障诊断与排除的原则和方法、基本操作流程，以及在网络故障诊断与排除过程中经常用到的软件工具和硬件工具等。

思考与练习

一、选择题

1. 下面（　　）不属于解决问题的过程。
   A. 收集信息　　　　　　　　　　B. 测试解决方法
   C. 描述 OSI 参考模型　　　　　　D. 定义问题
2. 调查受到网络问题影响的用户数目是为了（　　）。
   A. 确定问题根源的范围
   B. 确定问题是用户原因还是网络原因
   C. 确定需要的技术人员
   D. 确定需要检查的电缆数目
3. 在 Windows NT 系统中查看 TCP/IP 设置所使用的命令是（　　）。

A. ping
B. ipconfig
C. winipcfg
D. netstat

4. 下面（　　）是对一个问题和其影响范围的很好的描述。

A. 张三的计算机出了故障

B. 张三不能访问 3 号服务器，但可以访问其他服务器。没有其他用户反映访问 2 号服务器有问题

C. 张三不能使用 211 房间的激光打印机，所以一定是脱线了

D. 对第三层楼的网络访问速度很慢，所以我们需要升级路由器的内存

5. 为了观察数据包从源地址到目的地址的路径和网络瓶颈，需要使用（　　）命令。

A. ping
B. ipconfig
C. tracert
D. display route

6. 电缆测试是用来测试 OSI 模型的（　　）。

A. 应用层
B. 会话层
C. 物理层
D. 网络层

二、填空题

1. 如果拥有一台相近的设备，采用＿＿＿＿法可以帮助网络管理人员很好地解决网络故障问题。

2. 需要用 ping 命令检测两台计算机之间是否连通，已知对方的 IP 地址为 192.168.0.1，该输入命令为＿＿＿＿。

3. ＿＿＿＿为总体把握网络的结构提供了一个直观的描述，是制定网络维护方案的重要信息。

4. ＿＿＿＿是一种常用的网络维护方法，前提是网络管理员知道可能导致故障的因素，且有能够正常工作的其他设备可供替换。

5. 在查阅网络资料时，你最常用的搜索引擎是＿＿＿＿。

三、简答题

1. 进行网络故障诊断与排除前的准备工作有哪些？
2. 简述网络故障诊断与排除的基本步骤。
3. 简述采用硬件替换法进行网络故障诊断时应该遵守的相关原则。
4. 简述运行 ping 命令的方法，该命令的书写格式有哪两种？
5. 列举你使用过的网络维护的硬件工具，并简单介绍其功能。

◆ 实　训

项目　使用 ping 命令测试网络

:: 实训名称

ping 命令的使用与剖析。

:: 实训目的

1）掌握 ping 命令的使用。

2）了解 ICMP 协议和报文。

:: 实训环境

两台或两台以上主机构成的计算机网络。

:: 实训内容与步骤

1）连续发送 ping 探测报文：ping –t   10.150.15.75

```
C:\>ping -t  10.150.15.75

Pinging 10.150.15.75 with 32 bytes of data:

Reply from 10.150.15.75: bytes=32 time<1ms TTL=128
Reply from 10.150.15.75: bytes=32 time<1ms TTL=128
Reply from 10.150.15.75: bytes=32 time<1ms TTL=128
Reply from 10.150.15.75: bytes=32 time<1ms TTL=128
Reply from 10.150.15.75: bytes=32 time<1ms TTL=128

Ping statistics for 10.150.15.75:
    Packets: Sent = 5, Received = 5, Lost = 0 <0% loss
Approximate round trip times in milli-seconds:
    Minimum = 0ms, Maximum = 0ms, Average = 0ms
Control-C
^C
C:\>
```

按 Ctrl+Break 键查看统计信息，按 Ctrl+C 键结束命令。

2）自选数据长度的 ping 探测报文：ping -l   size 目的主机/IP 地址

```
C:\>ping -l 1450  10.150.15.75

Pinging 10.150.15.75 with 1450 bytes of data:

Reply from 10.150.15.75: bytes=1450 time<1ms TTL=128
Reply from 10.150.15.75: bytes=1450 time<1ms TTL=128
Reply from 10.150.15.75: bytes=1450 time<1ms TTL=128
Reply from 10.150.15.75: bytes=1450 time<1ms TTL=128

Ping statistics for 10.150.15.75:
    Packets: Sent = 4, Received = 4, Lost = 0 <0% loss
Approximate round trip times in milli-seconds:
    Minimum = 0ms, Maximum = 0ms, Average = 0ms

C:\>
```

利用 "-l" 选项指定 ping 探测数据报的长度。

3）不允许对 ping 探测报文分片：ping   -f   目的主机/IP 地址

```
C:\>ping -l 20000  -f  10.150.15.75

Pinging 10.150.15.75 with 20000 bytes of data:

Packet needs to be fragmented but DF set.
Packet needs to be fragmented but DF set.
Packet needs to be fragmented but DF set.
Packet needs to be fragmented but DF set.

Ping statistics for 10.150.15.75:
    Packets: Sent = 4, Received = 0, Lost = 4 (100% loss),

C:\>
```

在禁止分片的情况下，探测报文过长造成不能到达目的地。

4）修改 ping 命令的请求超时时间，默认值为 1000ms：ping -w size IP

```
C:\>ping -w 5000  10.150.15.75

Pinging 10.150.15.75 with 32 bytes of data:

Reply from 10.150.15.75: bytes=32 time<1ms TTL=128
Reply from 10.150.15.75: bytes=32 time<1ms TTL=128
Reply from 10.150.15.75: bytes=32 time<1ms TTL=128
Reply from 10.150.15.75: bytes=32 time<1ms TTL=128

Ping statistics for 10.150.15.75:
    Packets: Sent = 4, Received = 4, Lost = 0 (0% loss),
Approximate round trip times in milli-seconds:
    Minimum = 0ms, Maximum = 0ms, Average = 0ms

C:\>
```

利用 "-w" 选项指定超时时间。

5）将目标主机的 IP 地址解析为计算机名：ping 　 -a 　 IP

```
C:\>ping -a  10.150.15.75

Pinging netoff [10.150.15.75] with 32 bytes of data:

Reply from 10.150.15.75: bytes=32 time<1ms TTL=128
Reply from 10.150.15.75: bytes=32 time<1ms TTL=128
Reply from 10.150.15.75: bytes=32 time<1ms TTL=128
Reply from 10.150.15.75: bytes=32 time<1ms TTL=128

Ping statistics for 10.150.15.75:
    Packets: Sent = 4, Received = 4, Lost = 0 (0% loss
Approximate round trip times in milli-seconds:
    Minimum = 0ms, Maximum = 0ms, Average = 0ms

C:\>
```

利用 "-a" 选项将 IP 解析为计算机名。

第 3 章

物理层的故障诊断与维护

学习目标 ☞ 了解物理层在整个网络体系结构中的功能与作用。

正确识别物理层的网络组件，重点掌握物理层的传输介质、传输设备的特性。

掌握物理层网络设备的组网标准与规范，以及常用的测试方式与故障排除。

要点内容 ☞ 计算机网络体系结构中物理层的主要功能。

物理层的主要网络组件及组网规范。

物理层故障诊断与维护。

学前要求 ☞ 对网络体系结构有清楚的理解。

已经掌握局域网组网工程方面的知识。

对常用的组网传输介质与设备的使用方法比较了解。

3.1　物理层的功能

物理层的主要功能为定义了网络的物理结构及互连标准，传输的电磁标准，比特流的编码及网络的通信同步等。它决定了网络连接类型（端到端或多端连接）及物理拓扑结构。简单地说，这一层主要负责实际的信号传输，物理层最终实现网络上的二进制位流的透明传输。

3.1.1　OSI 模型中的物理层的功能

物理层是 OSI 模型的第一层，它虽然处于最底层，却是整个开放系统的基础。物理层为设备之间的数据通信提供传输媒体及互连设备，为数据传输提供可靠的环境。如图 3.1 所示，阴影部分是 OSI 模型中的物理层，其主要的功能定义为三个方面。

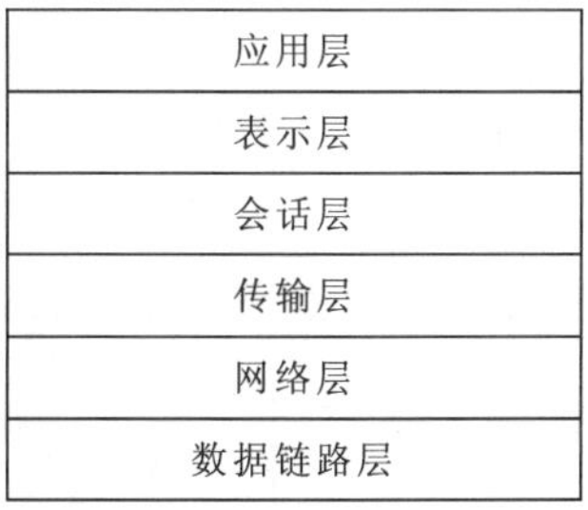

应用层
表示层
会话层
传输层
网络层
数据链路层

图 3.1　OSI 参考模型中的物理层

1）物理层为数据终端设备提供传送数据的通路。数据通路可以是一个物理媒体，也可以由多个物理媒体连接而成。一次完整的数据传输，包括激活物理连接，传送数据，终止物理连接。所谓激活，就是不管有多少物理媒体参与，都要将通信的两个数据终端设备连接起来，形成一条通路。

2）物理层可以传输数据。物理层要形成适合数据传输需要的实体，为数据传送服务。一是要保证数据能在其上正确通过，二是要提供足够的带宽（带宽是指每秒钟内能通过的比特数），以减少信道上的拥塞。传输数据的方式能满足点到点，一点到多点，串行或并行，半双工或全双工，同步或异步传输的需要。

3）物理层可以完成其他的一些管理工作。如智能布线系统，智能布线系统是结构化布线文档和管理系统的最新发展。尽管网络管理员已经习惯了纸面的布线记录及后来出现的简单的电子表格，但这些方法并不能实时查看网络连接状况。同样，尽管简单网络管理协议（SNMP）可以实时查看网络业务量，但只有通过智能布线系统（物理层管理），网络管理员才能全面查看通信线路间内完整的物理互连情况。智能布线并没有改变结构化布线系统的基础，它是基于 RJ-45 的一般 4 线对布线系统，但在通信线路间增加了额外的功能。智能布线系统与传统结构化布线系统的差别在于，它可以查看跳线互连情况。为了收集这些信息，必须以某种方式传感或记录是否存在跳线连接。在理想条件下，这应该自动实现，这样可以降低人为错误的风险。大多数系统将采用某种形式的电子监测设备，把这些信息传送给网络管理员，通常使用关系型数据库来实现。

3.1.2　网络互连的物理接口标准

物理层协议规定了建立、维持及断开物理信道所需的机械的、电气的、功能的和规程方面的特性，其作用是确保比特流能在物理信道上传输。

1. 定义 DTE 和 DCE 之间的互连规则

OSI 模型的物理层的定义为：在物理信道实体之间合理地通过中间系统，为比特流传输所需的物理连接的激活、保持和去除提供机械的、电气的、功能性和规程性的手段。比特流传输可以采用异步传输，也可以采用同步传输完成。

另外，CCITT 在 X.25 建议书第一级（物理级）中也做了类似的定义：利用物理的、电气的、功能的和规程的特性在 DTE 和 DCE 之间实现对物理信道的建立、保持和拆除功能。这里的 DTE（Date Terminal Equipment）指的是数据终端设备，是对属于用户所有的连网设备或工作站的统称，它们是通信的信源或信宿，如计算机、终端等；DCE（Date Circuit Terminating Equipment 或 Date Communications Equipment），指的是数据电路连接设备或数据通信设备，是对为用户提供接入点的网络设备的统称，如自动呼叫应答设备、调制解调器等。

DTE-DCE 的接口如图 3.2 所示，物理层接口协议实际上是 DTE 和 DCE 或其他通信设备之间的一组约定，主要解决网络节点与物理信道如何连接的问题。物理层协议规定了标准接口的机械连接特性、电气信号特性、信号功能特性以及交换电路的规程特性，这样做的主要目的，是为了便于不同的制造厂家能够根据公认的标准各自独立地制造设备，使各个厂家的产品都能够相互兼容。

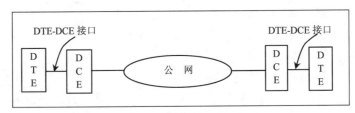

图 3.2　DTE-DCE 接口框图

2. 网络互连的接口标准举例

EIA RS-232C 是由美国电子工业协会 EIA 在 1969 年颁布的一种目前使用最广泛的串行物理接口，下面以此为例来讨论网络互连的接口标准在整个网络组建中的功能与作用。

RS-232 标准提供了一个利用公用电话网络作为传输媒体，并通过 Modem 将远程设备连接起来的技术规定。远程电话网相连接时，通过 Modem 将数字信号转换成相应的模拟信号，以使其能与电话网相容；在通信线路的另一端，另一个 Modem 将模拟信号逆转换成相应的数字信号，从而实现比特流的传输。图 3.3（a）给出了两台远程计算机通过电话网相连的结构图。从图中可看出，DTE 实际上是数据的信源或信宿，而 DCE 则完成数据由信源到信宿的传输任务。RS-232C 标准接口只控制 DTE 与 DCE 之间的通信，与连接在两个 DCE 之间的电话网没有直接的关系。

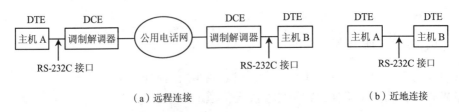

（a）远程连接　　　　　　　　　　　（b）近地连接

图 3.3　RS-232C 的远程连接和近地连接

RS-232C 标准接口也可以如图 3.3（b）所示用于直接连接两台近地设备，此时既不使用电话网也不使用 Modem。由于这两种设备必须分别以 DTE 和 DCE 方式成对出现才符合 RS-232C 标准接口的要求，所以在这种情况下要借助于一种采用交叉跳接信号线方法的连接电缆，使得连接在电缆两端的 DTE 通过电缆看对方都好像是 DCE 一样，从而满足 RS-232C 接口需要 DTE 和 DCE 成对使用的要求。这种使用方式目前被广泛采用。

　　RS-232C 的机械特性规定使用一个 25 芯的标准连接器，并对该连接器的尺寸及针或孔芯的排列位置等都做了详细说明。顺便提一下，实际的用户并不一定需要用到 RS-232C 标准的全集，这在个人计算机高速普及的今天尤为突出，所以一些生产厂家为 RS-232C 标准的机械特性做了变通的简化，使用了一个 9 芯标准连接器将不常用的信号线舍弃。

　　RS-232C 的电气特性规定逻辑"1"的电平为 –15～–5V，逻辑"0"的电平为 +5～+15V，也即 RS-232C 采用 +15V 和 –15V 的逻辑电平，+5V 和 –5V 之间为过渡区域不做定义。RS-232C 接口的电气特性如图 3.4 所示，其电气表示如表 3.1 所示。

表 3.1　RS-232C 电气表示

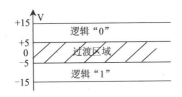

图 3.4　RS-232C 的电气特性

状态　　电平	负电平	正电平
逻辑状态	1	0
信号状态	传号	空号
功能状态	OFF（断）	ON（通）

　　RS-232C 电平高达 +15V 和 –15V，较之 0～5V 的电平来说具有更强的抗干扰能力。但是，即使用这样的电平，若两台设备利用 RS-232C 接口直接相连（即不使用 Modem），它们的最大距离也仅约 15m，而且由于电平较高、通信速率反而受影响。RS-232C 接口的通信速率有 150b/s、300b/s、600b/s、1200b/s、2400b/s、4800b/s、9600b/s、19200b/s 等几挡。

　　RS-232C 的功能特性定义了 25 芯标准连接器中的 20 根信号线，其中 2 根地线、4 根数据线、11 根控制线、3 根定时信号线，剩下的 5 根线做备用或未定义。表 3.2 给出了其中最重要的 10 根信号线的功能特性。

表 3.2　RS-232C 引脚功能特性

引脚号	信号线	功能说明	信号线型	连接方向
1	AA	保护地线（GND）	地线	
2	BA	发送数据（TD）	数据线	→DCE
3	BB	接收数据（RD）	数据线	→DTE
4	CA	请求发送（RTS）	控制线	→DCE
5	CB	清除发送（CTS）	控制线	→DTE
6	CC	数据设备就绪（DSR）	控制线	→DTE
7	AB	信号地线（Sig.GND）	地线	
8	CF	载波检测（CD）	控制线	→DTE
20	CD	数据终端就绪（DTR）	控制线	→DCE
22	CE	振铃指示（RI）	控制线	→DTE

RS-232C 的工作过程是在各根控制信号线有序的逻辑"0"和逻辑"1"状态的配合下进行的。在 DTE 与 DCE 连接的情况下，只有 CD（数据终端就绪）和 CC（数据设备就绪）均为逻辑状态时才具备操作的基本条件，此后，若 DTE 要发送数据，则须先将 CA（请求发送）置为逻辑状态，等待 CB（清除发送）应答信号为逻辑状态后，才能在 BA（发送数据）上发送数据。

3.2 物理层的组件

物理层对所设计的网络的可靠性、高效性有着重要的影响。网络的传输介质与设备的选择、安装及测试在决定网络能否满足用户现在以及将来的信息系统需要的过程中起着至关重要的作用。

3.2.1 物理层组件概述

物理层组件包括网络传输介质、连接器、接插面板、网卡、集线器、收发器以及介质转换器等设备。

铜缆可以分为两种类型：同轴电缆与双绞线。在以太网中使用比较广泛的同轴电缆类型是细电缆。双绞线分为 5 类，其中只有 3 类、4 类和 5 类电缆可以应用于局域网组网之中。

现在新设计的网络中已经不再使用同轴电缆，但是在已经安装网络中仍然存在同轴电缆。它的带宽为 10Mb/s，由于具有总线式的拓扑结构，因此在解决故障的过程中会遇到很多困难。同轴电缆的主要优点是分段长度较长且抗干扰能力强。

5 类非屏蔽双绞线（5E）是现在的标准铜质线缆，它所支持的带宽最高可以达到 1000Mb/s，最大分段长度为 100m，但是可以通过使用转发器来扩展。由于缺乏抗电磁能力，所以必须特别注意双绞线的终端的连接方式。

光缆作为一种连接桌面电脑的传输介质已经逐渐被人们所接受。它可以完全抵抗外部的干扰，并且可以用于很长距离的数据传输。同时，它的带宽已经达到了 Gb/s 数量级，因此是一种理想的网络传输介质。

在物理层工作的网络设备主要涉及两方面的工作：如何对信号进行编码以及接收到信号以后应该如何处理。常见的物理层设备有网卡、转发器、集线器、收发器以及介质转换器等。

网卡为计算机以及其他网络设备提供与网络介质连接的接口，同时它们还可以处理数据的接收和发送过程以及对介质的访问控制。通常人们总是忽视网卡的重要性，关于网卡的选项较少，但是任何一项改动都会对网络的性能和可管理性产生巨大的影响。

集线器通常具有 4 个以上的端口以及一些指示灯。它的工作比较简单：在其中的一个端口上接收信号，然后再将这个信号发送到其他的与设备连接的端口。高级集线器的共性包括堆叠能力、10/100Mb/s 自适应功能、光纤端口、SNMP 管理以及自动分区。

如果一台以太网设备不能处理某种介质信号时就必须使用收发器。收发器是一种相对简单的设备，而且也不易出现故障。但是如果一台具有收发器的设备不能正常工作时，还是应该对其进行检查。

介质转换器可以将一种介质产生的信号转换为另一种所需的信号类型。假设现在计划将两栋建筑物用光缆连接起来，但是交换机、集线器以及路由器等设备的接口为双绞线，在这种情况下就可以使用介质转换器。

网络物理层组件的正确选择、配置和安装，可以为网络的可靠性提供坚实的基础。由于网络中其他各层都依赖于物理层的正确配置，所以对物理层的正确设计、组件的正确选择和安装可以有效防止以后可能发生的各种难以解决的故障。

3.2.2　网络传输介质

网络传输介质是网络中传输数据、连接各网络站点的实体。网络信息还可以利用无线电系统、微波无线系统和红外技术等传输。目前，常见的网络传输介质有双绞线、同轴电缆和光纤等。当构建网络时存在多种网络介质可供选择，彻底地了解各种介质的功能、特点、安装事项、测试需求以及故障排除的方法等对正确地选择网络介质至关重要。下面我们主要讨论的是铜质电缆以及光纤介质。

1. 双绞线

（1）双绞线概述

双绞线（Twisted Pairwire，TP）是网络综合布线工程中最常用的一种传输介质。双绞线由两根具有绝缘保护层的铜导线组成。把两根绝缘的铜导线按一定密度互相缠绕在一起，可降低信号干扰的程度，每一根导线在传输中辐射的电波会被另一根线上发出的电波抵消。图 3.5 所示为两种常见的双绞线类型。

（a）非屏蔽双绞线　　　　　　　　　　　　　　（b）屏蔽双绞线

图 3.5　常见的两种双绞线

双绞线一般由两根 22～26 号绝缘铜导线相互缠绕而成。如果把一对或多对双绞线放在一个绝缘套管中便成了双绞线电缆。在双绞线电缆内，不同线对具有不同的扭绞长度，一般地说，扭绞长度在 14～38.1cm 内，按逆时针方向扭绞，相邻线对的扭绞长度在 12.7cm 以上。与其他传输介质相比，双绞线在传输距离、信道宽度和数据传输速度等方面均受到一定限制，但价格较为低廉。目前，双绞线可分为非屏蔽双绞线（Unshielded Twisted Pair，UTP）和屏蔽双绞线（Shielded Twisted Pair，STP）。

虽然双绞线主要是用来传输模拟声音信息的，但同样适用于数字信号的传输，特别适用于较短距离的信息传输。在传输期间，信号的衰减比较大，并且容易产生波形畸变。采用双绞线的局域网的带宽取决于所用导线的质量、长度及传输技术。只要精心选择和安装双绞线，就可以在有限距离内达到每秒几十兆比特的可靠传输率。当距离很短，并且采用特殊的电子传输技术时，传输率可达 100～155Mb/s。由于利用双绞线传输信息时要向周围辐射信号，信息很容易被窃听，因此要花费额外的代价加以屏蔽。屏蔽双绞线电缆的外层由铝泊包裹以减小辐射信号，但并不能完全消除辐射。屏蔽双绞线价格相对较高，安装时要比非屏蔽双绞线电缆困难。类似于同轴电缆，它必须配有支持屏蔽功能的特殊连接器和相应的安装技术。但它有较高的传输速率，100m 内可达到 155Mb/s。

（2）双绞线的规格型号

EIA/TIA 为双绞线电缆定义了 5 种不同质量的型号。计算机网络综合布线使用第 3、4、5 类。这 5 种型号如下。

第 1 类：主要用于传输语音（第一类标准主要用于 20 世纪 80 年代初之前的电话线缆），不用于数据传输。

第 2 类：传输频率为 1MHz，用于语音传输和最高传输速率 4Mb/s 的数据传输，常见于使用 4Mb/s 规范令牌传递协议的旧的令牌网。

第 3 类：指目前 ANSI 和 EIA/TIA 568 标准中指定的电缆。该电缆的传输频率为 16MHz，用于语音传输及最高传输速率为 10Mb/s 的数据传输，主要用于 10Base-T。

第 4 类：该类电缆的传输频率为 20MHz，用于语音传输和最高传输速率 16Mb/s 的数据传输，主要用于基于令牌的局域网和 10Base-T/100Base-T。

第 5 类：该类电缆增加了绕线密度，外层包裹一种高质量的绝缘材料，传输频率为 100MHz，用于语音传输和最高传输速率为 100Mb/s 的数据传输，主要用于 100Base-T 和 10Base-T 网络，这是最常用的以太网双绞线。

双绞线分为屏蔽双绞线与非屏蔽双绞线两大类。在这两大类中又分 100Ω 电缆、双体电缆、大对数电缆、150Ω 屏蔽电缆。具体型号有多种，如图 3.6 所示。

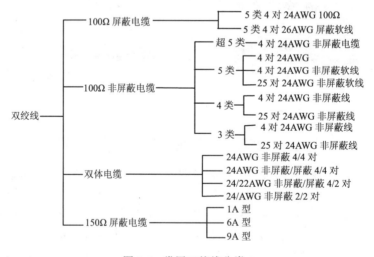

图 3.6　常用双绞线分类

（3）双绞线的性能指标

对于双绞线，用户最关心的是表征其性能的几个指标，这些指标包括衰减、近端串扰、阻抗特性、分布电容及直流电阻等。

1）衰减。衰减（Attenuation）是沿链路的信号损失度量。衰减与线缆的长度有关系，随着长度的增加，信号衰减也随之增加。衰减用"dB"作单位，表示源传送端信号到接收端信号强度的比率。衰减随频率而变化，因此应测量在应用范围内的全部频率上的衰减。

2）NEXT。串扰分 NEXT（近端串扰）和 FEXT（远端串扰）。测试仪主要是测量 NEXT，由于存在线路损耗，因此 FEXT 的量值的影响较小。NEXT 损耗是测量一条非屏蔽双绞线链路中从一对线到另一对线的信号耦合。对于非屏蔽双绞线链路，NEXT 是一个关键的性能指标，也是最难精确测量的一个指标。随着信号频率的增加，其测量难度将加大。

NEXT 并不表示在近端点所产生的串扰值，它只是表示在近端点所测量到的串扰值。这个量值会随电缆长度不同而变，电缆越长，其值变得越小，同时发送端的信号也会衰减，对其他线对的串扰也相对变小。实验证明，只有在 40m 内测量得到的 NEXT 是较真实的。如果另一端是远于 40m 的信息插座，那么它会产生一定程度的串扰，但测试仪可能无法测量到这个串扰值。因此，最好在两个端点都进行 NEXT 测量。现在的测试仪都配有相应设备，使得在链路一端就能测量出两端的 NEXT 值。NEXT 测试的结果参照表 3.3 所示。

表 3.3　特定频率下的 NEXT 衰减极限

频率/MHz	最小 NEXT					
	信道/100m			链路/90m		
	3 类	4 类	5 类	3 类	4 类	5 类
1	39.1	53.3	60.0	40.1	54.7	60.0
4	29.3	43.3	50.6	30.7	45.1	51.8
8	24.3	38.2	45.6	25.9	40.2	47.1
10	22.7	36.6	44.0	24.3	38.6	45.5
16	19.3	33.1	40.6	21	35.3	42.3
20		31.4	39.0		33.7	40.7
25			37.4			39.1
31.25			35.7			37.6
62.5			30.6			32.7
100			27.1			29.3

3）直流电阻。TSB 67 中无此参数。直流环路电阻会消耗一部分信号，并将其转变成热量。它是指一对导线电阻的和，11801 规格的双绞线的直流电阻不得大于 19.2Ω。每对间的差异不能太大（小于 0.1Ω），否则表示接触不良，必须检查连接点。

4）特性阻抗。与环路直流电阻不同，特性阻抗包括电阻及频率为 1～100MHz 的电感阻抗及电容阻抗，它与一对电线之间的距离及绝缘体的电气性能有关。各种电缆有不同的特性阻抗，而双绞线电缆则有 100Ω、120Ω 及 150Ω 几种。

5）ACR。在某些频率范围，串扰与衰减量的比例关系是反映电缆性能的另一个重要参数。ACR 有时也以信噪比（Signal-Noise Ratio，SNR）表示，它由最差的衰减量与 NEXT 量值的差值计算。ACR 值较大，表示抗干扰的能力更强。一般系统要求至少大于 10dB。

6）电缆特性。通信信道的品质是由它的电缆特性描述的。信噪比 SNR 是在考虑到干扰信号的情况下，对数据信号强度的一个度量。如果信噪比 SNR 过低，将导致数据信号在被接收时，接收器不能分辨数据信号和噪音信号，最终引起数据错误。因此，为了将数据错误限制在一定范围内，必须定义一个最小的可接收的信噪比。

2. 同轴电缆

（1）同轴电缆概述

同轴电缆以硬铜线为芯，外包一层绝缘材料。这层绝缘材料用密织的网状导体环绕，网外又覆盖一层保护性材料。有两种广泛使用的同轴电缆：一种是 50Ω 电缆，用于数字信号传输，由于多用于基带传输，也叫基带同轴电缆；另一种是 75Ω 电缆，用于模拟信号传输，也叫宽带同轴电缆。这种区别是由历史原因造成的，而不是由于技术原因或生产厂家的原因。同轴电缆的结构如图 3.7 所示。

图 3.7　同轴电缆的结构

同轴电缆的这种结构，使它具有高带宽和极好的噪声抑制特性。同轴电缆的带宽取决于电缆长度。1km 的电缆可以达到 1～2Gb/s 的数据传输速率，还可以使用更长的电缆，但是传输率要降低或使用中间放大器。目前，同轴电缆大量被光纤取代，但仍广泛应用于有线电视和某些局域网。

同轴电缆不可铰接，各部分是通过低损耗的连接器连接的。连接器在物理性能上与电缆相匹配。中间接头和耦合器用线管包住，以防不慎接地。若希望电缆埋在光照射不到的地方，那么最好把电缆埋在冰点以下的地层里。如果不想把电缆埋在地下，则最好采用电杆来架设。同轴电缆每隔 100m 设一个标记，以便于维修。必要时每隔 20m 要对电缆进行支撑。在建筑物内部安装时，要考虑便于维修和扩展，在必要的地方还需提供管道，保护电缆。

同轴电缆一般安装在设备与设备之间。在每一个用户位置上都装备有一个连接器，为用户提供接口。接口的安装方法如下。

1）细缆。将细缆切断，两头装上 BNC 头，然后接在 T 型连接器两端。

2）粗缆。粗缆一般采用一种类似夹板的 Tap 装置进行安装，它利用 Tap 上的引导针穿透电缆的绝缘层，直接与导体相连。电缆两端设有终端器，以削弱信号的反射作用。

（2）同轴电缆的规格型号

同轴电缆可分为两种基本类型，基带同轴电缆和宽带同轴电缆。目前基带常用的电缆，其屏蔽线是用铜做成的网状屏蔽线，特征阻抗为 50Ω（如 RG-8、RG-58 等）；宽带同轴电缆常用的电缆的屏蔽层通常是用铝冲压成的，特征阻抗为 75Ω（如 RG-59 等）。

按直径大小，同轴电缆可以分为粗电轴电缆和细同轴电缆。粗缆适用于比较大型的局域网，它的传输距离长、可靠性高。由于安装时不需要切断电缆，因此可以根据需要灵活调整计算机的入网位置。但粗缆网络必须安装收发器和收发器电缆，安装难度大，所以总体造价高。相反，细缆安装则比较简单，造价低，但由于安装过程要切断电缆，两头需装上 BNC 头，然后接在 T 型连接器两端，所以当接头多时容易产生接触不良的故障，这是目前以太网所发生的最常见故障之一。

为了保持同轴电缆的正确电气特性，电缆屏蔽层必须接地。同时，两端要有终端器来削弱信号反射作用。

无论是粗同轴电缆还是细同轴电缆均为总线拓扑结构，即一根电缆上连接多台计算机，这种拓扑结构适用于机器密集的环境。但是当一触点发生故障时，故障会串联影响到整根电缆上的所有计算机，故障的诊断和修复都很麻烦，因此，同轴电缆将逐步被非屏蔽双绞线或光缆取代。

计算机网络一般选用 RG-8 以太网粗缆和 RG-58 以太网细缆。RG-59 用于电视系统。RG-62 用于 ARCNET 网络和 IBM 3270 网络。

（3）同轴电缆的性能指标

1）同轴电缆的特性阻抗。同轴电缆的平均特性阻抗为 $50\pm2\Omega$，单根同轴电缆的阻抗的周期性变化为正弦波，中心电阻平均值 $\pm3\Omega$，其长度小于 2m。

2）同轴电缆的衰减。一般指 500m 长的电缆段的衰减值。当用 10MHz 的正弦波进行测量时，它的值不超过 8.5dB（17dB/km）；而用 5MHz 的正弦波进行测量时，它的值不超过 6.0dB（12dB/km）。

3）同轴电缆的传播速度。同轴电缆最低传播速度为 0.77C（C 为光速）。

4）同轴电缆直流回路电阻。电缆的中心导体的电阻与屏蔽层的电阻之和不超过 $10m\Omega/m$（在 20°C 下测量）。

3．光纤

（1）光纤概述

光纤和同轴电缆相似，只是没有网状屏蔽层。光纤中心是光传播的玻璃芯。在多模光纤中，芯的直径是 15～50μm，大致与人的头发的粗细相当。而单模光纤芯的直径为 8～10μm。芯外面包围着一层折射率比芯的折射率低的玻璃封套，以使光纤保持在芯内。玻璃外面的是一层薄的塑料外套，用来保护封套。光纤通常被扎成束，外面有外壳保护。纤芯通常是由石英玻璃制成的横截面积很小的双层同心圆柱体，它质地脆，易断裂，因此需要外加一保护层，其结构如图 3.8 所示。

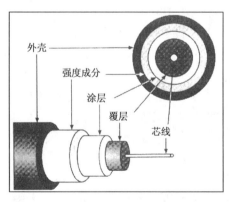

图 3.8　光纤的结构

（2）光纤的规格型号

1）传输点模数类。按传输点模数类，光纤分单模光纤（Single Mode Fiber）和多模光纤（Multi Mode Fiber）。单模光纤的纤芯直径很小，在给定的工作波长上只能以单一模式传输，传输频带宽，传输容量大。多模光纤是在给定的工作波长上，能以多个模式同时传输的光纤。与单模光纤相比，多模光纤的传输性能较差。

2）折射率分布类。按折射率分布类，光纤可分为跳变式光纤和渐变式光纤。跳变式光纤纤芯的折射率和保护层的折射率都是一个常数。在纤芯和保护层的交界面，折射率呈阶梯型变化。渐变式光纤纤芯的折射率随着半径的增加按一定规律减小，在纤芯与保护层交界处减小为保护层的折射率。纤芯的折射率的变化近似于抛物线。

光纤有三种连接方式：首先，可以将它们接入连接头并插入光纤插座。连接头要损耗10%～20%的光，但是它使重新配置系统很容易。第二，可以用机械方法将其接合。方法是将两根小心切割好的光纤的一端放在一个套管中，然后钳起来。可以让光纤通过结合处来调整，以使信号达到最大。第三，两根光纤可以被融合在一起形成连接。融合方法形成的光纤和单根光纤差不多是相同的，但也有一点衰减。对于这三种连接方法，结合处都有反射，并且反射的能量会和信号交互作用。

有两种光源可被用作信号源：发光二极管 LED（Light-Emitting Diode）和半导体激光 ILD（Injection Laser Diode）。光纤的接收端由光电二极管构成，在遇到光时，它给出一个点脉冲。光电二极管的响应时间一般为 1ns，这就是数据传输速率限制在 1Gb/s 内的原因。热噪声也是个问题，因此光脉冲必须具有足够的能量以便被检测到。如果脉冲能量足够强，则出错率可以降到非常低的水平。

目前使用的接口有两种：一种是无源接口，无源接口由两个接头熔于主光纤形成，接头的一端有一个发光二极管或激光二极管（用于发送），另一端有一个光电二极管（用于接收），接头本身是完全无源的，因而是非常可靠的；另一种接口被称作有源中继器（Active Repeater），输入光在中继器中被转变成电信号，如果信号已经减弱，则重新放大到最强，然后转变成光再发送出去，连接计算机的是一根进入信号再生器的普通铜线。现在已有了纯粹的光中继器，这种设备不需要光电转换，因而可以以非常高的带宽运行。

（3）光纤的性能指标

对光纤传输通道的性能要求，其前提是每一根光纤通道使用单个波长窗口。下面我们按照国际布线标准 ISO/IEC 11801：1995（E），给出单模和多模光纤通道的性能指标。

1）光纤衰减。光纤通道可允许的最大衰减应不超 10dB。另外，由多个子系统组成的光纤通道的衰减，对内径为 62.5μm、外径为 125μm 和内径为 8μm、外径为 125μm 的光纤，衰减光纤不应超过 11dB，对其他类型的光纤有更严格的限制。

2）光纤带宽。用于光纤通道的光纤色散应根据 IEC 793-1 所述的测试方法进行测试。综合布线中，单模光纤通道的光学模式带宽可不做要求。

3）反射损耗。光纤传输系统中的反射是由多种因素造成的，其中包括由光纤连接器和光纤拼接等引起的反射。对于单模光纤来说，反射损耗尤其重要，因为光源的性能会受反射光的影响。

4）传输延迟。有些应用系统可能对光缆布线通道的最大传输延迟有专门的要求，可按照 GB/T 8401 规定的相移法或脉冲时延法进行测量。

3.2.3　网络物理层设备

在物理层工作的网络设备主要涉及两方面的工作：如何对信号进行编码以及接收到信号以后应该如何处理。常见的物理层设备有网卡、转发器、集线器、收发器以及介质转换器等。下面介绍中继器、集线器、网卡及介质转换器。

1. 中继器

中继器（Repeater）是连接网络线路的一种装置，常用于两个网络节点之间物理信号的双向转发工作。中继器是最简单的网络互连设备，主要完成物理层的功能，负责在两个节点的物理层上按位传递信息，完成信号的复制、调整和放大功能，以此来延长网络的长度。

由于存在损耗，在线路上传输的信号功率会逐渐衰减，衰减到一定程度时将造成信号失真，因此会导致接收错误。中继器就是为解决这一问题而设计的。它完成物理线路的连接，对衰减的信号进行放大，保持与原数据相同。

一般情况下，中继器的两端连接的是相同的媒体，但有的中继器也可以完成不同媒体的转接工作。从理论上讲，中继器的使用是无限的，网络也因此可以无限延长。事实上这是不可能的，因为网络标准中都对信号的延迟范围作了具体的规定，中继器只能在此规定范围内进行有效的工作，否则会引起网络故障。以太网络标准中就约定了一个以太网上只允许出现 5 个网段，最多使用 4 个中继器，而且其中只有 3 个网段可以连接计算机终端，这就是著名的 5-4-3 规则。

2. 集线器

集线器（Hub）可以说是一种特殊的中继器，作为网络传输介质间的中央节点，它克服了介质单一通道的缺陷。以集线器为中心的优点是：当网络系统中某条线路或某节点出现故障时，不会影响网上其他节点的正常工作。集线器可分为无源（Passive）集线器、有源（Active）集线器和智能（Intelligent）集线器。普通集线器的外观如图 3.9 所示。

图 3.9　普通集线器的外观

无源集线器只负责把多段介质连接在一起，不对信号做任何处理，每一种介质段只允许扩展到最大有效距离的一半。

有源集线器类似于无源集线器，但它具有对传输信号进行再生和放大从而扩展介质长度的功能。

智能集线器除具有有源集线器的功能外，还可将网络的部分功能集成到集线器中，如网络管理、选择网络传输线路等。

集线器技术发展迅速，已经出现了交换技术（在集线器上增加了线路交换功能）和网络分段方式，提高了传输带宽。随着计算机技术的发展，集线器又分为切换式、共享式和可堆叠共享式三种。

1）切换式集线器。一个切换式集线器重新生成每一个信号并在发送前过滤每一个数据包，而且只将其发送到目的地址。切换式集线器可以使 10Mb/s 和 100Mb/s 的站点用于同一网段中。

2）共享式集线器。共享式集线器可以使所有连接点的站点共享一个最大频宽。例如，一个连接着几个工作站或服务器的 100Mb/s 共享式集线器所提供的最大频宽为 100Mb/s，与它连接的站点共享这个频宽。共享式集线器不过滤或重新生成信号，所有与之相连的站点必须以同一速度工作（10Mb/s 或 100Mb/s）。

3）堆叠共享式集线器。堆叠共享式集线器是共享式集线器中的一种，当它们级联在一起时，可看作是网中的一个大集线器。当 6 个 8 口的集线器级联在一起时，可以看作是 1 个 48 口的集线器。

3. 网卡

最常用的网络设备当属网卡了。网卡本身是局域网的设备，通过网关、路由器等设备就可以把局域网连接到 Internet 上。网卡有许多种，按照物理层来分类有无线网卡、RJ-45 网卡、同轴电缆网卡、光纤网卡等。它们在物理上的连接方式不同，数据的编码、信号传输的介质和电平等也不同。以下主要介绍我们最常用到的以太网网卡。

以太网采用 CSMA/CD（载波侦听多路访问/冲突检测）的控制技术。它主要定义了物理层和数据链路层的工作方式。数据链路层和物理层各自实现自己的功能，相互之间不关心对方如何操作。二者之间有标准的接口（如 MII、GMII 等）来传递和控制数据。

以太网网卡的物理层可以包含很多种技术，常见的有 RJ-45、光纤及无线等，它们的区别在于传送信号的物理介质和媒质不同。这些都在 IEEE 的 802 协议族中有详细的定义。现主要讨论的 RJ-45 的网卡属于 IEEE 802.3 定义的范围。

（1）网卡的基本结构

以太网网卡工作在 OSI 模型的两个层，物理层和数据链路层。物理层定义了数据传送与接收所需要的电与光信号、线路状态、时钟基准、数据编码和电路等，并向数据链路层设备提供标准接口。数据链路层则提供寻址机构、数据帧的构建、数据差错检查、传送控制、向网络层提供标准的数据接口等功能，其物理外观如图 3.10 所示。

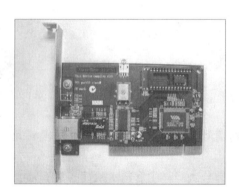

图 3.10　以太网网卡

以太网网卡中数据链路层的芯片一般简称之为 MAC 控制器，物理层的芯片我们简称为 PHY 控制器。许多网卡的芯片把 MAC 控制器和 PHY 控制器的功能做到了一片芯片中，比如 Intel 82559 网卡和 3COM 3C905 网卡。但是 MAC 控制器和 PHY 控制器的机制还是单独存在的，只是外观的表现形式是一片单芯片。当然也有很多网卡的 MAC 控制器和 PHY 控制器是分开做的，比如 D-LINK 的 DFE-530TX 等。

（2）网卡对数据的处理方式

网卡发送数据时，收到 MAC 控制器传输过来的数据（对 PHY 控制器来说，没有帧的概念，对它来说，都是数据，而不管是地址、数据还是 CRC），每 4 比特就增加 1 比特的检错码，然后把并行数据转化为串行流数据，再按照物理层的编码规则（10Base-T 的 NRZ 编码或 100Base-T 的曼彻斯特编码）把数据编码，再变为模拟信号把数据送出去。网卡接收数据时的流程反之。

（3）网卡的连接方式

网卡的接口主要有 RJ-45 接头，它实现了网卡和网线的连接。它里面有 8 个铜片可以和网线中的 4 对双绞线对应连接。其中 100Mb/s 的网络中 1、2 两根线是传送数据的，3、6 两根线是接收数据的。1、2 两根线之间是一对差分信号，也就是说它们的波形一样，但是相位相差 180°，同一时刻的电压幅度互为正负。这样的信号可以传递的更远，抗干扰能力强。同样的，3、6 两根线也一样是差分信号。我们制作网线的时候，一定要注意要让 1、2

两根线在其中的一对，3、6 两根线在一对。否则，长距离情况下使用这种网线的时候会导致无法连接或连接很不稳定。

现在新的 PHY 控制器支持 AUTO MDI-X 功能。它可以实现 RJ-45 接口的 1、2 两根传送信号线和 3、6 两根接收信号线的功能自动互相交换。有的 PHY 控制器甚至支持一对线中的正信号和负信号的功能自动交换。这样我们就不必为了连接某个设备需要使用直通网线还是交叉网线而费心了。这项技术已经被广泛的应用在交换机和 SOHO 路由器上。

在 1000Base-T 网络中，最普遍的一种传输方式是使用网线中所有的 4 对双绞线，其中增加了 4、5 两根线和 7、8 两根线来共同传送、接收数据。由于 1000Base-T 网络的规范包含了 AUTO MDI-X 功能，因此不能严格确定它们的传出或接收的关系，要看双方具体的协商结果。

3.3　物理层的组网规范

任何网络设备都有自己的特性和适用范围，只有在规定的范围内使用才能正常发挥其功能。实践证明，网络物理层的传输介质与设备在组网的过程中都有一定的限制条件，违背这些组网规范就会降低网络的性能，甚至造成严重的网络故障。下面就分别讨论常见的物理层传输介质与设备在组网中的规范。

3.3.1　传输介质的组网规范

在日常的组网工程中，主要使用的网络传输介质是双绞线、同轴电缆和光纤。这三种传输介质的特性差别较大，各有其优缺点，目前在不同的组网环境中都在采用，下面分别介绍其使用条件与要求。

1. 双绞线

我们已经讨论了双绞线电缆的一些普通特点。因为 5 类双绞线是局域网中铜线电缆的标准，所以关于双绞线电缆的特点和维护问题的更深入讨论将直接针对 5 类双绞线。另外，对于这个问题的讨论集中在以太网中。

速度为 10Mb/s、使用双绞线电缆的以太网的 IEEE 设计标准是 10Base-T。使用双绞线连接，速度为 100Mb/s 的以太网有两种选择：一是使用两组电线，称为 100Base-TX；另一种是使用四组电线，称为 100Base-T4。我们将集中讨论 100Base-TX 标准。

（1）安装要求

5 类双绞线的安装要比细缆的安装复杂得多，因为这种电缆有 4 组共 8 根电线，而细缆仅使用一根同轴电缆。安装的质量标准也非常严格，因为 5 类双绞线的支持带宽速度要求达到 100Mb/s。由于没有屏蔽，所以需要特别注意电磁干扰和射频干扰。另一方面，由于 5 类双绞线的使用非常普遍，所以提供这方面信息的书籍许多，同时 Internet 的资料也可以帮助解决很多问题。

5 类双绞线的最小曲率半径是 1in（1in≈2.54cm），建议不要小于 2in。通常是凭借电缆外壳的质量和灵活性来进行选择。连接器 RJ-45 很便宜而且容易安装。再次强调，对于细节的注意对保持规范非常重要。电缆端需要安装 5 类 RJ-45 型水晶头。RJ-45 型水晶头和电话线插头很像，但它有 8 个引脚而不是 4 个，如图 3.11 所示。

在 5 类双绞线的安装中，还包括 RJ-45 型插座和 5 类接插板的连接。这些都需要特殊的工具，从而使 4 组电线正确无误地连接，RJ-45 接头压线钳如图 3.12 所示。虽然这些过程并不困难，但是和安装同轴电缆端相比需要考虑得更加周全。

双绞线有两种接法：EIA/TIA 568-B 标准和 EIA/TIA 568-A 标准，后者的接法如图 3.13 所示。

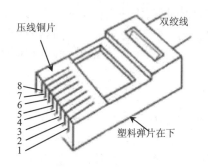

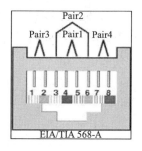

图 3.11　RJ-45 型水晶头　　　图 3.12　RJ-45 接头压线钳　　　图 3.13　EIA/TIA 568-A
标准下双绞线接法

表 3.4 为 EIA/TIA 568-A 线序。

表 3.4　EIA/TIA 568-A 线序

1	2	3	4	5	6	7	8
绿白	绿	橙白	蓝	蓝白	橙	棕白	棕

表 3.5 为 EIA/TIA 568-B 线序。

表 3.5　EIA/TIA 568-B 线序

1	2	3	4	5	6	7	8
橙白	橙	绿白	蓝	蓝白	绿	棕白	棕

直通线：两端都按 EIA/TIA 568-B 线序标准连接。

交叉线：一端按 EIA/TIA 568-A 线序连接，一端按 EIA/TIA 568-B 线序连接。

我们平时制作网线时，如果不按标准连接，虽然有时线路也能接通，但是线路内部各线对之间的干扰不能有效消除，从而导致信号传送出错率升高，最终影响网络整体性能。只有按标准规范建设，才能保证网络的正常运行，也会给后期的维护工作带来便利。5 类以太网电缆的安装中，每个工作站都需要一段网线连接到中央集线器或交换机。这种电缆分布称为星型拓扑结构。常见的是每台工作站都有三根独立的电缆。最长的电缆从接插板到 RJ-45 型插座。在接插板的一端，接插线将接插板连接到集线器，在插座的一端，接插板将插座连接到工作站上的网卡。这种拓扑结构如图 3.14 所示。

因为一个端口只连接一个工作站，所以添加一个工作站会非常安全而不会破坏局域网中的其他计算机。这个结构也意味着，相对总路线型拓扑结构的网络，必须要有更多的电缆。因此，电缆的安装可能会花费更多的时间和费用。

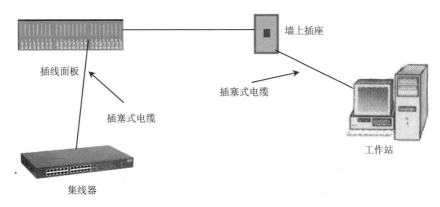

图 3.14　使用 5 类双绞线环境中典型的连接方式

（2）长度限制

双绞线电缆的最大规格长度一般要小于电缆的长度。以太网中，从集线器到工作站的双绞线电缆的最大规定长度是 100m。这个限制意味着两个工作站如果只使用一个中继器，那么它们的最大距离是 200m。

虽然这个最大距离要比同轴电缆规定得短，但是这个距离对大多数局域网来说足够了。和使用同轴电缆的情况一样，局域网的全程距离可以通过增加中继器来延长。然而，对使用中继器的数目同样存在限制，这依赖于局域网的速度。

（3）工作站数目限制

双绞线电缆的规格要求也可以比同轴电缆宽松。在使用双绞线电缆的以太网中，工作站的最大数目是 1024，不包括中继器这个数目已经足够大了，在一个设计完美的网络中，不可能有这么多工作站。容纳将近 1024 台工作站的网段或冲突区域不仅会违反最大数目的限制，而且会引起严重的问题。发生冲突的工作站很可能太多，从而造成数据不能成功传输。

（4）带宽能力

5 类双绞线被认为具有 100Mb/s 的带宽。通过附加的测试，它可能达到 1000Mb/s 的传输速度，和 6 类电缆标准一样。如果准备在传输速度为 1Gb/s 的网络中用 5 类或超 5 类电缆，就必须确保有电缆测试设备来测试出这个速度。

（5）使用环境要求

通常，非屏蔽双绞线的抗干扰性很差。由于在外部干扰源和传输线之间没有屏蔽，非屏蔽双绞线很容易引起电磁干扰和射频干扰。在非常嘈杂的环境里，屏蔽双绞线是个很好的选择。但是因为屏蔽双绞线电缆非常昂贵并且终端需要不同的工具和连接器，所以可能的话最好使用非屏蔽双绞线电缆。在多数情况下，5 类双绞线提供的自屏蔽效应会很好地保护网络。

2. 同轴电缆

同轴电缆分粗缆和细缆，现在的组网中，细缆应用较多，我们主要分析一些细缆的特性。

（1）安装要求

细缆以太网标准 10Base-2，是一种相对灵活、安装简便的布线方式。尽管不同的制造商由于所选用材料的差异制定了不同的标准，但是它在 90°拐角情况下的最小曲率半径仍然达到了 3.2cm。

图 3.15 中显示的是细缆连接器。安装细缆的过程中需要用到的连接器包括 BNC 电缆连接器、T 型 BNC 连接器以及 BNC 终端连接器。BNC 电缆连接器用于各条电缆线的末端，T 型 BNC 连接器用于将两端在网卡处形成交叉点，而 BNC 终端连接器则广泛应用在各种网段的末端。利用同轴电缆按照这种布置方法可以形成总线拓扑结构。

图 3.15　细缆接插连接器

（2）长度限制

细电缆网段中 10Base-2 电缆的最大长度为 185m。不论网络中的计算机数量为 5 台或者 30 台，两个终端之间的电缆长度不能够大于 185m。但可以通过使用中继器扩展电缆的长度。每台中继器都可以提供额外的 185m 扩展长度。需要注意的是对于中继器使用的数量也是有限制的。

双绞连接工作站

集线器

150m

细缆连接工作站

图 3.16　使用细电缆扩展网络

细电缆网的长度特性应该引起人们的关注。正是这种长度特性使得它成为解决连接远端工作站与局域网的一种合理方法，两者之间的距离已经超出了现在所用的介质的长度特性可以满足的限度。下面以双绞线为例来说明这种情况，我们已经知道双绞线的最大使用长度为 100m。假设管理的是一家制造厂的网络，在一个小的办公区域中共有 15 台计算机，并且现在所使用的介质是双绞线。公司需要在位于远端的生产车间添加一台工作站，其间的距离为 150m。使用细电缆网可以将远端的工作站和公司的局域网连接起来。图 3.16 中所描述的网络中大部分都是使用双绞线，所以将网络中电缆的长度限制在 100m 之内。同时由于集线器与细电缆网连接，所以当距离大于 100m 时仍然可以连接远端的工作站。

（3）工作站数量限制

细缆网中单段细缆最多可以有 30 台工作站，由于这种限制十分严格，所以一个规模不断扩大的公司可能为了消除这种限制，必须对全部的电缆进行更换。如果包括中继器，网络中最大的工作站数量可以达到 90。

（4）带宽容量

对于细电缆网而言，最大的带宽为 10Mb/s。这个限制是导致这种介质差点被淘汰的因素之一。现在通常使用的介质都可以支持 100Mb/s 或者更高的传输速率，从而推动了局域网带宽的不断提高。不过 10Mb/s 的传输速率已经足以满足中等使用频率的网络中的共享文件以及打印机的基本需求。

（5）使用环境

抗干扰能力是细电缆网以及其他种类同轴电缆的优点之一。由于在金属层外面包裹了一层绝缘材料，同轴电缆具有很强的抵抗外部信号干扰的能力。金属层是关键所在，因为它屏蔽或反射了外部的电磁干扰以及射频干扰，但是这并不意味着在使用同轴电缆时不必考虑干扰现象，而是指与其他类型的铜质电缆相比这种影响要小得多。

总而言之，细缆是一种过时的介质，具有易于安装、较长的网段长度以及抗干扰能力强的优点，同时还具有带宽窄的缺点，因此，在现代网络设计中已经逐步淘汰了这种介质。

3. 光缆

（1）安装要求

光纤以太网被称作 10Base-F 网络，而使用光缆的快速以太网称作 100Base-FX 网络。10Base-F 网络分成三个子类：10Base-FL、10Base-FB 和 10Base-FP。10Base-FL（L 代表链接）是使用星型拓扑结构且最长段为 200m 的异步网络。10Base-FB（B 代表主干线）是使用星型拓扑结构且最长段为 2000m 的同步网络。10Base-FB 的同步特性使得网络中可以有更多的中继器。10Base-FP（P 代表无源）是使用无源星型拓扑结构且最长段为 1000m 的网络。最常用的网络是 10Base-FB 和 10Base-FL。

光缆根据是在室内还是室外使用以及一个外壳内包含多少光纤等分为不同种类。在一个塑料壳内可能有一根光纤线，也可以在厚塑料壳内有几十或成百的光纤线。和其他传输介质一样，光缆规定了必须遵守的最小曲率半径。

因为光纤的集束情况不同，所以最好看一下生产商提供的关于曲率半径的信息。有很多不同的方法制作光缆的终端以及确保连接器正确连接。方法包括使用热粘接或紫外线粘接的胶水或相对简单的压接连接器。

所有类型的光纤共同的特点是，需要一个精确的剥皮工具（剥去覆盖的薄塑料皮）和一个称作切割器的玻璃切割工具，它切割玻璃而不会对玻璃造成损害。光缆终端的特点不是本书讨论的内容，但是需要多说一点的是，光纤连接器的安装相比铜电缆要更昂贵，也需要更多的技巧。

光缆的终端通常有三种连接器类型：ST、SC 和更新且高密度的 MT-RJ，前两种连接器如图 3.17 所示。

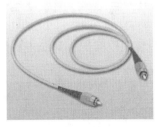　　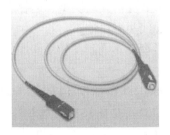

（a）ST 连接器　　　　　　　　　　　　（b）SC 连接器

图 3.17　光缆连接器

光缆仅在一个方向传输光信号。因此，局域网中需要两路光缆：一路发送信号，一路接收信号。在前面提到的三种连接器中，只有 MT-RJ 可以用一个连接器连接两路光缆。所以，对前两种连接器，每个设备连接时都需要两个连接器。

（2）长度限制

用来连接星型拓扑结构中的工作站和中央集线器的光缆，根据使用的带宽可分为 10Base-F 或是 10Base-FX。这种类型的光缆是多模式光缆。10Base-F 允许从集线器到工作站的最大距离是 2000m。在使用中继器的带宽共享的网络中，10Base-FX 允许的最大距离，由几个因素决定，其中主要是网络中铜线部分的数目和长度。10Base-FX 允许的最大距离比较短，所以如果长度超过 100m，应该咨询设备生产商。多模式光缆可以使到交换机接口的 10Base-FX 连接延长到 2000m，如果需要更长的距离可以使用单模式光缆。

（3）带宽能力

如前面提及的，光缆具有很大的带宽支持能力。单模式光缆都可以传输速度为 Gb/s 或更高的数据信号。在多模式光缆上已成功进行了 50Gb/s 速率的数据传输测试。带宽还取决于网络中安装的设备和网卡。

（4）使用环境

光缆的阻抗很小可以近似忽略。光缆能够抵抗各种不同的干扰源，包括电磁屏蔽、射频干扰和微波。因为光缆传输仅仅依靠光脉冲产生信号，所以唯一会阻碍传输的就是另一个光源。只要没有将光缆剥到覆盖层，光缆传输就不会受到阻碍。

3.3.2 物理层设备的组网规范

介质仅代表了物理层的一半影响因素。介质连接的连网设备也必须维护。在物理层工作的设备基本上关心两件事情：位信号如何编码，接收了位信号该如何处理。位信号的编码是用来在物理层介质中代表 0 或 1 的方法。依靠物理设备的功能，一旦接收了位信号，该设备就采取不同的行为。这一部分讨论网卡、中继器和集线器的使用规范。

1. 网卡使用规则

网卡为计算机和其他设备提供了连接到网络介质的接口。它们也处理接收和发送位信号以及存取介质的细小环节。为工作站选择合适的网卡的重要性经常被忽略。网卡可以有多种选择，它的选择会影响到网络的性能和可管理性。网卡在数据链路层中也起到作用，这在第 4 章中将再次提及，所以这里我们仅仅涉及网卡在物理层中的作用。本小节部分包括网卡总线类型、支持介质类型、运行速度和几个在选择网卡时可能首要考虑的因素。

（1）网卡总线类型

网卡总线类型会影响到工作站和服务器的性能。下面列出了目前工作站和服务器常用的总线类型。

1）ISA。ISA 比较陈旧，但是在一些较老的计算机中仍可以看见。

2）EISA。EISA 是在 ISA 基础上的改进型，但又被 PCI 取代。

3）PCI。PCI 是占主要地位的网卡类型，并很快成为了计算机的唯一选择。PCI 总线提供了许多优于其他总线类型的优点。

在列出的三种总线类型中，PCI 由于其快速数据传输率受到青睐。PCI 总线有两种传输速度和两种总线尺寸。最初的和最常见的 PCI 总线工作频率为 33MHz，并有 32 位宽。较新的 PCI 总线工作频率为 66MHz，并有 64 位宽。如果频率为 33MHz、位宽度为 32，PCI

总线理论上支持数据传输速度可以达到 133Mb/s。网卡的最大传输率为 80～90Mb/s，这对大多数网络已经是足够快了。频率为 66MHz 和宽度为 64 位的 PCI 总线理论上可以支持达到 532Mb/s 的传输速率，但是为了达到这个速度，内存、处理器和操作系统也必须支持更宽的数据通道。频率为 33MHz 和宽度为 32 位的 PCI 总线已经使网卡足够达到 100Mb/s 的速度。除非需要 1Gb/s 的速度，否则就没有必要非得用适合快速 PCI 总线的操作系统。

（2）网卡支持的介质类型

在选择网卡时需要着重考虑的问题是网卡支持的介质类型。可以购买支持主要介质类型如双绞线、10Base-2 和光纤的网卡。也可以购买支持两种甚至三种不同介质类型的网卡。最便宜的网卡仅支持一种介质，大多数情况支持双绞线。例如，一个公司使用 10Base-2 电缆，但是想升级到 5 类双绞线；庆幸的是，计算机中已经安装的网卡既有 10Base-2 连接器又有双绞线连接器，所以仅需要更换两个集线器和电缆即可。

（3）网卡特性

网卡支持很多不同特性，而且并不是所有网卡都一样。在选择网卡前一定要仔细检查它支持的特性，因为最便宜的网卡可能不支持对用户来说很重要的特性。

网卡上的指示灯只有在出现故障时才有用途。典型的指示灯是绿色的发光二极管，但有时也用红色或黄色的发光二极管用来表示不同的功能。网卡上最基本的指示是连接指示灯和行为指示灯。连接指示灯通常是绿色的，当网卡正确接在电缆上，并建立起到其他设备如集线器或网桥上的连接时，连接指示灯就亮起来。当一个网络设备第一次连接到电缆上，首选要检查连接指示灯。如果连接指示灯不亮，需要确认电缆是否连接到集线器或网桥上以及电缆是否正常。

当电缆上检测到数据时，行为指示灯闪烁。但这不表示网卡检测到了发送到工作站的数据，而只表示数据在网络电缆中传输。

其他的指示灯包括冲突指示灯、连接速度指示灯和双工模式指示灯。冲突指示灯通常是黄色的，当网络中检测到冲突时该灯会闪烁。如果网卡的冲突指示灯工作正常，可以通过检测冲突指示灯闪烁的频率粗略地估计网络中发生冲突的次数。如果该灯长时间闪烁，那就应该拿出监测器查找这些冲突的原因。

如果网卡能够支持两种速度，例如 10Mb/s 和 100Mb/s，那么可能有两个独立的连接指示灯：一个指示 10Mb/s 的速度，一个指示 100Mb/s 的速度。这种设置对于确定网卡是否完全以 100Mb/s 的速度连接到交换机非常有效。第 4 章讨论了网卡不能以期望的速度进行连接的原因和解决措施。

双工模式指示灯表示网卡是运行在全双工模式还是半双工模式。半双工模式意味着设备在任何时间都可以发送或接收数据，但是同一时间不能既发送又接收。全双工模式意味设备可以同时发送和接收数据。如果网卡支持全双工模式并且连接到支持全双工模式的交换机，全双工模式指示灯就会亮。网卡只有在连接到交换机时才能运行全双工模式，集线器只能运行半双工模式。

2．中继器和集线器使用规则

物理层设备直接互连组建网络的最大特点是网络中的所有工作站都处于同一个冲突域中，同一时刻只能有一台工作站向网络中发送数据。

随着网络中站点的增加，网络的性能将逐渐下降。为确保网络的可用性和可靠性。IEEE 802.3 标准规定了以太网组网规范，其中有一个很著名的规则就是 5-4-3 规则。

（1）10Base-2

10 代表当数据传输速率为 10Mb/s，Base 表示基带传输，2 表示每一网段最长传输距离为 200m，实际应为 185m。这是因为当初制定此标准时，期望传输距离达到 200m，实际上只达到了 185m。

能够满足该标准的传输介质，采用的是特性阻抗为 50Ω 的细缆，如 RG-58，细缆一端和 BNC 接头相接，而两个带有 BNC 接头的电缆再通过 T 型连接器相连，其性能指标如下：

1）网段最大长度为 185m。

2）T 型接头用于电缆和网卡的连接。

3）一个网段最多可连接 30 个工作站（包括中继器）。

4）两台网络设备间最短距离不能小于 0.5m。

5）网络总长度不得超过 925m。

6）一条网段两端必须有终结器，其中一端接地。

（2）10Base-5

满足该标准的传输介质采用的是特性阻抗为 50Ω 的粗基带电缆，如 RG-11，粗电缆一端通过 N 型插头和收发器相连，而收发器又带有 15 针的 AUI 插座，通过两端带有 AUI 插头的电缆，将收发器和带用 AUI 插座的网卡连接起来，其主要性能如下：

1）网段最大长度为 500m。

2）收发器连接到网段上，网段两端必须接 50Ω 终端器（匹配电阻）。

3）工作站到收发器最长距离为 50m。

4）收发器间最短距离为 2.5m。

5）一条网段最多可连 100 个工作站（包括中继器）。

6）网络最长距离可达 2500m。

（3）10Base-T

10Base-T 的主要性能如下：

1）网络节点数目没有限制。

2）每个节点直接用双绞线与集线器相接，集线器上的各连接端口是相互隔离的，所以某条双绞线或某一节点产生故障，不会影响整个网络的正常运行，因而很容易维护。

3）很易扩展，要增加一个节点，只需将该节点用双绞线连至集线器即可，不需原网络停止工作。

4）集线器与节点间连线最大长度为 100m，集线器之间的连线最长也为 100m，所以用 10Base-T 连接的以太网最长距离为 500m。

（4）100Base-T

1）100Base-TX。该标准采用两对 5 类非屏蔽双绞线或 1 类屏蔽双绞线进行连接。

2）100Base-T4。该标准采用 4 对 3 类，4 类或 5 类非屏蔽的双绞线进行 100Mb/s 的数据传输，这个方式采用数字编码技术，在第 3 对线上进行数据传输，在第 4 对线上用来做冲突检测。100Base-T4 使用 3 类、4 类、5 类线缆，当 100BASE-T 网络改变为 100Base-T4 时，不需要重新布线。

3）100Base-FX。该标准采用两根 62.5/125μm 光纤上进行 100Mb/s 的数据传输。100Base-FX 间的接头采用的是 MIC、ST 或 SC 光纤接头。

3.4　物理层故障诊断与排除

在日常的网络维护中，物理层的网络故障占的比例较大。一个使用正常的网络忽然发生不能上网的故障，通常是物理层故障引起的。下面分别讨论常见的物理层故障的诊断与排除。

3.4.1　双绞线网络故障排除

100Base-T 或 100Base-TX 网络中最常见的问题是电缆终端是否合适，以及电缆的安装是否符合设备安装标准。有利的方面是一个网段只连接一台工作站，所以如果一个连接器或电缆出现问题，它只会影响一台工作站。但不利的一面是在星型拓扑结构的双绞线以太网中，每一个工作站都连接到中央集线器，所以集线器的生产商在集线器中加入了能够隔离故障的性能。本节将集中讨论个别网段上可能出现的问题。

1. 断线故障

因为双绞线断线（主要是线序中的 1、2、3、6 线）引起的故障只会影响到用户自身的正常工作，这种故障很容易查找。如果电缆一端没有插在集线器或交换机上，用户知道如何检查。但另外一种情况，如果电缆插在网卡上，用户或许就会忽略连接端已经断开，千万不要犯这样的错误。通常将电缆连接断开的用户在更换电缆时有两种倾向：太小心和太用力。RJ-45 型插头有时需要费点力气才能连接好，所以只有听到插入时"嗒"的一声时才能保证插头已确实连接好了。有时用户没有这么做，所以应该在确定连接正常之前检验一下电缆插头。

如果工作站连接的集线器对用户是关闭的，那么在访问这个用户之前先检查一下集线器上的指示灯（假设知道用户工作站连接的端口；这个问题在很多文献中作了讨论）。以太网中，每一个集线器中都有一个或多个发光二极管和每个端口联系。其中有一个发光二极管标志着"连接"。如果用户电缆连接和工作正常，连接指示灯点亮，反之就不亮。如果连接指示灯不亮，就应该检查电缆的连接。

2. 电缆过分弯曲故障

如果使用某种类型的电缆套管在屋顶和墙壁上进行电缆布线，就可能不满足电缆最小曲率半径的要求。双绞线电缆相当灵活，所以，在屋顶的角落或障碍物处可以随意地弯曲它。需要记住，要想让 5 类电缆绕过一个 90°的角落，至少需要长度为 1in 的电缆线圈来绕过这个角落。因为这种电缆非常灵活，所以不用担心它会损坏。

5 类电缆过大的弯曲所引起的主要问题是电线组变平，影响了线圈的几何机制。这个问题也使得电缆对噪声非常敏感。这也会造成电缆传输性能变差或者传输错误增多，而且通常是循环冗余校验错误。电缆生产商通常会提供保证专门最小曲率半径的电缆槽或管。如果使用电缆槽，一定要确保它满足所使用电缆的曲率半径的规格。曲率半径可以比要求的曲率半径大，不能比它更小。

3. 双绞线种类错误引起的故障

在过去的一些电缆安装过程中，可能使用 3 类电缆，或更糟的是使用 1 类电缆，也称做银缎子电缆。银缎子电缆是用来连接电话或调制解调器的扁平的、银色的电缆。一些网卡生产商曾经使用这些电缆，一些相信它的性能的网络或计算机技术人员也使用它。如果仅用做接插板，这些电缆可以在 10Mb/s 的以太网中使用，但是它们无法通过任何性能测试，并会给网络引入很高的错误。3 类电缆可以很好地工作在 10Base-T 的网络中，但是当把网络升级为快速以太网时会发生什么事情呢？3 类电缆不能用在快速以太网中，在 10Base-T 的网络中这种电缆没有 5 类电缆可靠。如文中分析过的，任何新安装的网络中都可以使用 5E 类电缆，5 类电缆也可以使用，但是如果在 10Base-TX 网络中，电缆需要附加的测试。

4. 电缆过长引起的故障

100m 似乎是很长的距离，但是如果需要管理从生产仓库的一端到另一端的电缆线，就会发现这个距离并不长。

如果是安装电缆终端、测试电缆、将电缆插入集线器以及配置工作站，那么当电缆测试员表示电缆长度是 155m 时，该如何做呢？为了严格地遵守标准，需要将这个情况告诉电缆维护员。在一个至多有两个中继器的 10Base-T 网络中，可能能够接受这个距离。但是不要认为将网络升级到 100Base-TX 也可行。5 类电缆的许多规格是针对 100Mb/s 以太网可能出现的最糟糕情况建立的。在 10Mb/s 以太网中，对于规格有一些放松的余地。如果使用的电缆超过了最大长度限制，而 10Mb/s 以太网中的连接仍然正常，那么记录下这种现象并作出解释，现在也推荐使用光缆，或者如果允许的话使用中继器。

有时候，即使是内行的网络技术人员也会使电缆长度超过 100m。5 类电缆上每隔 50cm 就有一个标记，所以可以很容易确定已经使用了多长的电缆。如果已经接近最大长度限制，用户可能会忘记接插电缆的余地。因此，568-A 标准规定了插座和接插板之间的电缆长为 90m。这就为两端的接插线留了 10m 的余地。所以在配置电缆线时，要记住最长距离是 90m，而不是 100m。

5. 连接错误引起的故障

不同电缆终端标准的使用将会导致工作站到集线器的连接断开。如果插座终端使用 568-A 标准，接插板使用 568-B 标准，工作站上的传输线到集线器上的传输线的连接，以及工作站上的接收线到网络中接收线的连接都会被断开。

举个例子，如果弄错了，买 568-A 标准的接插板和 568-B 标准的插座，那么可以通过将接插板或插座上放置橙红色电线的地方改放电线（反之亦然）来解决问题，但是不能同时改动接插板和插座。这毫无疑问会使其他的技术人员感到困惑，所以更好的做法是退掉买错的产品，重新购买符合标准的产品。

6. 做线不标准引起的故障

有一种电缆终端可以不遵循 568-A 或 568-B 标准却仍然可以在 10Mb/s 以太网中使用。电缆安装员可能听说过以太网中的电缆是直接连接的。也就是说，一个连接器上第 1 引脚的电线连接到电缆另一端连接器上的第 1 引脚上，其他 8 个引脚的连接情况一样。这种设置适用于标准的双绞线以太网中。因此，排列起 4 组电线——绿色、蓝色、橙色、棕色，然后加入连接器的做法非常合理。

这种方式也能用于 10Base-T 以太网，但是电缆不能通过性能测试。牢记将电线绕成线圈的原因，线圈的效应依靠同一电路中的差分信号来抵消其他电磁场。为了达到这个目的。电线必须缠绕。在双绞线以太网中，传输信号在引脚 1 和引脚 2，接收信号在引脚 3 和引脚 6 上，一根是蓝色电线，一根是橙色电线。接收信号在蓝色电线和橙色电线之间是分离的。电缆测试员指出这是分离线对。一个简单的电线图测试不会查出分离线对。分离线对通常会导致过多的串扰，因为电缆中不再有抑制效应。

7. RJ-45 连接电线没有缠绕引起的故障

对短电缆的操作非常困难。一些技术员可能会剥掉几厘米长的电缆外壳，解开缠绕的电线接上电缆。虽然这个方法可以使得电缆终端的制作快速而简单，但会引起网络连接信号微弱和数据传输的高错误率。这种类型的终端会导致串扰以及对电磁干扰和射频干扰更加敏感。再次强调，保持电缆终端线圈的缠绕是非常重要的。

8. RJ-45 接触不好引起的故障

RJ-45 型插头的铜接触片由压线工具压成并且切入每根电线之间的细缝，因此建立起了电线之间的接触。这一过程会失败可能有以下两个原因。

1）压线工具力度不够：一些便宜的压线工具需要相当大的力气使接触片压线到足够程度，所以力气小的人就无法完成这个工作。

2）插入插头的电线不够长：个别情况下，RJ-45 型插头是有问题的，无论如何使劲按压工具，接触片也不能很好接触。在这种情况下，只有扔掉插头。

由于上面所述的原因或其他的一些原因，建议在任何情况下都使用工厂正规生产的接插电缆。它们有可能价格会更加昂贵一些，但是增加的可靠性还是值得多花些钱的。而且，也可以将节约下来的时间用来设计和安装网络，而不是制作接插电缆或对进行故障检测。

9. 电磁干扰过大引起的故障

TIA/EIA 568 标准中规定，通信电缆和荧光灯或超过 2kVA 的电源线必须保持最少 5in（约 12.7cm）的距离，超过 5kVA 的电源线必须保持至少 24in（约 61cm）的距离，不要在荧光灯上方布置数据电缆，并且要分开数据电缆和电源电缆。如果记住这些警告，那么网络就会很安全。而且，要避免将电缆安装在任何功率电源，如加热器、电动机和发电机以及无线电频率源，如微波、雷达和 X 光设备的附近。如果发现网络阶段性的受到干扰，如一个小时一次或几次，就需要检查一下加热器和空调附近的电缆，因为打开这些设备很可能引起干扰。

3.4.2　正确识别 5 类双绞线

1. 传输速度

双绞线质量的优劣是决定局域网带宽的关键因素之一。某些厂商在 5 类非屏蔽双绞线电缆中所包裹的是 3 类或 4 类非屏蔽双绞线中所使用的线对，这种制假方法对一般用户来说很难辨别。这就是所谓的"5 类非屏蔽双绞线"无法达到 100Mb/s 的数据传输率，最大速率为 10Mb/s 或 16Mb/s。一个简单的鉴别办法是用一条双绞线连接两台 100Mb/s 的设备（网卡到网卡或网卡到集线器），通信时用 Windows 自带的 Monitor 检测工具对其数据传输率进行监测。方法如下：

1）选择"开始→程序→附件→系统工具→系统监视器"，将出现"系统监视器"窗口。如果在"系统工具"中没有"系统监视器"工具时，可通过"我的电脑→添加/删除程序→Windows 安装程序→系统工具→系统监视器"建立。

2）在"系统监视器"对话框中设置监视对象。选择"编辑"菜单中的"添加项目"选项，在出现的对话框的"类别"列表中选择"Microsoft 网络服务器"或"Microsoft 网络客户"（在保证网络连接正常的情况下），在下一个对话框中选择"写入的字节数/秒"或"读取的字节数/秒"。至于选择"Microsoft 网络服务器"或"Microsoft 网络客户"，还是"写入的字节数/秒"或"读取的字节数/秒"，读者可任意选择，因为在网络中一个节点发送出的数据应该等于另一个节点接收到的数据。

3）设置测试数据的输出方式。系统提供了折线图、条形图和数字图三种输出方式，可通过窗口工具栏内的按钮来选择。

4）进行测试。最有效的办法是从服务器向进行测试的工作站上拷贝大量的文件（为了测试的准确性，所拷贝的内容一定要足够多）。一般来说，显示的峰值数值在 4Mb/s 以上，就基本可以肯定是 5 类非屏蔽双绞线了（3 类非屏蔽双绞线所能达到的峰值数值大约为 2.5Mb/s）。

2. 电缆中双绞线对的扭绕应符合要求

为了降低信号的干扰，双绞线电缆中的每一线对都是由两根绝缘的铜导线相互扭绕而成，而且同一电缆中的不同线对具有不同的扭绕度。同时，标准双绞线电缆中的线对是按逆时针方向进行扭绕。但某些非正规厂商生产的电缆线却存在许多问题：

1）为了简化制造工艺，电缆中所有线对的扭绕密度相同。

2）线对中两根绝缘导线的扭绕密度不符合技术要求。

3）线对的扭绕方向不符合要求。

如果存在以上问题，将会引起双绞线的近端串扰，从而使传输距离达不到要求。双绞线的扭绕度在生产中有较严格的标准，实际选购时，在有条件的情况下，可用一些专业设备进行测量，但一般用户只能凭肉眼来观察。需说明的是，5 类非屏蔽双绞线中线对的扭绕度要比 3 类密，超 5 类要比 5 类密。

除组成双绞线线对的两条绝缘铜导线要按要求进行扭绕外，标准双绞线电缆中的线对之间也要按逆时针方向进行扭绕。否则将会引起电缆电阻的不匹配，限制了传输距离。这一点一般用户很少注意到。有关 5 类双绞线电缆的扭绕度和其他相关参数，有兴趣的读者可查阅 TIA/EIA 568-A（TIA/EIA 568 是 ANSI 于 1996 年制定的布线标准，该标准给出了网络布线时有关基础设施，包括线缆、连接设备等的内容。字母"A"表示是 IBM 的布线标准，而 AT&T 公司用字母"B"表示）中的具体规定。

3. 5 类双绞线应该是多少对

以太网在使用双绞线作为传输介质时只需要 2 对线就可以完成信号的发送和接收。在使用双绞线作为传输介质的快速以太网中存在着三个标准：100Base-TX、100Base-T2 和 100Base-T4。其中 100Base-T4 标准要求使用全部的 4 对线进行信号传输，另外两个标准只要求 2 对线。而在快速以太网中最普及的是 100Base-TX 标准，所以在购买 100Mb/s 网络中使用的双绞线时，不要为图一点小便宜去使用只有 2 个线对的双绞线。在美国线缆标准（AWG）中对 3 类、4 类、5 类和超 5 类双绞线都定义为 4 对，在千兆位以太网中更是要求使用全部的 4 对线进行通信。所以，标准 5 类线缆中应该有 4 对线。

4. 仔细观察

在具备了以上知识后，识别 5 类非屏蔽双绞线时还应注意以下几点：

1）查看电缆外面的说明信息。在双绞线电缆的外面包皮上应该印有像 “AMP SYSTEMS CABLE…24AWG…CAT5” 的字样，表示该双绞线是 AMP 公司生产的 5 类双绞线，其中 24AWG 表示是局域网中所使用的双绞线，CAT5 表示为 5 类；此外，还有一种 NORDX/CDT 公司的 IBDN 标准 5 类网线，上面的字样是 “IBDN PLUS NORDX/CDX…24 AWG…CATEGORY 5”，这里的 “CATEGORY 5” 也表示 5 类线。笔者曾经用过一箱没有标明类别的所谓 5 类线，经实测只能达到 3 类线的标准。

2）双绞线是否易弯曲。双绞线应弯曲自然，以方便布线。

3）双绞线中的铜芯是否具有较好的韧性。为了使双绞线在移动中不至于断线，除外皮保护层外，内部的铜芯还要具有一定的韧性。同时为便于接头的制作和连接可靠，铜芯既不能太软，也不能太硬，太软不易接头的制作，太硬则容易产生接头处断裂。

4）双绞线是否具有阻燃性。为了避免受高温或起火而引起的线缆损坏，双绞线最外面的一层包皮除应具有很好的抗拉特性外，还应具有阻燃性（可以用火来烧一下测试：如果是正品，胶皮会受热松软，不会起火；如果是假货，一点就会燃烧）。为了降低制造成本，非标准双绞线电缆一般采用不符合要求的材料制作电缆的包皮，不利于通信安全。

3.4.3　细缆网常见故障的排除

在细缆网中的常见故障主要涉及电缆终端连接器的正确安装以及是否符合 10Base-2 网络标准。如果一个 10Base-2 网络由于采用总线结构而不能正常工作，这种故障通常都涉及到多路工作站或者是全部的电缆。将各种故障分离是一项困难而且耗时的工作，下面列出了当发生连接故障以及传输速率很慢等情况时，应该考虑的一些故障原因。

1. 断线故障

用户随时可能会扰乱网络，而且这会对整个网络造成很大破坏。设想如果用户想要在自己的机器上对内存进行升级时，他们首先会做什么呢？通常在去掉机箱之前，他们会拔掉所有的插头。这种操作本身是没有问题的，只要他们将整个 T 型连接器从网卡上拔掉，而不是将电缆从 T 型连接器上拔掉即可。如果用户真的将电缆与 T 型连接器断开，那么现在网络中就存在两个物理网段，两段网段在电缆的两端都没有终端，这将会引起整段电缆的失效。

2. 电缆不能满足最小曲率半径要求

设计人员在布置电缆时，通常都非常仔细，以便使所设计的网络能够满足各种应用要求，然而随着时间的流逝这些预防措施会逐渐地消除。当用户移动一台工作站时，许多以前能够正常运行的程序可能会出现各种奇怪的错误。

如果一条同轴电缆在一个 90°角附近突然弯曲可能会使铜线断裂或者变脆，这将会引起信号减弱或者连接中断等故障。因此，由于压上重物而使电缆对折或在弯角处伸展的电缆以及设备或工作站移动而使电缆被拉紧等情况，都会引发严重问题。

3. 使用了错误的终端连接器

不同的电缆应该使用不同的终端连接器，许多同轴连接器看上去或多或少都有一些近似。按照规定在细电缆网中使用的 RG-58 电缆应该在端点处安装一个 50Ω 的终端电阻。一些终端连接器只是在连接器附近用色彩表示了阻抗的数值。通常情况下，50Ω 的电阻为绿色的。最重要的是保证终端连接器与同轴电缆的类型相匹配，否则数据传输过程中将会出现损失，结果会导致数据传输错误或者彻底失去数据传输功能。

4. 网络中加入了短线电缆网段

所谓短线电缆网段，是指使用 T 型连接器连接两段电缆以实际扩展总路线的目的，同时使用第三个连接口连接位于远端的一台工作站的布线方式。这种布置方式应该尽量避免。这种类型的配置给电信号提供了多种传输路径，它造成数据的映像和破坏。应该确保所有工作站直接连接到网络主干线上，而不是形成任何节点。

5. 使用电阻率不正确的电缆

如果急需 500ft 的电缆，可以到最近的无线电或电器商店购买一些现成的电缆（已经装有连接器的电缆）。注意，选择适合细金属以太网电缆的电缆型号。细金属以太网电缆需要电阻率为 50Ω 的 RG-58 型电缆。电阻率是电信号传输时受到的阻抗，其计量单位是 Ω。使用电阻率不匹配的电缆将会使网络出现很多问题，结果造成数据丢失。不能使用电视机用的 RG-59 型电缆，它的电阻率为 75Ω。可以观察电缆外面的标注来分辨它的类型。

6. 工作站的数目超过最大限度

当网络规模越来越大时，管理员很可能会忘记一些标准，而且和该区域内的许多计算机失去联系。如果网络规模越来越大且使用的是细金属以太网电缆时，那么记录工作站的数目是至关重要的。每个不能重复的网段拥有的工作站不能超过 30 台。网络中增加的每一台工作站都会增大数据丢失的几率，也会造成信号的全面衰减。超过最大数目的工作站会使得信号太弱导致接收方不能正确读入。

7. 电缆长度超过最大长度限制

正如可能轻易地使工作站数目超过最大限度一样，可能毫无觉察就使电缆长度超过

185m 的最大限度。如果工作站数目超过最大限度，问题很容易解决，只需要减少工作站的数目就可以。然而解决电缆长度问题没有那么简单。要想用量尺来解决问题也起不到什么作用，除非电缆在墙上或天花板上。

有一种设备可以解决电缆长度问题，这种设备称为时域反射计。可以将此设备安装在电缆的一端，然后发送信号到另一端。通过反射和信号反弹现象，此设备能测量出信号传输到另一端并返回共有多长距离。因为电信号的传输速度已知（大概为 1ft/ns），所以测试人员可以容易地测量出信号反射回这台设备时所经过的距离，然后将此距离除以 2 得到了电缆的长度。虽然这套设备很昂贵，但是如果安装了许多电缆，那么这种方法就显得很方便了。这种设备通常是一种用来测量衰减和噪声等因素的测试设备。

测量电缆长度时记住一件事：因为时域反射计依靠信号反弹来获取测量数据，所以电缆两端一定不能安装终端电阻。这个限制也意味着不能在使用网络过程中进行测试。

8. 电缆短路或断路

BNC 安装不当、不满足最小曲率半径要求、张力过大和电线断裂都会造成电缆的断路或短路。当电缆装在天花板上和墙上时，比较容易找到问题，前面提到的设备也能够帮助我们找到问题。时域反射计依靠信号反弹，且信号反弹可能在电缆终端或电缆中的断点处发生。在短路处也会发生信号反弹，例如，当电缆内的铜导线和金属物或 BNC 插头的外壳接触时都会发生信号反弹。

使用时域反射计可以测量长度。如果怀疑有短路或断路，那么用时域反射计测量的距离将在该设备和电缆的终端之间的某处。确定是否有短路或断路的方法就是使用时域反射计测量距离，并且将电缆的另一端装上终端电阻；如果时域反射计测量出正确的长度，就说明信号已经反弹回来，即电缆中出现了故障。这样就可以开始从起点到时域反射计认为的电缆终端处进行测量。

如果不知道从哪里开始查找物理层的问题，那么对一根细金属以太网电缆进行故障检测的原则是将线路分成许多小部分。将网络分成两半（确保两个新产生的电缆端是终端），然后测试每个网络。工作正常的那一半网络就可以不再考虑，而集中精力检查不工作的那一半网络。重复这一过程直到找到足够小的区域，从而确定出存在问题的工作站或电缆。

3.4.4　影响以太网性能的常见问题

1. 过度冲突

以太网采用的是一种先监听后发送的争用型媒体访问方法（CSMA/CD），因而局域网上发生一些冲突不可避免，但如果冲突过于频繁发生，则是不正常的，这一般是由下列原因造成的，电缆连接距离超过了网络设计规范，例如，10Base-T 的以太网上，每个工作站应使用长度不超过 100m 的电缆连接到集线器上。这种冲突一般在以太网数据帧前 64 字节已正确发送之后出现，称为后冲突。违反了以太网的 5-4-3 规则，这也是引起网络冲突的一个原因。解决的办法是使用交换机替代集线器来隔离冲突域。

2. 严重噪音干扰

以太网易受电磁干扰，发送的比特串被电缆上的噪音所破坏。噪音一般是由下列原因引起的，网络电缆太靠近某个电气设备，如电机。网络电缆走向与电源电缆并行。网络电缆连接末端的导线未扭转的长度过长，从而在这段未扭转的并行导线上产生电磁场而出现干扰（这称为近端串音），100Base-TX 网络中，应该使用 5 类双绞线而错误使用了 3 类双绞线。一般来说，当以太网的冲突率在合理范围内，而在接收端出现 CRC 校验错误急剧增加的现象，应该考虑可能是噪音的影响。解决的办法是使用屏蔽双绞线替代非屏蔽双绞线来提高抗干扰的能力。

小　结

本章详细讨论了网络物理层的功能与组件、网络物理层的组网规范以及网络物理层故障的诊断与排除。重点讲解物理层在整个网络体系结构中的作用，正确区分网络物理层组件。详细分析了物理层中组网传输介质双绞线、同轴电缆、光纤的特性和组网要求，物理层网络设备的使用规则，各种常见以太网中 5-4-3 规则的含义及本质原因。最后还总结归纳了双绞线以太网、细缆以太网的典型故障的诊断与维护。

思考与练习

一、选择题

1. 10Base-2 网络中可用的最大电缆长度为（　　）米。
　　A. 90　　　　　　　B. 100　　　　　　　C. 185　　　　　　　D. 500
2. 扩展网络长度时可以使用的物理层设备为（　　）。
　　A. 路由器　　　　　B. 交换机　　　　　C. 集线器　　　　　D. 虚拟局域网
3. 在没有使用中继器的细缆网中最多可以连接（　　）台主机。
　　A. 20　　　　　　　B. 30　　　　　　　C. 40　　　　　　　D. 50
4. 下面（　　）部件属于物理层。
　　A. 网卡　　　　　　B. 协议　　　　　　C. 操作系统　　　　D. 网络介质
5. 光缆对（　　）最为敏感。
　　A. 电磁干扰　　　　B. 射频干扰　　　　C. 串扰　　　　　　D. 以上都不正确
6. 使用转发器的 10Base-2 网络中的最多连接（　　）台主机。
　　A. 30　　　　　　　B. 60　　　　　　　C. 90　　　　　　　D. 1024
7. 使用同轴电缆的网络中带宽的限制为（　　）。
　　A. 1Mb/s　　　　　B. 10Mb/s　　　　　C. 10Kb/s　　　　　D. 100Mb/s
8. 5-4-3 规则中 4 代表的是（　　）。
　　A. 4 个网段　　　　B. 4 个中继器　　　C. 4 台主机　　　　D. 4Mb/s
9. 终端电阻的作用是（　　）。

A. 防止信号到达电缆末端以后发生反射现象

B. 防止传输过程中受到电磁干扰以及射频干扰的影响

C. 为数据在局域网中的连续传播提供了可能，甚至可以实现在断路的情况下仍然正常传播

D. 沿着细电缆网电缆传播数据

10. 最可能引起电磁干扰现象的原因是（　　　）。

A. 交叉线对

B. 同轴电缆与双绞线相邻

C. 光缆与非屏蔽电缆相邻

D. 光缆与非屏蔽双绞线同时使用

二、填空题

1. 物理层最终实现网络上的_____的透明传输。

2. DTE 指的是_____设备，是对属于用户所有的连网设备或工作站的统称。

3. 若两台设备利用 RS-232C 接口直接相连（即不使用 Modem），它们的最大距离也仅约_____m。

4. 5 类非屏蔽双绞线（5E）是现在的标准铜质线缆，它所支持的带宽最高可以达到_____Mb/s，最大分段长度为_____m。

5. 在使用双绞线电缆的以太网中，工作站的最大数目是_____。

三、简答题

1. 物理层的主要功能是什么？

2. 什么是 5-4-3 规则？

3. 双绞线的分类及各自的特性有哪些？

4. 双绞线中交叉线的用途是什么？

◆ 实　训

项目　网线的制作与测试分析

:: 实训目的

1）在教师的指导下制作各种类型的双绞线电缆，通过观察能区分电缆的类型和用途。

2）对制作的电缆进行测试，判断是否符合要求。

:: 实训环境

建议在网络综合布线实训室进行。准备制线工具及测试工具，提供足够的双绞线与 RJ-45 连接器。

:: 实训内容与步骤

1. 分别制作一条具有劈分线对的电缆、具有交叉线对的电缆、具有平行线对的电缆

1）准备好 5 类线、RJ-45 插头和一把专用的压线钳。

2）用压线钳的剥线刀口将 5 类线的外保护套管划开（小心不要将里面的双绞线的绝层划破），刀口距 5 类线的端头至少 2cm。

3）将划开的外保护套管剥去（旋转、向外抽）。

4）露出 5 类线电缆中的 4 对双绞线。

5）按照 EIA/TI A 568-B 标准和导线颜色将导线按规定的序号排好。

6）将 8 根导线平坦整齐地平行排列，导线间不留空隙。

7）准备用压线钳的剪线刀口将 8 根导线剪断。

8）剪断电缆线。一定要剪得很整齐，剥开的导线长度不可太短（10～12mm）。可以先留长一些。不要剥开每根导线的绝 外层。

9）将剪断的电缆线放入 RJ-45 插头试试长短（要插到底），电缆线的外保护层最后应能够在 RJ-45 插头内的凹陷处被压实。反复进行调整。

10）在确认一切都正确后（特别要注意不要将导线的顺序排列反了），将 RJ-45 插头放入压线钳的压头槽内，准备最后的压实。

11）双手紧握压线钳的手柄，用力压紧。请注意，在这一步骤完成后，插头的 8 个针脚接触点就穿过导线的绝 外层，分别和 8 根导线紧紧地压接在一起。

2. 对制作的电缆进行检察测试

1）检查电缆，对电缆的连通性与线序进行测试。

2）对可能存在的故障做相应的标记。

3）描述这种故障可能引起的后果。

4）在网络环境中使用刚制作的电缆并且注明检测和结论是否正确。

第4章

数据链路层的故障诊断与维护

学习指导

学习目标 ☞ 了解数据链路层在整个网络体系中的功能与作用。

理解 OSI 模型中数据链路层上的网络组成部分。

正确掌握以太网帧的结构及各组成部分在网络通信中的作用，学会使用协议分析仪捕获以太网帧的方法，通过对数据帧的分析判断网络故障。

掌握数据链路层上的网络设备的维护方法与技巧。

要点内容 ☞ 数据链路层的功能。

数据链路层的组成。

以太网帧的捕获与分析。

数据链路层的故障判断与排除。

学前要求 ☞ 了解 OSI 网络体系结构的分层思想。

已经掌握了网卡及其驱动程序的安装方法，交换机的工作原理及使用方法。

掌握了封装、解包和校验和等网络基本概念，已经学会了软件安装等基本操作。

4.1 数据链路层的功能

数据链路层完成了网络上的差错控制与流量控制等功能。事实上，如果用户的数据只在一个"广播域"内传递，用户只需用数据链路层和物理层就可构建一个可用的网络。

4.1.1 数据链路层的功能

数据链路层位于 OSI 模型中的第二层。如图 4.1 所示阴影部分为 OSI 参考模型中的数据链路层。

| 应用层 |
| 表示层 |
| 会话层 |
| 传输层 |
| 网络层 |
| 数据链路层 |
| 物理层 |

图 4.1　OSI 参考模型中的数据链路层

数据链路层的任务是在两个相邻节点间的线路上实现无差错的传输以"帧"为单位的数据，使之对其上的网络层表现为一条可靠的传输链路，加强和弥补物理层传输"比特流"的可靠性。数据链路层是为网络层提供数据传输服务的，这种服务要依靠数据链路层本身所具有的功能以及物理层提供的服务来实现。数据链路层的功能主要有以下几点。

1）数据链路的建立和分离。数据链路层是建立在物理传输能力的基础上，以帧为单位进行数据传输，它的主要任务就是进行数据的封装和数据链路的建立。

2）帧定界和帧同步。数据链路层的数据传输单元是"帧"，网络采用的协议不同，则"帧"的长短和定界的方式也不同，必须对"帧"的起止位置进行定界才能保证网络接收端正确的区分收到的"比特流"。

3）对"比特流"的差错检测与恢复。差错检测多用方阵码校验与循环冗余码校验来检测信道上数据的误码，而帧的丢失等则用帧编号检测。各种错误的恢复则用"请求重发"技术来完成。

4）帧的有序传输和基于帧的网络流量控制机制。通常由接收端的处理能力决定发送端发送的快慢。

4.1.2 基于数据链路层通信的物理寻址功能

为了让数据从源计算机传输到目的计算机，两端的计算机上都需要有 MAC 地址。在以太网中，MAC 地址是一个 48 位、以十六进制表示的地址，该地址被嵌入网卡的芯片中，一般不能修改。虽然许多网卡允许嵌入的 MAC 地址被软件任务所取代，但是这种做法并不受推崇，因为这样可能导致 MAC 地址重复，从而在网络上造成灾难性的后果。图 4.2 所示为使用 ipconfig/all 命令查看网卡的 MAC 地址图。

MAC 地址由两个字段组成：OUI（厂商唯一标识符）和 ID 序列号，其中 OUI 为 3～8 位，而序列号为 24 位。OUI 标识了网卡的制造厂商，而 MAC 地址的序列号部分则唯一地标识了网卡，这两部分联合在一起就确保了在网络中不存在重复的 MAC 地址。如果某家厂商想要生产以太网卡，就必须在 IEEE 组织购买一个 24 位的 ID。

那么，OUI 为什么如此有用呢？

```
                    Primary Dns Suffix  . . . . . . . :
                    Node Type . . . . . . . . . . . . : Unknown
                    IP Routing Enabled. . . . . . . . : No
                    WINS Proxy Enabled. . . . . . . . : No

Ethernet adapter 本地连接:

                    Connection-specific DNS Suffix  . :
                    Description . . . . . . . . . . . : VIA PCI 10/100Mb
er
                    Physical Address. . . . . . . . . : 00-07-95-D8-34-07
                    Dhcp Enabled. . . . . . . . . . . : No
                    IP Address. . . . . . . . . . . . : 192.168.7.7
                    Subnet Mask . . . . . . . . . . . : 255.255.255.0
                    Default Gateway . . . . . . . . . : 192.168.7.1
                    DNS Servers . . . . . . . . . . . : 61.128.128.68
                                                        211.158.2.68
```

图 4.2　查看网卡的 MAC 地址

绝大多数"协议分析仪"（后面详细讲解）都保存有当前的 OUI 列表。如果读者正在使用一个分析仪来捕获帧，那么就能看到 MAC 地址，这个地址以生产厂商的字母代码显示，而不是 12 位十六进制数。例如，一个 TP-link 以太网卡的 MAC 地址，用 12 位十六进制数表示为 00-E0-4C-05-37-44 的 MAC 地址。

如果使用 OUI 标识符 TP-link 来代替 00-E0-4C，则 MAC 地址为 TP-link-05-37-44。不同的格式用于标识这个地址所对应的设备的类型。如果有成百上千个使用 TP-link 卡的设备，这种信息或许不是非常有用，但是它给出了一个认识的起点。例如，一个源 MAC 地址为 00-E0-4C-53-9B-2C 的帧，其中的 OUI 代码 00-E0-4C 告诉我们，这个地址属于来自 TP-link 公司的一台设备，TP-link 公司是集线器和交换机的生产厂商。这种地址信息限定了进行搜索的设备类型，从而确定了维护的对象的范围。

如果一个 MAC 地址是一个帧的目的地址，那么其中 OUI 的第一个字节给出了这个 MAC 地址的重要信息。MAC 地址的一个字节的最低有效位是 I/G 位，如果 I/G 位被置为 0，则这个帧被寻址到单独的站点；而如果这个位被置为 1，则这一个帧为多播或广播帧。如果目的 MAC 地址的所有位都被置为 1，则此帧是广播帧，将被赋值为 FF-FF-FF-FF-FF-FF 的 MAC 地址。

一个多播地址，其中 I/G 位被设定为 1，而其余位的状态由多播的类型确定。一个多播帧能够被一个或更多的站点进行访问处理，用于一些特殊的用途，如路由协议更新。一个和 IP 多播对应的 MAC 地址格式为 01-00-5E-XX-XX-XX。

在这个地址，第 1 个字节 01 表示 I/G 位被设定为 1，第 3 个字节 5E 则表明该帧为 IP 多播信息，其余的字节用 X 标识，由 IP 多播的类型而定。I/G 位信息又能告诉我们什么呢？它有助于诊断和调试多播通信中存在的问题。

正如读者在本章内容看到的，当讨论使用协议分析仪捕获帧时，我们能捕获网络上传输的所有信息，创建搜索器和过滤器寻找特定类型的数据。例如，如果正在捕获一个路由更新的问题，那么可以搜索路由协议使用的多播数据包类型。

在使用的过程中，我们很可能置内嵌的 MAC 地址于不顾而重新给网卡分配一个 MAC 地址。MAC 地址中的第一个字节的下一个最低有效位是 U/L（全局/局部管理）位。如果这个位被置 0，则该 MAC 地址是内嵌的那个地址，有 IEEE 分配的一个 OUI，它是统一管理的；而如果这个位被置 1，则内嵌的那个地址被放弃，MAC 地址在局部重新进行分配，它是局部管理的。

虽然我们并不推荐这种做法，但由于存在地址重叠的可能，放弃内嵌的那个地址有助于扩展网络文件。例如，我们可以基于电话或办公室号给用户工作站分配一个 MAC 地址，也可以将两者结合起来。假设我们有一个用户在 3170 房间办公，他的分机电话号码是 419，我们可以给他的工作站分配一个这样的 MAC 地址：02-00-00-31-70-04-19 。其中第一个字节 02 表明 U/L 位置 1，这个 MAC 地址是个局部管理的地址。如果在监控网络的过程中发现来自这个 MAC 地址的异常的错误或不合需要的业务类型，那我们就知道到什么地方去解决问题了。

4.2 数据链路层的组成

在解决有关数据链路层的问题之前，必须了解数据链路层的组成。物理层设备没有校验信息的功能，用于接收和校验直接来自物理层的信息的任何设备都包含数据链路层的功能。由数据链路层设备校验的信息是称为"帧"的字节包。在以下的几个小节中，我们将分析帧、网络接口卡、交换机和网桥。在介绍这些设备的过程中，读者能够掌握数据链路层的组成和各个组成设备的工作模式。

4.2.1 数据链路层的传输对象——帧

帧（Frame）是对数据的一种包装或封装，之后这些数据被分割成一个一个比特后在物理层上传输。这种数据包被称为帧有一个非常简单的理由：当网络层向下发送一个数据包到数据链路层时，这个数据包被"帧"化，即在数据包的头部和尾部加上一些字节作为帧头和帧尾，如图 4.3 所示。

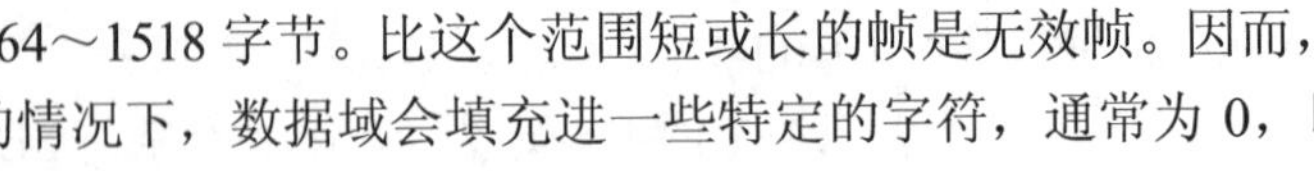

帧头	数据	帧尾

图 4.3 带有帧头和帧尾的帧结构

由于帧是数据链路层进行信息操作的单元，因而读者需要了解"帧"格式化的各种方式，这样才能在查找问题时有所目标。我们首先介绍最常见的以太网帧的 4 种格式，以太网帧长度范围为 64~1518 字节。比这个范围短或长的帧是无效帧。因而，如果在需要发送小于 64 个字节的情况下，数据域会填充进一些特定的字符，通常为 0，以达到 64 个字节的要求。以下描述了 4 种以太网帧格式。

1. 802.3 Raw 帧格式

这种帧格式也称为 NetWareRaw，是基于 IEEE 802.3 以太网规范的早期版本，它是 Novell 公司专用的 Novell NetWare 帧格式。IEEE 给这种帧增加了一个额外的帧头，如表 4.1 所示。

表 4.1 802.3 Raw 帧格式（单位：字节）

目的地址	源地址	长度	校验和	数据	FCS
6	6	2	2	44~1498	4

2. IEEE 802.3 帧格式

目前 IEEE 帧格式如表 4.2 所示。

表 4.2　IEEE 802.3 帧格式（单位：字节）

目的地址	源地址	长度	LLC 头	数据	FCS
6	6	2	3	43～1497	4

3. Ethernet Ⅱ 帧格式

这种帧类型使用由 DIX 协会规定的原始以太网帧格式。这种格式和前面的 802.3 Raw 类似，这两种格式都不包含 LLC 头，但它包含了一种用来规范所运载的网络层信息的域，这个域被称为 EtherType 域，表 4.3 给出了 Ethernet II 帧格式。

表 4.3　Ethernet Ⅱ 帧格式（单位：字节）

目的地址	源地址	以太类型	数据	FCS
6	6	2	46～1500	4

4. IEEE 802.3 SNAP 帧格式

这种帧格式在 IEEE 802.3 帧格式的基础上增加了一个 5 字节的 SNAP 字段，这个字段提供了 IEEE 802.3 帧格式和 Ethernet Ⅱ 帧格式间的后向兼容性。表 4.4 给出了这种格式的细节。

表 4.4　IEEE 802.3 SNAP 帧格式（单位：字节）

目的地址	源地址	长度	LLC 头	SNAP 头	数据	FCS
6	6	2	2	5	39～1493	4

从以上 4 个表中，读者能够轻易发现在所有的格式中都有三个相同的字段：目的地址、源地址和 FCS 帧校验序列。FCS 是 CRC 校验产生的 32 比特值，这个 CRC 校验对每个帧都进行，用以核对收到的每一帧的正确性。

4.2.2　数据链路层中封装帧的设备——网卡

网卡用于物理层和数据链路层。在数据链路层，网卡包含设备的物理地址用于执行特定网络系统结构所要求的数据格式化操作和介质接入操作的组件。作为操作系统和网卡之间接口的设备驱动器也是数据链路层的一部分。

观念上，网卡在网络中发挥着不显眼的作用，网卡和工作站连在一起，用户只需将其插上，而不用过多地考虑其用途和工作原理，这是大多数网络管理人员的做法，也是一种合理的做法。然而，要记住选择和配置网卡的工作模式，以便在挑选网卡的过程中有个明确的概念。

1. 网卡与网络类型的匹配

首先，必须保证网卡的类型和所使用的网络类型相匹配，这是一条基本的要求，但一些人购买关键系统时根本就没有考虑这个问题。在以太网上安装一台 IBM AS/400 系统，当系统到位后，插上电缆，安装和配置网络协议，但系统没有正常工作。经过对配置进行几个小时的再三核对后，有人建议对系统的清单进行检查。令人惊讶的是，系统配置了一个令牌环网卡。当然，这是一个 IBM 系统（令牌环的第一个也是最后一个主要使用者），因此自然有这种配置。虽然这种情况比较罕见，但想当然地考虑配置时，会很容易地陷入困境。

2. 网卡驱动程序

驱动程序是连接操作系统和硬件设备的一套软件系统。网卡驱动程序是数据链路层上的组成部分，可以在网络控制面板上找到，并实现对其的控制。大部分数据链路层的工作由网卡或交换机内部的芯片来完成。然而，设备驱动程序作为数据链路层的一部分，主要用于充当网卡和网络层之间的接口。因而，网卡驱动程序为网络中的操作而进行的正确配置和优化措施就显得尤为重要。

特别是长帧、错位帧和超短帧一类的高频率错误出现于某个特定的工作站时，该工作站的网卡驱动程序的性能就值得怀疑。一个损坏的、过时的或与网卡不匹配的驱动程序都可能在网络上导致大量错误。特别是如果用户最近改换了网络协议，改换了操作系统版本，将带宽从 10Mb/s 升级到 100Mb/s，或用交换机替换了原先的集线器，那么就需要检验驱动程序是否为最新版本。工作在一定环境下的驱动程序在另外一个环境下就可能会出错，或出现一些极其古怪的行为，因而用户一旦发现网络中错误增多，就需要检验驱动程序了。

3. 网卡工作模式

图 4.4 给出了和网卡工作模式相关的 Windows 操作系统网络控制面板。在这个对话框中给出的信息包括生产厂商和操作系统信息，因此和用户的系统在外观上可能有些不同。

图 4.4 网卡的工作模式

注意，如果网卡不支持多种模式，那么网络控制面板就不能给出这些信息。

一些网卡能够工作在很多模式下。这种网卡可以被设计成依据所连接的设备自动选择最佳工作模式。网卡通常能够兼容的工作模式有如下几种：

1）10Mb/s 半双工。

2）10Mb/s 全双工。

3）100Mb/s 半双工。

4）100Mb/s 全双工。

用户可能知道与网卡和交换机相关的两个专业术语：autosense 和 autonegotiation。autosense 是设备自动测定与它相连的其他设备的运行速率；autonegotiation 指允许两种设备确定它们之间的连接是半双工还是全双工。如果 autonegotiation 机制工作正常，那么网卡、驱动程序及和网卡相连的设备就都必须实现 IEEE 802.3u NWAY autonegotiation 规范。如果两台设备都能正确实现这种规范，那么

autonegotiantion 进程就工作正常。

问题偶尔也可能来自于如自动极性转换和电缆完整性检测一类的操作功能选项，这些功能在生产厂商的网卡驱动程序上实现。如果 autonegotiation 机制不能使用，则要暂停不标准的功能选项。如果 autonegotiation 机制还不能运行，那么可能是由下面的问题引起的。

1）速度失配。一个设备准备工作在 10Mb/s 上，而另一个设备又打算采用 100Mb/s，这样速度的失配就会导致数据链路的中断，可以通过网卡和交换机上的 LED 的状态来确定是否发生这一问题。

2）双工失配。如果相互通信的设备中，有一种设备是全双工的工作模式，而另一种设备却是半双工的工作模式，这种情况下，用户却可能认为整个系统运转正常，这时问题就可能变得很棘手。

如果 autonegotiation 机制并不选择连接类型的速度和双工的优化模式（全双工模式下最优速率是100Mb/s），那么就必须检验网卡驱动程序和交换机端口是否支持 autonegotiation 机制。如果满足这一要求，网卡驱动程序和交换机端口就需要配置在 100Mb/s 全双工模式上。不要只对网卡或交换机端口进行配置，那样可能会导致速度或双工模式失配而引起网络通信故障。

如果这两种设备的优化配置并不能解决问题，那么需要检验物理层。如果介质被证明无误，可以试用其他类型的交换机端口，同时核对是否存在升级的网卡驱动程序。如果上述的措施都不见效，则可以试着更换硬件。

一台工作站必须连接到其他设备上，与此同时，在数据链路层上，常见的连接设备是交换机。

4.2.3　数据链路层中接收和转发帧的设备——交换机

交换机用于接收和转发帧，并且基于物理地址决定是过滤掉还是发送帧。因为一个交换机在功能上相当于多端口网桥，并且交换机比网桥更普遍，因此本书只讨论交换机。需要记住，涉及到交换机的大部分章节的内容同样适用于网桥。

本书将以以太网中使用的交换机和桥接的类型——透明桥接为重点进行分析。透明桥接指以太网帧通过该交换机时，未作任何修改，即透明传输。透明桥接的操作包含了交换机辨别 MAC 地址和发送帧的所有细节，在 IEEE 802.1D 标准文献中作了详细介绍。同时这个标准文献也介绍了生成树算法，这种算法可以在多对一的交换情况下避免产生回环现象。

1. 交换机的功能

所有交换机的基本功能都是相同的：接收帧，寻找通向目的地址的端口，发送帧。交换机保存一个 MAC 地址表和端口数。当交换机刚启动时，地址表是空的。当工作站发出一个帧时，交换机读出帧的源地址和目的地址，记下收到该帧的端口。

源地址和端口数用于建立交换表，保存在 CAM（按内容寻址的存储器）中。如果交换机在地址表中已经保存了源 MAC 地址，则它只对计时器进行简单更新。计时器记录在源计算机发送出帧以后，该源地址在地址表中所存储的时间。该帧的目的地址和表中的地址进行核对，然后从选定的相应端口输出。

以太网中的交换机能够完成各种各样的功能。它可以作为网络的高速中枢，通过这个中枢，成百上千的业务数据通过，大量的工作站和服务器相连。它也能用来分割冲突域，如图 4.5 所示。另外，它也可以代替集线器，使每个工作站都拥有各自的冲突域。很多机构，在将他们的网络从传统的共享介质环境升级时，通常都会逐步在网络中引入交换机，直到交换机完成所有这些功能。

用户需要了解关于交换机的许多功能和特性，以便在使用交换机的环境中能够高效地发现并排除故障。

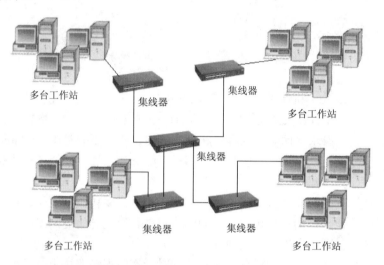

图 4.5 由集线器相连的所有工作站处于同一个冲突域中

2. 交换机的工作方式

一些交换机在发送帧前，可以帮助网络检查更多的帧信息，而不仅仅是检查源地址和目的地址。正是基于这些区别，交换机有 4 种工作方式。

（1）直通交换

直通（Cut-Through）交换方式是 4 种交换方式中最快的一种。它不提供附加的防止帧出错的保护措施。一旦交换机查到相应的目的地址和相关的端口，马上就向目的端口发送该帧。至于广播帧，则发送给所有的端口，而不作更进一步的校验。

直通交换的问题是错误帧也照样能够在网上传输，直到最后被目的设备丢弃，这无疑会浪费大量网络带宽。直通交换的优点是减少了时延。如果用户的网络很可靠，错误帧很少，那么直通交换是一种合理可靠的选择，因为它能够提供最好的网络性能。

（2）无碎片帧交换

正如这种交换的字面意思，无碎片交换最大程度降低了超短帧和帧碎片（帧的长度小于 64 字节）的影响。如果一台工作在无碎片模式的交换机接收到短于 64 字节的帧，那它将丢弃该帧。这有利于防止错误帧的发送。因此，在一段上产生的错误帧只通过这段网段，而不在其他网段上传输。使用这种方法增加了时延，但这种时延的代价是值得的，因为总体上节省了网络的带宽。

（3）存储转发交换

由于在发送到目的地以前，全部的帧都存在内存里而且可读，因而存储转发交换机提供了最大程度的错误校验，同时允许附加的帧校验和帧操作，这种方法最主要的好处是可以将发送帧包含的错误帧数量降低到零。另外，由于全部的帧都会被存入缓冲器，因此提供给交换机一个对帧做 CRC 校验的机会。如果存在 CRC 校验错误，该对应的帧被丢弃。当然，这就意味着如果帧过长，也将被丢弃。

将全部的帧都存在内存里也带来了一些相关的问题：更多的时延和更大的费用。相对于直通交换机而言存储转发交换机需要相当多的内存。然而，存储转发交换机并没有这方面的保障，例如，通过发送长帧到所有的端口来获得整个网络系统的结构图信息可能会花费很多额外的费用。同时，如果一台交换机在内存中存储了全部的帧，就不能实现很多附加功能。

（4）自适应交换

前面介绍了三种交换技术，那用户应该使用那一种交换技术呢？毕竟，用户希望自己的网络速度能更快，因此直通交换技术是一种不错的选择。但是用户也不希望发生运行错误的工作站和网段影响到局域网的其他部分，只要交换机大部分时间都使用直通交换技术，而在出现很多错误的情况下使用存储转发交换技术，就能解决前面提到的问题。用户可能发现，一些交换机正好有此功能。自适应（Adaptive）交换机通常情况下工作在直通模式，但如果在一个端口有大量错误发生时，交换机将把端口的工作模式改为存储转发模式。另外，一些交换机总是在存储转发模式下处理广播帧，因此最大程度地降低了错误广播帧引起的网络故障。

> **注意**
>
> 中端到高端的交换机能够工作在各种模式下，通过配置这些模式适应不同的环境。

用户既然知道交换方法中哪种有效可行，就能基于自己的局域网环境和费用做出明智的选择。交换机是网络中的重要设备，如果一个交换机端口或全部的交换机失效，那会出现什么后果呢？当故障发生时，能够提供多于一条的数据传输路径是不是更好呢？问题出现后，交换机生产商又一次找到了解决问题的办法——使用生成树协议（Spanning-Tree Protocol），实现的原理与方法请参考有关网络技术原理方面的书籍。

3. 交换机和集线器的比较

集线器能够从一个端口提取位信号、整理信号、放大信号，然后从其他端口发送出去。集线器并不知道信号所代表的数据的内容。相反，交换机则对它所收到的帧进行处理，检查核对目的地地址，确定到达目的地地址所需通过的端口。

交换机完成这些附加的功能，因此帧只向能够到达目的地的端口发送，这就意味着减少了每个网段上的通信量和冲突的次数，然而，这些附加的功能是以时延为代价的。和集线器相比，如果和设备相连的是交换机，则帧从源地址到目的地址需要花费更长的时间，当然这些是以使用集线器的网络不会因冲突而降低网速为前提条件的。

那么选择交换机或集线器依据是什么呢？

首先，交换机的价格是集线器的两倍以上，因而如果资金紧缺，而且使用集线器能够获得满意的性能，我们会优先考虑集线器。反之，可以考虑在以下的场合中用交换机代替集线器：

1）网络当前工作冲突问题非常严重，特别是多重冲突，严重影响了网络性能。

2）网络中存在各种不同的速率，例如，10Mb/s 和 100Mb/s 的工作站，100Mb/s 和 1000Mb/s 的服务器。

3）网络的性能受益于全双工的通信模式。

4）网络中存在很多错误帧（有些类型的交换机能够降低特定类型错误所造成的影响）。

5）用户想要更好地控制网络中的通信类型。

6）用户想要拓宽网络，进而增大通信量。

以上列出情况中，第一种情况是显而易见的，交换机能够减少网络中的冲突数量，尤其是如果用户使用一台交换机，将一个较大的冲突域分割成几个小冲突域，例如，图 4.6 所示由交换机隔离的 4 个冲突域。另外，如果用户拥有 10 台工作站和 1 台服务器，而通信量中的 95%都是通过或来自服务器，则服务器网段是主要冲突区域，仅仅用交换机代替集线器是不可能改善网络性能的。

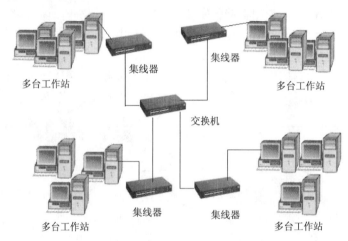

图 4.6　由交换机隔离的 4 个冲突域和 1 个广播域

如果用户的网络中存在多种工作速率，即工作站工作速率为 10Mb/s 或 100Mb/s，服务器工作速率为 1000Mb/s，则能够提供多种速率的交换机将提供很大的帮助。在这种情况下，交换机理论上就能同时发送 10～100 个工作站的请求到服务器上，而同样的情况下，使用集线器一次只能发送一个请求。

在全双工模式下运行网卡需要交换机。如果用户的网卡能够运行在全双工模式下，能够同时接收和发送数据的优势就能在性能上清楚体现出来。和服务器网卡一样，用户的网卡和交换机都必须支持这种特性，从而在性能上得到改善。

上述第四种情况需要补充说明几句。由于影响比较大的超短帧、碎片帧以及其他错误帧的存在，使得选择使用交换机或集线器时要仔细考虑。集线器将它所收到的信号全部发送出去，从而影响到整个网络，有些交换机（我们以后会讨论）经过配置，能够做到忽略无效帧。这就意味着错误的帧就不会被发送到目的地，从而节省了目的地端冲突域内的带宽，这对处理错误广播帧很有用。如果交换机并不发送存在错误的广播帧，则在广播域内的所有冲突域上就可以节省大量带宽。

通常交换机还可以精确控制通信类型。由于交换机是一种帧过滤设备，因而许多交换机都允许管理人员自定义过滤方式。例如，管理员可以规定交换机丢弃一个特定源 MAC 地址发到特定目的地址的帧。许多交换机也保存有基于端到端的统计数据，帮助管理人员更好地观察网络中的通信类型和错误发生的频率。

如果用户的网络处在发展阶段，交换机可能是用于连接的最好选择。即使当前的通信量还很小，冲突也很少，而且没有前面提到的情况，交换机也提供了更多的发展空间，在升级网络时也有更多的选择。

在讨论使用交换机还是集线器的问题过程中，首先关注的是选择交换机还是选择集线器来和单个的工作站相连，即每个端口连接一台工作站。在很多情况下，交换机显然是最好的选择，但是有时也可以使用集线器，特别是在规模较小和通信量较小的网络中。有时费用也是一个决定性的因素。

4. 使用交换机来隔离冲突域

随着网络的发展，网络中不断地新增加电缆、工作站和集线器。在意识到这些问题之前，需要在没有违反 5-4-3 转发器规则的情况下处理如何增加一个新的集线器的问题。即使强行增加集线器的过程比较顺利，我们也会看到集线器上显示冲突的 LED 指示灯在不停地闪动，网络速度开始变慢。

这种情况常见于一些公司和学校，这些公司和学校从 20 世纪 90 年代初期就拥有自己的网络，并且不停地扩充，但是他们投资的网络容量仅仅能够容下运行中的工作站和服务器的数量。不久，在一个单个的冲突域里他们便拥有了 50、100 甚至 300 台的工作站，如图 4.7 所示。

用交换机代替所有网络中的集线器需要花上几万，甚至上百万、上千万元人民币的费用。然而，网络从使用集线器升级到使用交换机的过程可以是逐步实现的。例如，图 4.7 中所示的有大量冲突发生、网速变慢的现象能够如图 4.8 所示那样，通过采用将集线器更换为交换机的措施来改善网络的性能。

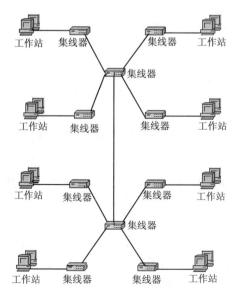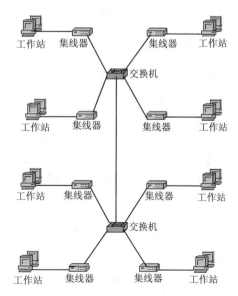

图 4.7 由集线器组成的大冲突域　　　　图 4.8 由中心交换机隔离成相对较小的冲突域

图 4.8 中的交换机作为集线器的中枢，其中每一个集线器都形成一个自己单独的冲突域。此外，每一个交换机都拥有一个 100Mb/s 端口，通过这个端口，两个交换机能够以更快的通信传输速度相互连接。

5. 使用中心交换机来扩展网络

交换机可以作为网络中枢设备的一种选择。交换机能够传输数量巨大的帧，快速地通过交换机中枢，同时端口速度能够配置成 100Mb/s～1Gb/s。这些类型的交换机通常都是拥有很多用于插入芯片的插槽的框架模式，而在这些芯片上拥有很多各种类型的用户需要的交换机端口。用户也可以加入一些用于网络管理和网络层交换和路由选择功能的模块。图 4.9 给出了一个典型网络中心的交换机。注意，这种类型的交换机的使用和配置都是特殊的，取决于具体的供应商。

千兆光纤端口

10/100Mb/s 以太网端口

图 4.9　带有 8 个插槽的箱式交换机

在上面的内容中，我们已经分析了在网络中使用交换机解决各种各样的问题，现在我们需要对交换机用于获得网络帧的各种方法具有更直接的认识，以便正确配置和实现网络中的交换机。

4.3　以太网帧的捕获与分析

以太网帧（Ethernet Frame）在网络中的传输过程就像血液在人体中流动。当人生病时，人体的血液就会发生变化，医生通过查血的方式去诊断病人的病因。当位于数据链路层的网络部分发生故障时，网络中传输的数据帧就会发生变化，网络工程技术人员就可以通过捕获与分析以太网帧的方式去查找网络的故障。所以，在学习如何维护与排除数据链路层的网络故障之前，我们首先学习捕获与分析以太网帧的方法。

4.3.1　捕获帧的用途

协议分析仪就是能够捕获网络报文的设备。协议分析仪的用处在于捕捉分析网络的流量，以便找出网络中潜在的问题。例如，假设网络的某一段运行不是很好，报文的发送比较慢，而我们又不知道问题出在什么地方，此时就可以用协议分析仪来分析网络中的问题。

平时用户的工作并不集中于捕获和分析以太网帧，一台网络监控器仅仅简单地收集和显示统计信息，一些特定的情况下，对实际收发数据的分析是解决问题最快或唯一的方法。

那么什么类型的问题需要用协议分析仪来处理呢？一方面，用户可以解决网络应用配置问题，另一方面用户也能够处理由不匹配帧类型、错误配置网卡驱动程序故障引起的帧格式化问题。

例如，笔者第一次配置 DNS 服务器时，由于在配置 DNS 时的粗心大意，错误地在域名前再加 "www."，因而在查找主机时用了如 www.www.CQCET.com 的域名，而不是简单的 www.CQCET.com。通过使用协议分析仪，笔者捕获了和 DNS 相关的数据帧，同时能够清楚地看出在 DNS 配置上犯的错误。当分析帧时，笔者立刻发现了这个错误。在用户实际观察计算机所处理的数据过程中，错误有时会突然出现，这样就可以轻易而快速地解决问题。

使用协议分析仪可能解决的另一种问题是恶意的 DHCP 服务器。这种情况下，当工作站启动时，工作站能够接收到 DHCP 服务器中没有分配的 IP 地址。打开协议分析仪，设置成只观察与 DHCP 相关的帧的模式。几秒钟内，就发现有人在网络上安装了未经注册的 DHCP 服务器，这个服务器提供了无效 IP 地址。由于协议分析仪能够提供这些 IP 地址发送端工作站的相关信息，因而这种服务器很快就能追踪到，同时被关闭。

所以，使用协议分析仪来捕获和分析数据帧是快速诊断网络中的故障的一种非常有效的方式。

4.3.2 捕获帧的方法

如果想对网络数据进行更为直观的认识，可以使用网络监控器或协议分析仪，如 Wildpacket 的 EtherPeek，FLUKE 的 Protocol Inspector 和 Sniffer Technologies 的 Sniffer 程序。图 4.10 给出了 EtherPeek 的网络状态显示屏。

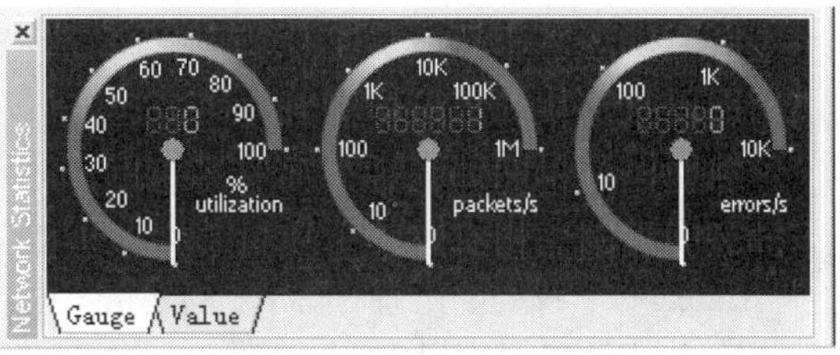

图 4.10 EtherPeek 的网络状态显示屏

这些类型的监控程序能够帮助工作人员快捷、实时地观察网络的错误和有效性统计数据。当然，这些程序也提供一些历史统计信息，所以工作人员可以查看过去的错误统计数据。EtherPeek NX 软件评估及分析整个 OSI 七层的架构，解析每个封包监视网路的各种状态，包含各个网络节点及网络架构的问题。问题的自动识别能对其发生的问题提供说明及解决方案，并可以追踪 36 种以上的网络状况，提供 Latency 及 Throughput 解析，还能将网络上的所有节点沟通的状态以图形的方式完全显示出来。它的显示方式让管理者能非常容易地了解网络目前的状况。

1. 协议分析仪的工作原理

现在的局域网以 IEEE 802.3 的以太网为主流，可以说以太网和 TCP/IP 的关系是密不可分的。TCP/IP 是一个协议族，以 TCP 和 IP 为主，还包括了很多其他的协议。

TCP/IP 使用 32 位的 IP 地址，以太网则使用 48 位的硬件地址，这个硬件地址也就是网卡的 MAC 地址，两者间使用 ARP 和 RARP 协议进行相互转换。

在每台连网的计算机上都保存着一份 ARP 缓存表，ARP 缓存表中存放着和它连入的计算机的 IP 地址和 MAC 地址的对照表，每台计算机在和其他计算机连接时都会查询本地的 ARP 缓存表，找到了对方的 IP 地址和 MAC 地址，就会进行数据传输，目的地就是对方的 MAC 地址。如果这台计算机中没有对方的 ARP 记录，那么它首先要广播一次 ARP 请求，连网的计算机都能收到这个广播信息，当对方的计算机接收到请求后就发送一个应答，应答中包含有对方的 MAC 地址，当前计算机接收到对方的应答，就会更新本地的 ARP 缓存，接着使用这个 MAC 地址发送数据（由网卡附加 MAC 地址）。

因此，本地高速缓存的这个 ARP 表是本地网络流通的基础，而且这个缓存是动态更新的。

以太网采用广播机制，所有与网络连接的工作站都可以看到网络上传递的数据。在正常的情况下，一个网络接口应该只响应以下两种数据帧：

1）与自己硬件地址相匹配的数据帧。

2）发向所有机器的广播数据帧。

数据的收发是由网卡来完成的，网卡接收到传输来的数据，网卡内的单片程序接收数据帧的目的 MAC 地址，根据计算机上的网卡驱动程序设置的接收模式判断该不该接收，认为该接收就接收后产生中断信号通知 CPU，认为不该接收就丢掉不管，所以不该接收的数据网卡就截断了，计算机根本不知道。CPU 得到中断信号产生中断，操作系统根据网卡的驱动程序设置的网卡中断程序地址调用驱动程序接收数据，驱动程序接收数据后放入信号堆栈让操作系统处理。对于网卡来说一般有以下 4 种接收模式。

1）广播方式。该模式下的网卡能够接收网络中的广播信息。

2）组播方式。设置在该模式下的网卡能够接收组播数据。

3）直接方式。在这种模式下，只有目的网卡才能接收该数据。

4）混杂方式。在这种模式下的网卡能够接收一切通过它的数据，而不管该数据是否是传给它的。

EtherPeek NX 正是使用了网卡的混杂模式，让网卡接收一切它所能接收的数据，这就是 EtherPeek NX 的基本工作原理。知道了它的工作原理我们就可以用它来进行网络数据包的截取、分析以及控制了。

2．EtherPeek 捕获帧的方法

EtherPeek 协议分析软件的安装与其他软件的安装一样，按照软件安装进程的提示一步一步完成，其安装成功后的第一次启动界面如图 4.11 所示。

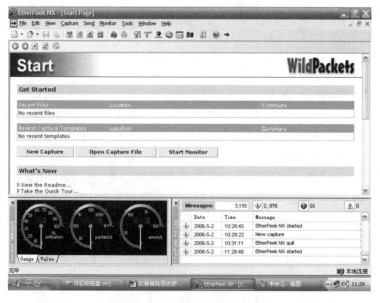

图 4.11　EtherPeek 启动界面

第一次使用 EtherPeek 协议分析仪捕获以太网帧时，首先要设置协议分析仪的捕获规则。第一次启动 EtherPeek 协议分析仪时该选项会自动弹出，以后用户也可以通过单击图 4.11 所示的 EtherPeek 主界面菜单栏中的捕获（Capture）菜单中的捕获选项（Capture Options）去修改当前的捕获规则，如图 4.12 所示。

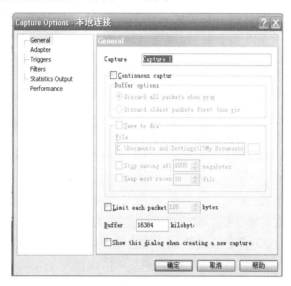

图 4.12　设置协议分析仪捕获规则

当协议分析仪的捕获规则设置好以后，用户就可以单击协议分析仪主界面上的开始捕获（Start Capture）按钮来捕获所需要的以太网帧，如图 4.13 所示。

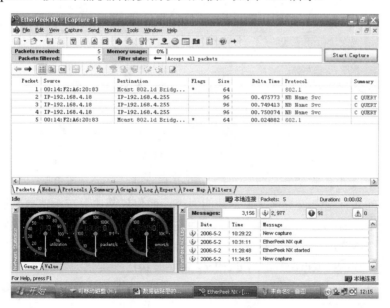

图 4.13　使用协议分析仪捕获以太网帧

3. 交换环境下的协议分析仪的使用方法

在网络技术发展的早期阶段，使用集线器组成共享式网络，网络中所有节点收到的信息相同，使用协议分析仪就很简单，只需将安装协议分析仪的设备的线路插在一台集线器上就可以对全网络的数据进行捕获分析。随着交换机在局域网组网中的广泛应用，目前绝大部分局域网属于交换式以太网，在交换环境下网络节点只能收到属于自己的帧和广播帧。

根据设计，大多数交换机不允许用户查看从服务器到工作站的流量状况（用户正在使用的那台工作站除外）。事实上，这种情况通过端口映射技术可以解决。具体来讲，就是将传送到交换机上某个端口的传输流复制到另一个端口。但需要注意的是，目前的交换机又分为可管理的交换机和不可管理的交换机，不可管理的交换机价格比可管理的交换机要便宜，但通常缺少进行端口映射的能力。有些交换机虽然自称是可管理的，但实际上可能不过是支持 SNMP，也许仍不具有端口映射功能。在用户为网络购买新交换机时，这是一个需要搞清楚的重要问题。如果用户的交换机不支持端口映射，也有方法来解决。这些方法对于在交换环境下的协议分析工作来说更加常用。

1）可以在被测试的工作站与网络之间安装一台集线器。将协议分析仪连接到这台集线器上，观察两个方向的传输流。

2）使用专业的以太网测试接口盒连机安装在被测网络上，无需在使用的分析仪内执行额外的过滤就可查看一个方向的会话情况。这意味着用户不能同时看到全部的会话，因此也许需要进行一些额外的数据包捕获，来掌握全部情况。

4.3.3 剖析捕获到的帧

现在让我们来分析研究由 Wildpacket 的 EtherPeek 协议分析仪捕获到的帧，来观察它能提供什么信息。图 4.14 给出了所捕获到的帧群的简单描述。

Packet	Source	Destination	Flags	Size	Delta Time	Protocol	Summary
1	IP-61.172.204.129	LLHUA		178		HTTP	R PORT=1
2	LLHUA	IP-61.172.204.129		64	00.157084	HTTP	Src= 178
3	IP-61.172.204.129	LLHUA		348	00.993875	HTTP	R PORT=1
4	LLHUA	IP-61.172.204.129		64	00.109755	HTTP	Src= 178
5	IP-61.172.204.129	LLHUA		122	00.104495	HTTP	R PORT=1
6	Realtek Semi:40:31:BE	Ethernet Broadcast		64	00.035344	ARP Req...	192.168.
7	00:14:F2:A6:20:83	Mcast 802.1d Bridge group	*	64	00.121212	802.1	
8	LLHUA	IP-61.172.204.129		64	00.039840	HTTP	Src= 178
9	00:14:F2:A6:20:80	Ethernet Broadcast		64	00.239605	ARP Req...	192.168.
10	LLHUA	IP-61.172.204.129		122	00.027147	HTTP	C PORT=1
11	IP-61.172.204.129	LLHUA		106	00.042370	HTTP	R PORT=1
12	LLHUA	IP-61.172.204.129		64	00.192462	HTTP	Src= 178

图 4.14 协议分析仪捕获到的帧群

注意，图 4.14 中加亮的那一行。我们将检查源地址、目的地址和帧的尺寸。注意数据包的序号、时间和标签协议三项并不是帧的内容，而仅仅是协议分析仪提供的信息。图中显示的源地址是 00:14:F2:A6:20:83，MAC 地址的前 3～24 位是 OUI，分析仪将给出相关设备的供应商。在本文的例子中，没有这一项。如果用户进入 www.ieee.org 查找这个 OUI，将发现它属于 Cisco Systems 公司（EtherPeek 已经升级成能提供设备的供应商名称）。

要介绍的下一项是目的地址。EtherPeek 将这个地址作为一个多播 802.1D 网桥组。在前面对 MAC 地址的讨论中，这个地址第一个字节中的 LSB 是 I/G 位。如果这个位置为 1，则该帧将发送给多个工作站。因而，通过这个特定的地址，将一个多播帧发送给运行 802.1D 生成树协议的所有网桥和交换机。

接着介绍帧的尺寸，用户从图 4.14 中可以看出以太网帧最小是 64 字节。而时间标记是以"时：分：秒：微秒"的格式给出的，能够用于确定帧传输的距离。这些帧每两秒捕获一次。后一项是通信协议，通过这项从图中可以看出这些帧是 802.1 帧。图 4.15 给出了图 4.14 中其中一帧的更详细的信息。帧的信息数据实际上是从 802.3 Header 的加亮行开始，下面分别是目的 MAC 地址与源 MAC 地址。

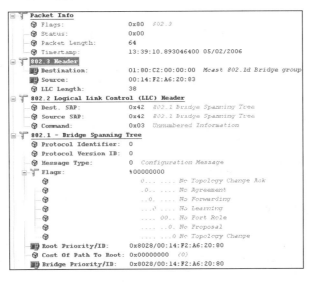

图 4.15　协议分析仪对帧的分析

EtherPeek 标明该帧为 802.3 版本帧。回忆一个以太网 802.3 帧的格式，如表 4.5 所示。

表 4.5　IEEE 802.3 帧的格式（单位：字节）

目的地址	源地址	长度	LLC 头	数据	FCS
6	6	2	3 或 4	42～1479	4

首先让我们对 IEEE 802.3 帧的格式和内容有个大概的认识。第一项是目的地址，长为 6 个字节。注意，在图 4.15 中帧具有 6 个字节的 MAC 地址，在这个地址中还包含了供应商的 ID 编号。这种情况下，EtherPeek 将这个地址作为一个多播 802.1D 网桥组。正如期望那样，该地址第一个字节的第一个位被置 "1"，则该地址为多播地址。表中的第二项是源地址，给出了 Cisco 的供应商 ID。最后一项是 802.3 帧头，帧中位置是 12～13。802.3 帧中的长度项中的数据是帧数据信息的长度，并不包括 32 位 FCS、源地址、目的地址和长度项本身的长度。如图 4.15 所示，该帧中的长度值为 38。如果再加 12 个字节的源地址和目的地址，4 个字节 FCS 和 2 个字节的长度项本身，帧的长度总数为 56 个字节。（读者能够想到哪种设备能发送这样的帧吗？）

这时读者或许会怀疑，一个以太网帧的长度不是至少要 64 个字节吗？完全正确。如果跳到帧中 52～59 的位置，读者就能发现如果帧的长度不到 64 字节，以太网驱动程序会采取什么措施。它会简单地用 0 字节来填充帧的剩余部分，直到达到最小长度要求，即 64 个字节。如上面的情况，在 FCS 项前会添加上 8 个字节的全 0，以凑足 64 个字节的要求。

下面再来看帧头，802.2 LLC 帧头。帧头给帧接收机提供信息。帧头的第一个字节是 DSAP（目的地服务接入点），它通知接收帧中给出的信息的类型，如上面的情况，帧是 802.1 生成树帧。而 SSAP（源服务接入点）则告诉目的主机产生信息的应用类型。在上面的情况中，

DSAP 和 SSAP 相同。LLC 帧头的第三个字节是控制字节，并不包含帧中的有用信息。

如表 4.5 所示，FCS 之前的剩余的帧部分是传输的数据，被标识为 802.1 STP。表中的最后项是 FCS，在图 4.15 中给出了 FCS 全为 0，在运行 EtherPeek 的工作站上的网卡并不能捕获真正的 FCS。

以后讨论网络层和传输层时，在给出上层协议信息的同时，将给出更多的帧捕获的例子。

4.4 数据链路层的故障诊断与排除

前面介绍了数据链路层的功能与组成，下面分别从组成数据链路层的以太网帧、发送和接收帧的以太网网卡以及转发传输帧的交换机三个方面讨论数据链路层的故障诊断与排除。

4.4.1 数据链路层的帧故障诊断与排除

1. 以太网帧可能发生的错误

通过对帧的每一个字节进行 CRC 校验，以太网提供对传输的数据帧进行错误检测的功能。这种校验的结果为一个 32 位的数值，作为帧尾被加在数据包上。这个帧尾称为 FCS（帧校验序列）域。

当目的设备接收到帧时，设备就对帧进行特定的校验，然后将产生的结果和包括在帧上 FCS 域值进行比较。如果两个值不匹配，则说明数据在传输的过程中被改变，这个帧将被丢弃。

在传输的过程中，不论帧中数据在任何时候出错，都会产生 CRC 错误。它们可能由于噪声（电磁干扰或射频干扰）、串扰、未测试到的数据冲突、信号反射或硬件故障等引起的。然而，CRC 错误并不是在以太网帧上发生的唯一错误，其他潜在的帧错误包括巨帧、长帧、超短帧、碎片、错误帧和后期冲突等。

下面就介绍几种错误帧的概念、原因及解决的方法。

（1）巨帧

巨帧（Giant）的长度超过所允许的 1518 字节。一个超过最大长度的数据包将导致帧过长错误（Frame Too Long Error），这些帧排列有序，具有正确的 CRC 值，但是由于长度过长而被接收站丢弃。这种异常错误通常由于在数据包被传送上数据链路层时加上额外的数据头引起，这可能是由一个错误配置或混乱的网卡驱动器而引起的。

（2）长帧

长帧（Jabber）和巨帧错误相似，都是由于帧长超过所规定的最大尺寸，但长帧的 CRC 值是错误的，无效的。长帧通常是由硬件故障引起的，以太网的网卡通常有内置的电路来控制长帧。

长帧控制电路监控发送的字节数量，如果有过多的字节传送过来，则这个电路就自动中断此帧。如果硬件或软件上的错误导致发送大量的数据包时，而同时长帧控制电路又失效，那么网络就可能被大量的、无效的数据包所拥塞，而导致网络行为的延时或中断。产生长帧的其他原因包括电缆被破坏等。

在作者所管理的网络上曾经发生过长帧错误，这种错误主要表现为两个方面：帧过长和广播。一台网络打印机可能是罪魁祸首，这种特定的打印机有一个内置的网卡，通过这个网卡，加上串行口和并行口，打印机就可以直接和网络相连。串行接口连接了一个 RJ-45 串口转换器。当用户移动这台打印机时，可能无意间将以太网的插接电缆插入 RJ-45 串口转换器，而不是插入网卡。这种情况可能导致一个串行设备在以太网上发射信号，结果产生一串几乎全是 1 的数据流发送到网络上的所有工作站，好像其地址全部为 FF-FF-FF-FF-FF-FF（即一个广播）。这样，不但网络被大量的像广播帧的方式一样的数据包所拥塞，而且所有的工作站都必须将暂停工作，因为它们的 CPU 被不停地中断用以处理广播数据。

（3）超短帧和碎片

超短帧（Runt）是非常小的帧，确切地讲少于 64 个字节。它的 CRC 校验可能正确也可能错误，这取决于测试软件对超短帧的定义。带有正确的 CRC 校验的少于 64 字节的帧通常被称为"短帧"（Short Frame）。无论哪种情况，都将丢弃此帧。

超短帧可能由带有故障的网卡或网卡驱动器产生，或者由于特定类型的数据冲突而产生，而在这过程中，帧中的部分字节传输到目的地址而被测定出数据冲突。

碎片是一个带有 CRC 校验错误码的超短帧，通常它是数据冲突的产物，只是这个数据冲突未经验证，导致一些不完全的帧被处理。这种类型的帧也被网卡丢弃。

（4）错位帧

错位帧（Misaligned Frame）包含一个不完全的 8 位字节。8 位字节是指一个 8 位分组。一个帧必须是完全的 8 位字节组，而且这些 8 位字节组被认为是有效的，任何额外的位都被截去。接收站将不停地校验 CRC，但通常的校验都是失败的，这时就会报告一个帧队列错误。混乱的软件驱动程序、网卡故障、数据冲突或电缆上的噪声都可能产生错位帧。

（5）后期冲突

后期冲突是指一个帧的前 64 字节被传输以后而发生的数据冲突。如果以太网网卡成功地发送了 64 个字节而未检测到数据冲突，那么这个网卡就不需要重发该帧。这种类型的数据冲突需要高层的协议去测试所丢失的数据，同时提出重新传输。如果后期冲突频繁发生，那么这类数据重新传输将在很大程度上降低网络的速度。这一般是由于网络拥塞所造成的，可以采用把网络设备的集线器换成交换机等办法来解决。

数据链路层并不负责纠正错误，然而它负责检测所发生的错误及丢弃错误的帧。另外，它还负责检测数据冲突，在这种情况下，发送端将自动重发数据。一般来说，当帧发生错误时，接收端将丢弃此帧，同时上层协议要求丢弃的帧必须重发。

2. 影响网络性能的以太网帧

在考虑网络的性能时，必须注意到两个因素：带宽和时延。带宽是指介质和设备所能运载的每秒比特数，即比特速率。而时延是指发送数据前网络中的设备必须等待的时间。增加带宽和减少时延都是提高网络性能的有效办法。广播和数据冲突都会引发时延的发生，下面重点讨论导致时延的问题。

（1）数据冲突

在网络环境中，每发生一次数据冲突都会导致时延，因为冲突的帧必须重传，冲突占用了带宽，就会产生时延。在发生冲突的范围内，拥有的工作站越多，这些工作站需要发送数据的频率越高，冲突发生的次数就越多。比如，一个人同时和三四个人说话，那他能够依次和每一个人都很好的交流。但是如果同时和 10 个人说话，那就可能遇到同时有两个或两个以上的人想说话的情形，这时这几个人一听到停顿就会同时开始说话，这种情况就被称为冲突。

在这种情况下，冲突并不是大问题。可以两个人先停下来，然后只允许其中一个人开始说话，通信就会重新开始直到下一次冲突的发生。如果将人数增加到 100 人，而在任何时候都同时有好几十人有话要说，那么这几十个人也会一听到停顿就同时开始说话。这时冲突发生，这几十个人就会暂停说话，等待安静下来。这时，另外那几十个人听到停顿又同时开始说话，这样就导致第一批人等待更长的时间。这种情况下，100 人中每当有人有话要说时，都导致冲突的发生，因而没有人能够很好地表达自己的意思。当这种情况发生在以太网上时，就被称为多向冲突。

通常，当一个工作站遇上冲突时，它会被关闭一段时间。如果这段时间过后，工作站刚启动又有冲突发生，则关闭的时间将会增加（一直到加倍）。如果还有冲突发生，那么启动程序会被重复运行 16 次，如果还没有成功，在这种情况下，网卡就通知驱动器，同时产生一条信息通知用户网络失效。

那么我们如何才能减少网络中的冲突呢？同样将一个房间装满人，每一个人都有重要的事情要说。有两种方案可以解决冲突的问题。一种方案是让用户加快说话的速度。以至于在给定的时间里，能有更多的人可以发表自己的观点（即增加带宽）。另外一种方案就是把人群分成一个一个小组，如果其中一个小组中的一个人需要对另一个小组中的某人说话，当这种谈话行为发生停顿时，一个专递人员就会排列信息，发送信息（即隔离网络）。

在以太网中，人们通过将以太网的带宽从 10Mb/s 增加到 100Mb/s 来实现第一种方案。当然这是以以太网不是工作在 100Mb/s 为前提。然而，这种方案耗资巨大。我们必须确保工作站主机和网卡支持 100Mb/s 的带宽，如果不符合要求，就必须替换。另外，介质必须是 Cat-5 或更好的，同时还必须替换集线器。

第二种方案通过隔离冲突域来实现，如用交换机替代集线器。这种做法隔离了可能发生冲突的范围，相对减少了在每个冲突范围内工作站的数量。

前面所分析的冲突是普通意义上的冲突，这种冲突发生在帧传输的早期，能够被冲突域内的所有工作站主机检测到。如果存在晚期冲突的话，问题就变得更严重了。如前所述，一个晚期冲突发生在一台工作站主机发送信息时，但在冲突发生前工作站主机已发送了多于 64 个字节的信息。在这种情况下，工作站主机并不能检测到所发生的冲突，误认为信息已被成功接收而独自运行自己的操作。这种类型的冲突不但致使上层协议发出数据重传的要求，降低网速，而且意味着网络中存在问题。

电缆长度标准和 5-4-3 规则正是由于上面的问题而制定的。虽然信号在双绞线和光纤上传输的速度非常快，但它也不是无限地快。数据传输通过介质需要一定的时间，甚至通过转化器需要更多的时间。在路径上的介质越长，转换器数量越多，时延就越大。

标准制定后，如果在两个工作站之间使用所允许的最大长度的电缆，最多数量的转换器，其中一台工作站依然能够在发送 64 个字节以前，检测到发生在网络最远端的冲突。如果一台工作站发送了 64 个或更多的字节后，这时冲突发生，那么相伴着肯定存在这样两件事情中的一件：网络不能满足规范要求，或者是网络中存在故障设备。

（2）广播帧

广播帧的目的地址各位均为"1"（即 FF-FF-FF-FF-FF-FF），而且能被收到该帧的任何工作站处理。但是广播帧的存在并不一定代表网络中就有错误发生，因为基于网络中的应用在许多时候要使用广播帧，如发送网络管理信息等。

广播帧是网络中的一种普通的通信方式，工作站和服务器通过广播帧来通知网络中的所有成员，收集网络信息。除了需要被广播域中的所有工作站处理外，广播帧和其他帧并无二致。这就意味着交换机将这些广播帧发送到所有的端口，如同一个中继集线器对所有的业务量所进行的处理。广播帧将被送到网络的每一个角落，直到一个路由器或网络中断。

当一个带有单播地址的帧在网络上传播时，只有拥有特定地址的工作站才能处理此帧。单播帧被分配了一个特定的 MAC 地址，目的是只让一台工作站对它进行处理。由于广播帧需要所有的工作站都对它进行处理，所以，只有网络中的每一个工作站的 CPU 都暂停目前的工作处理网卡产生的中断才能处理广播帧。

如果每秒有成百上千的广播帧产生，这种情况被称为广播风暴。这样所有的 CPU 都在不断地处理广播帧，导致工作站瘫痪或操作缓慢。广播风暴是网络长时间被大量广播数据包所占用，使正常的点对点通信传输无法正常运行，对外表现为网络速度非常慢。

广播风暴可能是由于坏的网卡或配置错误的帧引起的，也可能是协议的结果，如 IPX 就是一个广播方式的协议。例如，运行 IPX 协议的 Windows 计算机可能发生这种问题。这个问题在美国微软公司网页站点上的文章条目 Q149448 下进行了介绍。

即使有效的广播帧也可能由于数量过多而导致工作站反应速度下降。如果读者正在使用面向广播的网络协议，如 NetBEUI 和 IPX/SPX，那么业务中将有很大的比例是广播帧。

那么广播帧多少算过多呢？这个问题比关于冲突的类似问题还难于回答。如果网络中没有用户需要网络服务，由于各种网络协议自动地、不断地发送广播帧，因而广播帧的比率就可能达到 100%。用户可能想以广播通信的比率比较网络利用率，而不是以单播通信比较。如果网络的利用率是 1%或 2%，那么较高的广播帧比率就可能不是问题。当然，如果网络利用率达到 25%，而其中广播帧占据了一半，那么说明广播业务过多了。

另外一种测量广播帧的方法是每秒广播帧的传输数量，即广播速率。对于大多数工作站而言，每秒四五个广播帧是一个可以接受的数量。然而，如果这个数量增加到 80～100 帧/秒，而且超过所能承受的时间，网络和工作站的反应速度将会大幅度地下降。

如果大量的广播帧带有 CRC 错误，那就可能出现长帧问题，需要捕获硬件故障。如果广播帧是有效的，可以通过增加额外的广播域（即通过路由器接口分出许多子网）相对地减少它们。

作为可以选择的另一种方法，我们也可以减少网络中所使用的协议。许多工作站和打印机开始时都会预配置两种或三种协议，工作人员不需要时可以卸载。如果不需要，还可关闭一些特定的协议，如交换机上的生成树协议。另外，用户可以改用不依赖于广播业务的协议，例如，用户可以使用具有 WINS 域名解决方案的 TCP/IP，而不是带有 NetBIOS 域名解决方案的 TCP/IP。其中，NetBEUI 和 IPX/SPX 都是面向广播的协议，只有需要时才使用。

3. 如何发现错误帧

在局域网里如果有帧错误发生，如何发现呢？帧错误发生的频率比较高而产生的后果表现为网络的响应很慢、网络的访问量下降。如果错误的数量达到一定的程度，网络将会产生时断时续的现象。

网络维护人员也可以应用一些软件和硬件网络监控工具来周期性地监控网络。在网络中可能已经存在监控工具，只不过人们没有意识到而已。大多数路由器和交换机在每一个端口或接口都保存有接收到的错误统计数据。例如，在一个 Cisco 路由器上，人们可以用"Show Interface"命令去显示接口的状态，各种接口的统计数据（其中包括错误计数器）。另外，网卡、交换机等设备的面板上的状态指示灯也可以大致观察当前网络是否存在冲突和错误帧。

如果想对网络数据进行更为直观的认识，可以使用网络监控器或协议分析仪，图 4.10 给出了 EtherPeek 的错误显示屏。这些类型的监控程序能够帮助工作人员快捷、实时地观察网络的错误和有效性统计数据。当然，这些程序也提供一些历史统计信息，所以工作人员可以查看过去的错误统计数据。

多少次错误才算过多呢？一个网络设计得多好，管理得多完善，总会有错误发生。因而，如果一个错误在计数器或网络监控器上显示时，不要急于去捕获错误源是 CRC 校验还是帧队列错误。相反，应该查看状态的变化趋势。如果这个星期每 10000 个帧中出现一个错误帧，下个星期错误率上升到每 5000 个帧中出现一个错误帧，一个星期后，紧接着错误率又上升到每 1000 个帧中出现一个错误帧时，那么我们就需要去查错误源了。另外，如果发现大量的错误帧从一个特定的 MAC 地址发出时，这个地址的设备就应该被好好检查，确定是硬件还是软件上出问题。总而言之，如果错误率保持每 5000 或 6000 个帧中出现一个错误帧时，可以不必太担心。但如果错误率超过这一界限时，用户就可能发现网络的反应速度在下降。

4.4.2 网卡故障诊断与排除

在以太网中，网卡用于连接访问介质并控制对介质的存取，以太网采用的载波侦听多路存取/冲突检测方法就是在网卡内实现的。同时，网卡还负责将上层协议形成的协议数据单元（PDU）组成以太数据帧发送到网络上，并负责接收处理网络中传来的以太网帧。

1. 网卡工作过程

网卡发送数据时，网卡首先侦听介质上是否有载波（载波由电压指示），如果有，则认为其他站点正在传送信息，继续侦听介质。一旦通信介质在一定时间段内（称为帧间缝隙 IFG=9.6μm）是安静的，即没有被其他站点占用，则开始进行帧数据发送，同时继续侦听通信介质，以检测冲突。在发送数据期间，如果检测到冲突，则立即停止该次发送，并向介质发送一个"阻塞"信号，告知其他站点已经发生冲突，从而丢弃那些可能一直在接收的受到损坏的帧数据，并等待一段随机时间（CSMA/CD 确定等待时间的算法是二进制指数退避算法）。在等待一段随机时间后，再进行新的发送。如果重传多次后（大于 16 次）仍发生冲突，就放弃发送。

网卡接收时，网卡浏览介质上传输的每个帧，如果其长度小于 64 字节，则认为是冲突碎片。如果接收到的帧不是冲突碎片且目的地址是本地地址，则对帧进行完整性校验，如果帧长度大于 1518 字节或未能通过 CRC 校验，则认为该帧发生了畸变。通过校验的帧被认为是有效的，网卡将它接收下来进行本地处理。

2. 影响网卡工作的因素

网卡能否正常工作取决于网卡、与其相连接的交换设备的设置以及网卡工作环境所产生的干扰，如信号干扰、接地干扰、电源干扰、辐射干扰等。

计算机电源故障就时常导致网卡工作不正常。电源发生故障时产生的放电干扰信号可能窜到网卡输出端口，在进入网络后将占用大量的网络带宽，破坏其他工作站的正常数据包，形成众多的 FCS 帧校验错误数据包，造成大量的重发帧和无效帧，其比例随各个工作站实际流量的增加而增加，严重干扰整个网络系统的运行。接地干扰也常影响网卡工作，接地不好时，静电因无处释放而在机箱上不断积累，从而使网卡的接地端（通过网卡上部铁片直接跟机箱相连）电压不正常，最终导致网卡工作不正常，这种情况严重时甚至会击穿网卡上的控制芯片造成网卡的损坏。干扰的情况很容易出现，有时网卡和显卡由于插得太近也会产生干扰。干扰不严重时，网卡能勉强工作，数据通信量不大时用户往往感觉不到，但在进行大数据量通信时，在 Windows 下就会出现"网络资源不足"的提示，造成机器死机现象。

网卡的设置也将直接影响工作站的速度。网卡的工作方式可以分为全双工和半双工方式，当服务器、交换机、工作站工作状态不匹配，如服务器、工作站网卡被设置为全双工状态，而交换机、集线器等都工作在半双工状态时，就会产生大量碰撞帧和一些 FCS 校验错误帧，访问速度将变得非常慢，从服务器上复制一个 20MB 的文件可能也需要 5～10 分钟。这方面的错误往往是由于网络维护人员的疏忽，大多时候他们都使用默认设置，而并不验证实际状态。

一般来讲网卡的协议设置多数时候不容易出错，但设置了多余协议以及网络的工作协议不一致的情况却时有发生。例如，工作站使用 SMTP 协议收发邮件，而网络的邮件服务器使用的是 POP 协议收发邮件，这样工作站将无法进行邮件收发操作。此外，由于协议的无缝互连和互操作是软件开发工程中的难点，实际的应用软件品质并不如开发商所标榜的那样乐观，为了使网络的工作效率达到最佳，网络管理人员需要经常监测网络协议数量及其工作状态，对于无用的非工作协议要及时清理。

所谓非工作协议，是指在网络规划和设计中未被选用的协议和应用，出现在各种网络平台之中，它们会耗用一些网络带宽。常用的被捆绑于视窗平台的协议如 IPX、IP 和 NetBEUI 基本上没有冲突，许多用户虽然没有同时使用这几种协议但却同时捆绑了这些协议。但如果同时选用了 BanyanVines 协议，它就会向网络中发送大量无法处理的无效数据包，占用大量的网络带宽，破坏数据的传输和处理，致使网络速度变慢并时常出错。虽然 NetBIOS 设置有多种平台协议的输入输出接口，有助于众多协议的交互工作和各种协议平台及其应用的并存，但从网络性能优化的角度看，各种协议平台和应用版本是由不同厂商开发的，兼容性始终是一个动态适应的过程，多协议工作的冲突是不可避免的。因此，应尽量将不用的协议删除。

3. 网卡故障诊断与维护

一般来讲，网卡损坏以后，有多种表现形式，常见的一种是网卡不向网络发送任何数据，机器无法上网，对整体网络运行基本上没有破坏性，这种故障容易判断，也容易排除。另一种常见现象是网卡发生故障后向网络发送不受限制的数据包，除了发送正常数据以外，还发送大量非法帧、错误帧，这些数据包可能是正常格式的，也可能是非正常格式的（即错误数据包），两种格式的数据包都可能对网络性能造成严重影响。

我们知道，广播帧通常是网络设备定期或不定期进行网络联络的一种手段，可以穿过网段中的网桥和交换机，到达整个网络，但过量的广播将占用不必要的带宽。当某块网卡损坏后，可能向网络发送大量广播帧和非法帧，占用大量带宽，使网络运行速度明显变慢。即使是不向网络发送或接收数据的站点，也会因为接收大量的广播帧而导致站点的网卡向主机的 CPU 频繁地申请中断，CPU 资源利用率迅速上升，使主机处理本机应用程序的速度大受影响，有时从操作台上键入数据，屏幕显示要等待 10 多秒钟才会更新，情况严重时，则等待时间更长。这种现象与病毒发作非常相似，常被当成病毒处理。但遗憾的是，无论怎样更新杀毒软件杀毒，机器故障依旧。即使把系统重装，由于问题不在本机，所以仍然不能解决问题。此时，如果将网络测试仪接入网络进行测试，便可发现网络平均流量偏高，广播帧、错误帧占据了大量的网络带宽，通过进一步分析定位，查出广播帧的机器，更换网卡，故障便可消除了。

4.4.3 交换机维护与故障排除

交换机的优越性能和价格的大幅度下降促使了交换机的迅速普及。网络管理员在工作中经常会遇到各种各样的交换机故障，如何迅速、准确地查出故障并排除故障呢？本节就常见的故障类型和排障步骤做一个简单的介绍。由于交换机在公司网络中应用范围非常广泛，从低端到高端，几乎涉及每个级别的产品，所以交换机发生故障的几率比路由器、硬件防火墙等要高很多，这也是为什么我们首先讨论交换机故障的分类与排除故障步骤的原因。

1. 交换机硬件故障分类

交换机故障一般可以分为硬件故障和软件故障两大类。硬件故障主要指交换机电源、背板、模块和端口等部件的故障，可以分为以下几类。

（1）电源故障

由于外部供电不稳定、电源线路老化或者雷击等原因导致电源损坏或者风扇停止，从而不能正常工作。由于电源缘故而导致机内其他部件损坏的事情也经常发生。如果面板上的"POWER"指示灯是绿色的，就表示是正常的；如果该指示灯灭了，则说明交换机没有正常供电。这类问题很容易发现，也很容易解决，同时也是最容易预防的。

针对这类故障，首先应该做好外部电源的供应工作，一般通过引入独立的电力线来提供独立的电源，并添加稳压器来避免瞬间高压或低压现象。如果条件允许，可以添加 UPS（不间断电源）来保证交换机的正常供电，有的 UPS 提供稳压功能，而有的没有，选择时要注意。在机房内设置专业的避雷措施，来避免雷电对交换机的伤害。现在有很多做避雷工程的专业公司，实施网络布线时可以考虑。

（2）端口故障

这是最常见的硬件故障，无论是光纤端口还是双绞线的 RJ-45 端口，在插拔接头时一定要小心。如果不小心把光纤插头弄脏，可能导致光纤端口污染而不能正常通信。很多人喜欢带电插拔接头，理论上讲是可以的，但是这样也无意中增加了端口的故障发生率。在搬运时不小心，也可能导致端口物理损坏。如果购买的水晶头尺寸偏大，插入交换机时，也容易破坏端口。此外，如果接在端口上的双绞线有一段暴露在室外，万一这根电缆被雷电击中，就会导致所连接的交换机端口被击坏，或者造成更加不可预料的破坏。

一般情况下，端口故障是某一个或者几个端口损坏。所以，在排除了端口所连计算机的故障后，可以通过更换所连端口来判断其是否损坏。遇到此类故障，可以在电源关闭后，用酒精棉球清洗端口。

（3）模块故障

交换机是由很多模块组成，比如堆叠模块、管理模块（也叫控制模块）、扩展模块等。这些模块发生故障的几率很小，不过一旦出现问题，就会遭受巨大的经济损失。如果插拔模块时不小心、搬运交换机时受到碰撞，或者电源不稳定等情况，都可能导致此类故障的发生。

当然上面提到的这三个模块都有外部接口，比较容易辨认，有的还可以通过模块上的指示灯来辨别故障，比如堆叠模块上有一个扁平的梯形端口，或者有的交换机上是一个类似于 USB 的接口。管理模块上有一个 CONSOLE 口，用于和网络管理员的计算机建立连接，方便管理。如果扩展模块是光纤连接的话，会有一对光纤接口。

在排除此类故障时，首先确保交换机及模块的电源正常供应，然后检查各个模块是否插在正确的位置上，最后检查连接模块的线缆是否正常。在连接管理模块时，还要考虑它是否采用规定的连接速率，是否有奇偶校验，是否有数据流控制等因素。连接扩展模块时，需要检查是否匹配通信模式，比如使用全双工模式还是半双工模式。当然如果确认模块有故障，解决的方法只有一个，那就是应当立即联系供应商给以更换。

（4）背板故障

交换机的各个模块都是接插在背板上的。如果环境潮湿、电路板受潮短路，或者元器件因高温、雷击等因素而受损都会造成电路板不能正常工作，比如散热性能不好或环境温度太高导致机内温度升高，致使元器件烧坏。

在外部电源正常供电的情况下，如果交换机的各个内部模块都不能正常工作，那就可能是背板坏了，遇到这种情况即使是电器维修工程师，恐怕也无计可施，唯一的办法就是更换背板了。

（5）线缆故障

其实这类故障从理论上讲，不属于交换机本身的故障，但在实际使用中，电缆故障经常导致交换机系统或端口不能正常工作，所以这里也把这类故障归入交换机硬件故障。比如接头接插不紧，线缆制作时顺序排列错误或者不规范，线缆连接时应该用交叉线却使用了直连线，光缆中的两根光纤交错连接，错误的线路连接导致网络环路等。

从上面的几种硬件故障来看，机房环境不佳极易导致各种硬件故障，所以我们在建设机房时，必须先做好防雷接地及供电电源、室内温度、室内湿度、防电磁干扰和防静电等环境的建设，为网络设备的正常工作提供良好的环境。

2. 交换机的软件故障分类

交换机的软件故障是指系统及其配置上的故障，它可以分为以下几类。

（1）系统错误

交换机系统是硬件和软件的结合体。在交换机内部有一个可刷新的只读存储器，它保存的是这台交换机所必需的软件系统。这类错误也和我们常见的 Windows、Linux 一样，由于当时设计的原因，存在一些漏洞，在条件合适时，会导致交换机满载、丢包或错包等情况的发生，所以交换机系统提供了诸如 Web、TFTP 等方式来下载并更新系统。当然在升级系统时，也有可能发生错误。

对于此类问题，我们需要养成经常浏览设备厂商网站的习惯，如果推出新的系统或者新的补丁要及时更新。

（2）配置不当

由于各种交换机配置不一样，管理员往往在配置交换机时会出现配置错误。例如，虚拟局域网划分不正确导致网络不通，端口被错误地关闭，交换机和网卡的模式配置不匹配等。这类故障有时很难发现，需要一定的经验积累。如果不能确保用户的配置有问题，可以先恢复出厂默认配置，然后再一步一步地配置。最好在配置之前，先阅读说明书，这也是网络管理员所要养成的习惯之一。每台交换机都有详细的安装手册、用户手册，深入到每类模块都有详细的讲解。

（3）密码丢失

丢失密码可能是每个管理员都曾经经历过的。一旦忘记密码可以通过一定的操作步骤来恢复或者重置系统密码。有的比较简单，在交换机上按下一个按钮就可以了，而有的则需要通过一定的操作步骤才能解决。此类情况一般在人为遗忘或者交换机发生故障后导致数据丢失后才会发生。

（4）外部因素

由于病毒或者黑客攻击等情况的存在，有可能某台主机向所连接的端口发送大量不符合封装规则的数据包，造成交换机处理器过分繁忙，致使数据包来不及转发，进而导致缓冲区溢出产生丢包现象。还有一种情况就是广播风暴，它不仅会占用大量的网络带宽，而且还将占用大量的 CPU 处理时间。网络如果长时间被大量广播数据包所占用，正常的点对点通信就无法正常进行，网络速度就会变慢或者瘫痪。

一块网卡或者一个端口发生故障，都有可能引发广播风暴。由于交换机只能分割冲突域，而不能分割广播域，所以当广播包的数量占到通信总量的 30%时，网络的传输效率就会明显下降。

总的来说软件故障应该比硬件故障较难查找，解决问题时，可能不需要花费过多的金钱，而需要较多的时间。最好在平时的工作中养成记录日志的习惯。每当发生故障时，及时做好故障现象记录、故障分析过程、故障解决方案和故障归类总结等工作，以积累自己的经验。例如，在进行配置时，由于种种原因，当时没有对网络产生影响或者没有发现问题，但也许几天以后问题就会逐渐显现出来。如果有日志记录，就可以联想到是否前几天的配置有错误。由于很多时候都会忽略这一点，以为是在其他方面出现问题，当走了许多弯路之后，才找到问题所在，所以说记录日志及维护信息是非常必要的。

3. 交换机故障的排除

交换机的故障多种多样，不同的故障有不同的表现形式。故障分析时要通过各种现象灵活运用排除方法（如排除法、对比法、替换法），找出故障所在，并及时排除。

（1）排除法

当我们面对故障现象并分析问题时，无意中就已经学会使用排除法来确定发生故障的方向了。这种方法是指依据所观察到的故障现象，尽可能全面地列举出所有可能发生的故障，然后逐个分析、排除。在排除时要遵循由简到繁的原则，提高效率。使用这种方法可以应付各种各样的故障，但维护人员需要有较强的逻辑思维，对交换机知识有全面深入的了解。

（2）对比法

所谓对比法，就是利用现有的、相同型号的且能够正常运行的交换机作为参考对象，和故障交换机之间进行对比，从而找出故障点。这种方法简单有效，尤其是系统配置上的故障，只要简单地对比一下就能找出配置的不同点，但是有时要找一台型号相同、配置相同的交换机也不是一件容易的事。

（3）替换法

这是我们最常用的方法，也是在维修计算机中使用频率较高的方法。替换法是指使用正常的交换机部件来替换可能有故障的部件，从而找出故障点的方法。它主要用于硬件故障的诊断，但需要注意的是，替换的部件必须是相同品牌、相同型号的同类交换机才行。

当然为了使排障工作有章可循，我们可以在故障分析时，按照以下的原则来分析：

1）由远到近。按照端口模块→水平线缆→跳线→交换机这样一条路线，逐个检查，先排除远端故障的可能。

2）由外而内。如果交换机存在故障，我们可以先从外部的各种指示灯上辨别，然后根据故障指示，再来检查内部的相应部件是否存在问题。比如 POWER 指示灯为绿灯表示电源供应正常，熄灭表示没有电源供应；LINK 指示灯为黄色表示现在该连接工作速度为 10Mb/s，绿色表示工作速度为 100Mb/s，熄灭表示没有连接，闪烁表示端口被管理员手动关闭；RDP 指示灯表示冗余电源；MGMT 指示灯表示管理员模块。

3）由软到硬。发生故障，谁都不想开始就拿螺丝刀去先拆了交换机再说，所以在检查时，总是先从系统配置或系统软件上着手进行排查。如果软件上不能解决问题，那就是硬件有问题了。比如某端口不好用，那我们可以先检查用户所连接的端口是否不在相应的虚拟局域网中，或者该端口是否被其他的管理员关闭，或者配置上的其他原因。如果排除了系统和配置上的各种可能，那就可以怀疑到真正的问题所在——硬件故障上。

4）先易后难。在分析复杂的故障时，必须先从简单操作或配置来着手排除。这样可以加快故障排除的速度，提高效率。

由于交换机故障现象多种多样，没有固定的排除步骤，而有的故障往往具有明确的方向性，一眼就能识别得出，所以只能根据具体情况具体分析了。表 4.6 列出了常见交换机故障诊断与解决的方法。

表 4.6 交换机故障诊断与解决的方法

故障现象	故障原因	解决方法
加电时所有指示灯均不亮	电源连接错误或供电不正常	检查电源线和插座
LINK 指示灯不亮	网线损坏或连接不牢；网线类型错误或网线过长，超出允许范围	更换网线

续表

故障现象	故障原因	解决方法
LINK 指示灯闪烁	网线接线不标准，网线过长，超出允许范围	更换或重做网线
ACTIVE 指示灯快速闪烁，网络不通	网线接线不标准	更换或重做网线
网络能通，但传输速度变慢，有丢包现象	交换机与网络终端以太网口工作模式不匹配	设置以太网口工作模式使其匹配或将其设为自适应工作模式
在某一口可通，将网线换到其他口时则不通	将网线换到其他网口时，如果此端口所连接的设备没有发送数据，交换机将学不到新地址，因此此端口会暂时不通	150s 后交换机的地址会自动更新，此现象会自动消失。或者从此网口发送数据也会使交换机立即更新其地址表
所有 ACTIVE 指示灯闪烁，网络速率变慢	广播风暴	检查网络连接是否形成闭路，合理配置网络；检查是否有站点发送大量的广播包
正常工作一段时间后停止工作	电源不正常 设备过热	检查电源是否有接触不良、电压过低或过高；检查周围环境，通风孔是否畅通，如果交换机配置了风扇，检查风扇是否工作正常

4. 合理使用交换机的虚拟局域网功能

一些交换机将端口分为若干个独立的广播域。这种性能使得一个简单的交换机能够和多个独立的局域网相连，而保证这些局域网之间彼此不能直接通信（除非使用路由器）。

（1）虚拟局域网的优势

一台具有虚拟局域网性能的交换机能够进一步地优化配置，通过创建多个广播域，而不需要增加新的交换机。这种做法可以让网络受益匪浅，因为它增加了对广播帧的控制，能够带给网络更高的安全和可管理性。

由于虚拟局域网将网络分成多个广播域，因而属于不同虚拟局域网的交换机端口上的设备就需要有不同网络的逻辑地址（如 IP 地址）。进而，如果在一个虚拟局域网上的设备想和另一个虚拟局域网上的设备通信，那么在虚拟局域网之间就需要一个三层功能的设备（路由器、三层交换机），用于对数据包进行路由转换。

（2）虚拟局域网存在的问题

虚拟局域网的过度使用将会使费用超过所获得的利益。另外，使用的虚拟局域网越多，则使用的带三层功能的网络互连设备就越多，这样网络将变得更为复杂。进而，当增加网络性能时，所采取的措施会降低网速。总之，以上所有的这些都是 IT 业人士最为头疼的事。因为虚拟局域网之间需要具有三层功能的设备来通信，所以用户创建的每个虚拟局域网都需要一个相应的三层功能设备接口，这就意味着成本就更为昂贵，花费更多。更多的三层功能设备接口需要额外的 IP 网络，而这些 IP 网络可能需要在现存的网络上建子网，这就意味着将导致现存的网络更为复杂。如果用户想要改变现存的网络地址分配方案，那么用户就可能根据新的地址分配方案对许多设备进行重新配置，而每一步都需要花上很长的时间。最后，许多更为小型的虚拟局域网可能降低网络的速度，除非虚拟局域网大部分时间访问的工作站和网络资源都在同一个虚拟局域网内。

小　结

　　本章的重点主要是 OSI 参考模型中第二层数据链路层包括了哪些组件、理解以太网帧的结构与特性、网络接口卡的工作模式、掌握数据链路层的功能、网络接口卡和交换机的工作原理,特别是交换机的相关知识。通过本章的学习,学会维护以太网的各种网络维护方法。

　　本章的难点是如何在以太网中排除各种故障。以太网维护是一项比较复杂的工作,网络管理员应该根据故障信息进行整理和分析,对网络故障测试和调试的方法是解决问题的关键。要学会灵活地运用协议分析仪分析和处理故障。

思考与练习

一、选择题

1. 链路层不能完成下面(　　)功能。

　　A. 完成网络层协议的封装

　　B. 根据逻辑地址对数据帧进行过滤

　　C. 使用错误检测工具,检验每一帧的数据

　　D. 定义网络结构

2. 一个 MAC 地址是(　　)位的十六进制数。

　　A. 32　　　　　　B. 48　　　　　　C. 64　　　　　　D. 128

3. 下列(　　)网络互连设备在数据链路层上工作。

　　A. 交换机　　　B. 路由器　　　C. 集线器　　　D. 转发器

4. 以下关于交换机的论述正确的是(　　)。

　　A. 交换机基于逻辑地址发送数据帧

　　B. 交换机工作在数据链路层

　　C. 使用交换机,可以分隔网络

　　D. 交换机不发送广播信息

5. 下面的(　　)不可能是物理地址。

　　A. 04-00-FF-6B-BC-2D　　　　　　B. 8C-4C-00-10-AA-EE

　　C. 4G-2E-18-09-B9-2F　　　　　　D. 00-00-81-53-9B-2C

6. 下列(　　)是长度超过 1518 个字节,但 CRC 校验正确的数据帧。

　　A. 长帧　　　　　B. 巨帧　　　　　C. 错位帧　　　D. 超短帧

7. 过量的广播信息产生,导致网速严重下降或网络中断的现象称为(　　)。

　　A. 冲突域　　　B. 多播风暴　　　C. 广播风暴　　　D. 单播风暴

8. 下面不是使用交换机带来的好处的是(　　)。

　　A. 交换机能够降低错误帧造成的影响

　　B. 交换机能够减少冲突域的数量

　　C. 交换机能够在任何给定的网段内最大程度地降低冲突的数量

D. 交换机增大了冲突的可能性

9. 有一块网卡的地址为 00-E0-4C-B1-7B-1E，其厂商的 OUI 为（　　）。

   A. 00-E0-4C   B. B1-7B-1E

   C. 00-E0-4C-B1-7B-1E   D. 00-E0

10. 下列不属于数据链路层功能的是（　　）。

   A. 差错检测   B. 帧同步   C. 建立连接   D. 路由选择

二、填空题

1. OSI 参考模型的第二层是_____。

2. _____和_____是长度小于 64 字节的数据帧，它们将被丢弃，而不管 CRC 校验正确与否。

3. 交换机在功能上相当于一台多端口的_____。

4. 交换机的基本功能本质上都是相同的，即_____，寻找通向目的地址的端口，_____。

5. 当工作站发出一个帧时，交换机读出帧的_____和目的地址，记下收到该帧的_____。

6. 一个十六进制的_____用以标识广播帧。

7. 帧交换有三种方法，_____交换是三种交换方法中最快的。

8. MAC 地址是由_____位二进制数组成的，通常分成 6 段，用_____进制表示。

9. 网络中_____和_____网络互连设备的使用会增加冲突域的数量。

10. 数据链路层上传输数据的基本单位是_____。

三、简答题

1. 简单地描述以太网帧的结构及各字段的作用。

2. 交换机与集线器相比，有什么不同之处？

3. 00-D0-4C-U7-43-C9 是网络接口卡的物理地址吗？为什么？

◆ 实　训

项目　使用 EtherPeek 协议分析仪捕获、分析以太网帧

:: 实训目的

1）练习使用使用 EtherPeek 捕获数据帧。
2）熟悉协议分析仪的启动界面。
3）掌握常用的操作要领和技巧。

:: 实训环境

在工作站上安装 EtherPeek 协议分析软件(可以联系本书作者获取该实训软件及软件的

安装方法：hs_peng@yahoo.com.cn）。

::　实训内容与步骤

1）启动协议分析仪。单击"开始"菜单，选择 Programs，然后再单击 Wildpackets EtherPeek。

2）在协议分析仪主界面上选择 Capture Options 设置捕获规则，包括设置接收帧的网卡、过滤器 Filters 等。

3）从捕获菜单中，选择 Start Capture 选项。如果捕获对话框中没有帧显示，则使用 ping 命令试着与其他主机通信；否则，回到第 2）步重新设置捕获规则。

4）开始观察捕获对话框中的数据帧，在 8～10 个数据帧显示后，单击 Stop Capture 按钮。

5）双击其中一个数据帧，获得该帧更详细的分析信息。

6）使用表（表 4.1 和表 4.2）来描绘该数据帧的格式，并指出对话框显示的数据帧的类型。

7）关闭所有的对话框，然后关闭 EtherPeek 协议分析仪。

网络层的故障诊断与维护

学习目标 ☞ 掌握网络层的功能及其组件。
理解数据包的结构，掌握数据包的捕获和分析方法。
掌握 Sniffer 的使用方法。
掌握网络层的故障排除方法。

要点内容 ☞ 网络层的协议。
网络层的故障现象。
网络层故障的诊断及排除方法。
数据包的结构及 Sniffer 的使用。

学前要求 ☞ 对计算机网络基础知识比较熟悉。
已经掌握了计算机网络的路由知识。
已经掌握了计算机网络的协议知识。

5.1　网络层的功能

5.1.1　网络层功能概述

网络层是 OSI 参考模型的第三层，如图 5.1 阴影部分所示，是涉及网络配置工作最多的地方，主要解决网络与网络之间的通信的问题。其中包含了分配网络地址与子网掩码、添加默认网关与域名服务器、安装和配置路由器。当然，网络层也是网络配置中易于出错的层。在一个巨大的互连网络中，网络维护人员大量的时间都用于解决此层中发生的问题。

对网络层的支持所涉及到的任务并不是非常多，但是，必须完全掌握网络层功能，才能有效维护此层的网络故障并解决故障。网络层处理逻辑地址，正是利用这些地址，网络协议才能有效地将数据包从一个网络传输到另一个网络。

对网络层的分析分为三个部分：定义逻辑地址、提供路由选择和处理无连接数据包传输。

应用层
表示层
会话层
传输层
网络层
数据链路层
物理层

图 5.1　网络层的位置

5.1.2　定义逻辑地址

逻辑地址是指配置给设备的地址，它工作在网络层，提供了网络与主机的信息。逻辑地址并不像数据链路层定义的物理地址那样可以表现网络结构。对于一个网络协议，为了将数据从一个网络传送到另一个网络，必须利用两部分逻辑地址：一部分用来识别网络，另一部分用来标识主机。

大量网络协议都采取这样的方式来利用逻辑地址。例如，TCP/IP、IPX/SPX 以及 AppleTalk 协议都符合此项要求，而 NetBUEI 和 DLC（数据链路控制）则不能满足此项要求。

逻辑地址必须包含网络部分与主机部分。这样，一个巨大的、包含有上千台主机甚至于上百万台主机的网络才能被构建起来，并且可以迅速定位其中的每一台主机。路由器首先找到主机所在的网络，然后再确定单独的主机地址。找到这个网络以后，这个网络中的一台路由器通过将逻辑地址与数据链路层的物理地址映射，从而找到这个单独的主机。数据包到达正确的网络以后，不同的协议将采用不同的方式来将主机逻辑地址映射为物理地址。TCP/IP 采用的方式则是利用 ARP（地址解析协议）。

网络层中最复杂的一个方面是决定数据包在传送到目的地时所经过的网络最佳路径。

5.1.3　Internet 中路径的选择

如果从一端到另一端只存在一条路径，那么网络层的工作将变得非常单纯。但是，正如国家中复杂的道路系统一样，在大多数大型网络里，都存在有多条从位置 A 到位置 B 的路径。而且，并不总是有一个明确的结论来选择应该遵从哪一条路径。有一些线路上业务量很繁重，而另一些线路上业务量很少；有一些正在进行建设或出现了故障，而有一些则运行通畅。

网络层利用路由协议可以选择到达目的地的最佳路径。如果有一条原来通畅的线路变得拥塞甚至不可利用，那么就需要选定一条备用的线路。路由协议信赖包含有主机标号域与网络标号域的逻辑地址。在本章以后讨论路由器时，我们将仔细讨论如何配置路由协议，以及如何监测有问题的域。

　　若想将数据包从一个网络有效地传输到另一个网络，网络层需要完成很多工作。提高效率的关键是减少开销。换句话说，网络层有特定的工作需要去完成，而可靠性、流量控制等工作则留给其他层去实现。

5.1.4 无连接数据包的传输

　　网络层依靠于 OSI 模型中更高的几层来提供高级功能，如可靠性与流量控制。网络层的工作是将数据包 Y 从源所在的网络传输到目的所在的网络，而不考虑是否有数据包 X 或数据包 Z 也要到达同一目的地址。实际上，当一个网络中的网络层组成部分沿着数据包前往目的地的路径将数据包传送给另一个网络以后，它无法确认数据包是否安全到达。这样一种方式被称为无连接通信。

　　无连接通信中，从源地址到目的地并没有建立一条连接。网络层协议依赖于信用（或上层协议）来保证数据包传输的安全。此系统与利用美国邮政邮寄第一类信件非常相似，将信件放入邮箱中，希望可以传送到目的地。但若想要确认信被收到了（或被告知信没有被收到），就必须在信件上加一层附件（同时花费少量美元）并发送一封确认信。确认信要求接收者做出一个回应，接收者的回执被送回发送者。

5.1.5 网络层的主要功能

　　网络层的主要功能如下：

1）通过路由选择算法，为分组通过通信子网选择最适当的路径。
2）实现路由选择、拥塞控制与网络互连等基本功能。
3）向传输层的端到端传输连接提供服务。

5.2　网络层的组件

　　网络层中，路由器对该层非常重要，它们利用网络层中定义的逻辑地址来决定如何在网络通信中更有效地传输数据信息。协议则是网络层必不可少的，它们定义传输的语法和规则。

5.2.1 网络协议

　　一台计算机只有在遵守网络协议的前提下，才能在网络上与其他计算机进行正常的通信。尽管在网络中，物理层是基础，但工作在网络层的协议则是网络的核心部分。大多数协议以簇的形式出现，将一系列协议整合成为一个协议进行安装。

　　TCP/IP 包括 IP 网络层协议、TCP 与 UDP 传输层协议。当然，还包含一个应用程序与问题解决的工具包，如 FTP 和 ping 工具。

　　IPX/SPX 带有 IPX 网络层协议、SPX 传输层协议，以及 NetWere 核心协议 NCp。NCp 处理了一些传输层以及上层的功能。

NETBEUI 则是一个轻量级的协议，它只在传输层与会话层上工作。尽管可以选择很多网络协议，但应用最普遍的网络协议则是 TCP/IP。

5.2.2　路由器将数据发送到它的目的地

如果没有路由器在网络层中的努力工作，我们将不会拥有像 Internet 这样的丰富资源。假设一个邮政系统，其中我们的信件只有街道地址，没有城市、州和邮政编码。这样一个系统所造成的状况，便是对于大的网络如果没有路由器所产生的后果。

路由器与包含有逻辑地址的协议一起，为巨大的 Internet 提供了有序性与结构性。路由器的责任是接收一个网络的数据包，判断目的地址的所在地网络标号，并将数据包发送到目的地所在地网络。如果收到数据包的路由器正好连接目的地所在的网络，路由器将把数据包发送给目标主机。在只有少数几个网络的 Internet 中，这并不是一个复杂的工作。但对于一个具有成千上万网络的 Internet 来说，正确地配置路由器，选择路由协议，实现安全机制则是一个非常值得掌握的技能。

5.2.3　通过 Internet 协议来支持 TCP/IP

TCP/IP 协议簇包含了很多组成部分，并且覆盖了 OSI 模型中最上面的 5 层。在图 5.2 中，展示了 TCP/IP 协议簇与 OSI 模型的对应关系。注意，网络接口层对应于 OSI 模型中的数据链路层与物理层。TCP/IP 并没有任何协议或组成部分应用于这两层。但是只要使用了合适的数据链路驱动程序，TCP/IP 却可以按物理层和数据链路层规范工作。

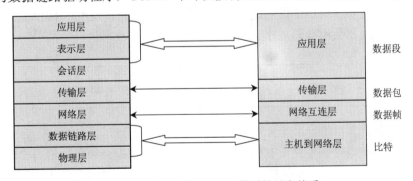

图 5.2　OSI 与 TCP/IP 模型的对应关系

1. 网络层的协议 IP

支持 IP 的关键是理解寻址机制。理解了寻址机制以后，对于网络主机和路由器的操作与支持将变得比较容易。

（1）IP 寻址

IP 地址为一个 32 位的数字，以 8 位一组分成 4 组，一组称为一个字节。每一个字节都可能包含一个从 0~255 的值。通常，IP 地址写成有圆点间隔的十进制的形式。尽管可能会经常碰到需要采用十六进制的应用程序。一个典型的 IP 地址可能像这样：192.168.0.1，其中 192 是第 1 个字节，1 是第 4 个字节。

每一个 IP 地址中包含了网络标号与主机标号。也就是说，32 位数据中有一些描述了在哪个网络中可以发现主机，地址中剩余的位则确定了网络中的特定计算机或设备。

对一台主机可以配置 3 类 IP 地址，分别是 A、B、C 类。一个特定的 IP 地址所属于的类是由地址的第 1 个字节来决定的。

> **注意**
>
> 也存在等级 D 和等级 E 的 IP 地址。等级 D 的地址第一个字节的值在 224～239 之间，此地址用来做广播发送。等级 E 的地址第一个字节的值在 240～255 之间，被保留以用作测试。

地址的类别确定了用来描述网络序列号的位数，剩余的位确定了主机。网络位总是从第一个字节开始的，如表 5.1 所示。

表 5.1 不同类型的地址中的网络比特与默认子网掩码

类型	网络比特/字节的数量	默认子网掩码
A	8/1	255.0.0.0
B	16/2	255.255.0.0
C	24/3	255.255.255.0

（2）子网与子网掩码

子网是将一个特定的类网分解成更多的网络。子网掩码决定了 IP 地址中哪些是网络的部分，哪些是主机的部分。子网掩码被称为掩码，是因为它通过将子网掩码与 IP 地址做逻辑与运算从而隐藏或者屏蔽了主机的地址。主机使用子网掩码以及配置的 IP 地址，来确认它自己的网络。路由器利用掩码与收到的包的目的地址决定数据包所要发送到的网络。

> **注意**
>
> 必须一直使用子网掩码，子网掩码是 IP 地址的同伴，两者都不可单独存在。

（3）IP 地址的配置

IP 地址配置的一条规则便是所有同一个物理网络中的主机必须包含相同的网络号。因为一个 IP 地址的设置离不开子网掩码，上面的规则暗示了主机也必须具有相同子网掩码。

图 5.3 形象地表示同一个物理网络所表示的具体含义。图中，每一个圆圈表示一个单独的物理网络。大体上，一个单独的物理网络可以是网络的任何一部分。它与网络的其他部分通过一个路由器接口相连。每一个物理网络的路由器接口必须配置一个地址，此地址与在网络中的主机网络号相同。

除了一个 IP 地址和子网掩码，大多数主机配置同样需要一个默认网关地址。默认网关，通常是指路由器的地址。当网络中的主机发送数据包时，如果数据包的目的地址不在同一个网络中，数据将传送给这个设备。

当一个主机要将一个数据包发送出去时，主机将目的 IP 地址与子网掩码进行逻辑与操作。如果获得的网络号与主机的网络号不同，数据包将发送到默认网关，希望默认网关可以发现目的地所在的网络。由于默认网关被用来确定不同网络中的主机，因此它必须具有与发送设备相同的网络号。

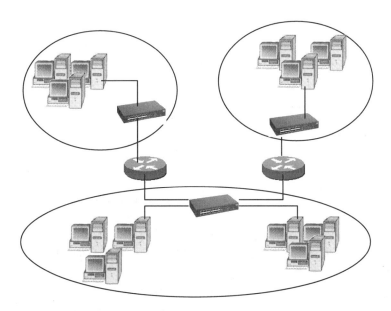

图 5.3　通过路由器连接的三个物理网络

主机设置中经常发生的一个问题是设置了错误的子网掩码。设想在一个物理网络中，存在两台计算机。计算机 A 具有 IP 地址 192.168.1.34，子网掩码 255.255.255.224。计算机 B 具有地址 192.168.1.60，子网掩码 255.255.255.0。如果计算机 A 试图 ping 计算机 B，将会发生如下情况：计算机 A 将目的地址 192.168.1.60 与子网掩码 255.255.255.224 做逻辑与得到网络号为 192.168.1.32。因为计算机 A 存在于 192.168.1.32 这个网络中，计算机 A 将发送一个 ARP 的广播来找到计算机 B 的 MAC 地址，从现象上看，ping 将得到回应，同没有设置错误的情形一样。

设想网络中有一台计算机 C，地址为 192.168.1.67，子网掩码 255.255.255.0。如果计算机 A 试图 ping 计算机 C，将会发生如下情况：计算机 A 将 192.168.1.67 与计算机自己的子网掩码 255.255.255.224 做逻辑与。在这种情况下，得到的网络号为 192.168.1.64。计算机 A 判断此地址在另一个网络中，就会错误地将数据发送到它的默认网关。这种情况的故障很难排除。配置 IP 地址时，拼写错误经常是配置错误的一个主要原因。正如前面的例子所表示的，不可能简单地确认一个工作站可以同别的计算机之间可以正常通信。

2. IP 协议簇

TCP/IP 包含有一些网络层协议，通常共用一个名字：IP。两个协议——ICMP 和 ARP 需要另外的讨论，因为它们在解决问题的过程中会非常有用。另外，IP 协议簇还包括传输层协议 TCP。

> **注意**
>
> 有很多和 IP 相关的协议，其中的大部分被封装在 IP 报头中。

（1）ICMP

IP 环境下，ICMP 被用来传送状态与控制消息。通过使用 ping 命令用于验证与一个特定主机之间的通信能力，如图 5.4 所示。路由器也用此命令来发送状态消息以获得目的主机或网络的可用信息。

```
0 1 2 3
0 1 2 3 4 5 6 7 8 9 0 1 2 3 4 5 6 7 8 9 0 1 2 3 4 5 6 7 8 9 0 1
+-+-+-+-+-+-+-+-+-+-+-+-+-+-+-+-+-+-+-+-+-+-+-+-+-+-+-+-+-+-+-+-+
| Type | Code | Checksum |
+-+-+-+-+-+-+-+-+-+-+-+-+-+-+-+-+-+-+-+-+-+-+-+-+-+-+-+-+-+-+-+-+
| Identifier | Sequence Number |
+-+-+-+-+-+-+-+-+-+-+-+-+-+-+-+-+-+-+-+-+-+-+-+-+-+-+-+-+-+-+-+-+
| Data ...
+-+-+-+-+
```

图 5.4　ping 命令回送响应消息报文

trace 命令同样利用 ICMP，尽管与 ping 命令有些不同。ICMP 被封装在 IP 协议里，这意味着它被包含在 IP 报头中。如果利用协议分析仪来捕获所有的 IP 数据包，可以捕获到相应的 ICMP 包。

ICMP 具有很多功能，但大多数人所知道的是 ICMP Echo 与 ICMP Reply。这些消息通过一个 ping 命令发出，并被 ping 的目标返回。从结构上说，ICMP 消息有如图 5.5 所描写的形式。

数据链路报头	IP 报头	ICMP 报头	ICMP 数据	FCS

图 5.5　ICMP 消息格式

正如数据链路报头包含着网络层报头（在此为 IP 报头），IP 报头也包含 ICMP 报头，这是因为 ICMP 不可能单独存在。表 5.2 显示了 ICMP 报头包含有三个域，共 4 个字节的长度。

表 5.2　ICMP 报头

类型	代码	校验和	标记	队列号
1 字节	1 字节	2 字节	2 字节	2 字节

三个域中最重要的是类型域。类型域通知了接收方工作站所包含的 ICMP 数据的类型。如果需要的话，下面的代码域进一步限制了类型域。例如，类型域可能表示一个"目的地不能到达"消息，如图 5.6 所示。代码域则可以显示更加详细的信息，如是网络不可到达还是主机或端口不可到达（表 5.3 列出了常用的类型与代码域的值），还有可能是超时报文，如图 5.7 所示。

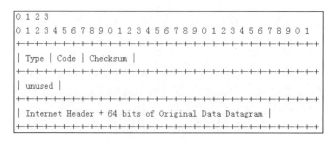

图 5.6　目的主机不可达报文

表 5.3　常见的 ICMP 报头

类　型	代　码	简　述
0	0	Echo 回复
3	0	目的地址不可到达
3	0	网络不可到达
3	1	主机不可到达
3	2	协议不可得到
3	3	端口不可达到
3	4	需要分段但不需要段比特设置
3	5	源点知由失败
4	0	源队列
5	0	改变信道
5	0	改变网络数据报的路由
5	1	改变主机数据报的路由
5	2	改变特定类型设备和网络数据报的路由
5	3	改变特定类型设备和主机数据报
8	0	Echo
11	0	超时
11	0	传输中生存时间超时
11	1	段重组时间超时
12	0	参数问题
13	0	时间标记
14	0	时间标记回复
15	0	信息请求
16	0	信息回复

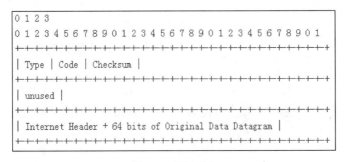

图 5.7　超时报文

检验和域被用来保护 ICMP 消息。它可以检验可能由于交换机或路由器引起的数据损坏。标志域和序列号域可以被用来匹配请求与回应。在很多 ICMP 消息类型中，这些域为0。跟踪序列号域的就是 ICMP 数据，其长度可变。对于 ICMP echo 请求，数据通常是一个可以确认的模式。如字母表中的字母，还有在一些情况下为 0。Windows 在 ping ICMP 请求命令中使用字母表中的字母，而在 trace route ICMP 请求中使用 0。

（2）ARP

地址解析协议（ARP）在 TCP/IP 中通常被认为是一个单独的网络层协议。实际上，由于它的功能，ARP 更像是存在于网络层与链路层之间的层，其协议结构如图 5.8 所示。

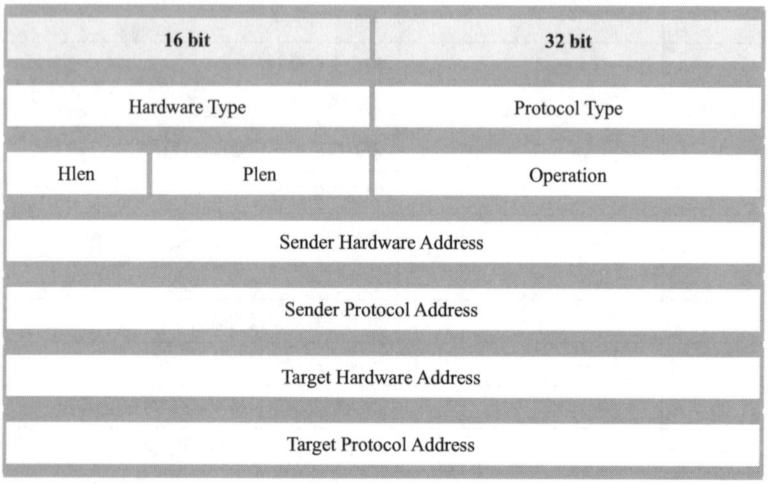

16 bit		32 bit
Hardware Type		Protocol Type
Hlen	Plen	Operation
Sender Hardware Address		
Sender Protocol Address		
Target Hardware Address		
Target Protocol Address		

图 5.8　ARP 协议结构

1）Hardware Type：指定一种硬件接口类型，为发送方请求响应所用。

2）Protocol Type：指由发送方提供的高级协议地址类型。

3）Hlen：硬件地址大小。

4）Plen：协议地址大小。

当一个特定的 IP 数据包达到了目的地所在的网络以后，ARP 用于发现了 IP 数据包的 MAC 地址。在数据链路层的帧头里加入了主机的物理地址以前一条消息不可能被传送。

如果一台使用 TCP/IP 协议的计算机试图与另一台计算机进行通信，它必须知道接收方的 IP 地址。IP 地址通常是由应用程序给出，或是通过计算机名解析来获得。如果目标的 IP 地址与源地址存在于同一个网络中，发送方计算机将以数据链路广播的形式，发送 ARP 请求。ARP 请求被广播域中所有的主机处理，具有所需 IP 地址的主机将发送回一个包含本机 MAC 地址的 ARP 回应。获得 MAC 地址以后，帧头可以组建，帧将被发送到目的地。

如果计算机每一次发送 IP 数据包到目的地之前，都需要发送 ARP 广播，那么网络中对应于每一个包含有实际数据的帧都存在一个 ARP 广播帧。这将是网络带宽的巨大浪费。为了避免每发一个 IP 数据包到特定的目的，都需要发送一个 ARP 请求，计算机和其他设备将所得到的 MAC 地址存储在 ARP 缓存中。这样计算机或路由器只需要向所通信的目标主机发送一个 ARP 广播即可。这解决了广播太多的问题。不过遗憾的是，基于设备对所获得的 MAC 地址的存储时间，它同时引起了另一个问题的发生。让我们来分析这个问题。

首先，必须记住地址列表是动态的实体。计算机被安装与卸载，IP 地址发生变化（尤其是当使用动态的 IP 地址配置时），如网卡被替换或从一台机器交换到另一台机器等。考虑到这样一个动态环境的复杂性。设想如果有一台设备 A 试图利用 IP 地址向设备 B 发送文件。设备 A 发送一个 ARP 广播请求，而设备 B 则返回它的 MAC 地址。设备 A 立刻将地址存储在缓存中，以备当前及以后通信所用。在文件刚被发出之后，技术员将设备 B 的网卡从 10Mb/s 升级到 100Mb/s。设备 A 试图发送给设备 B 另一个文件，但这时却得到了超时的结果。为什么会这样呢？当网卡发生了改变，MAC 地址也相应发生了变化。而设备 A 中存储的是设备 B 原来旧的 MAC 地址。

如果怀疑是 ARP 缓存的问题，那么将有如下几个选择。可以简单地等待直到其中的条目被更新。我们也可以强制让地址发生改变的设备与其他设备进行通信，这样可以导致条目里的内容被新值代替。另外，也可以清空 ARP 缓存，这将导致设备重新学习地址。

3. TCP

TCP 协议主要为了在主机间实现高可靠性的包交换传输。TCP 是面向连接的端到端的可靠协议。它支持多种网络应用程序。TCP 对下层服务没有多少要求，它假定下层只能提供不可靠的数据报服务，它可以在多种硬件构成的网络上运行。

TCP 段以 Internet 数据报的形式传送。IP 包头传送不同的信息域，包括源地址和目的地址。TCP 头跟在 Internet 包头后面，提供了一些专用于 TCP 协议的信息。图 5.9 是 TCP 包头格式图。

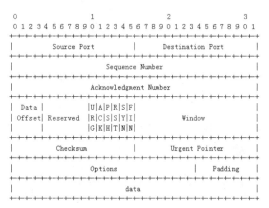

图 5.9　TCP 包头结构

源端口：16 位；目的端口：16 位；序列码：32 位，当 SYN 出现，序列码实际上是初始序列码（ISN），而第一个数据字节是 ISN+1；确认码：32 位，如果设置了 ACK 控制位，这个值表示一个准备接收的包的序列码；数据偏移量：4 位，指示何处数据开始；保留：6 位，这些位必须是 0；控制位：6 位；窗口：16 位；校验位：16 位；优先指针：16 位，指向后面是优先数据的字节；选项：长度不定；但长度必须以字节记；选项的具体内容我们结合具体命令来看；填充：不定长，填充的内容必须为 0，它是为了保证包头的结合和数据的开始处偏移量能够被 32 整除。

5.2.4　UDP 用户数据报协议

UDP（用户数据报协议）是 ISO 参考模型中一种无连接的传输层协议，提供面向事务的简单不可靠信息传送服务。UDP 协议基本上是 IP 协议与上层协议的接口。UDP 协议利用端口分辨运行在同一台设备上的多个应用程序。

由于大多数网络应用程序都在同一台机器上运行，计算机上必须能够确保目的地机器上的软件程序能从源地址机器处获得数据包，以及源计算机能收到正确的回复。这是通过使用 UDP 的端口号完成的。例如，如果一个工作站希望在工作站 128.1.123.1 上使用域名服务系统，它就会给数据包一个目的地址 128.1.123.1，并在 UDP 头插入目标端口号 53。源端口号标识了请求域名服务的本地机的应用程序，同时需要将所有由目的站生成的响应包都指定到源主机的这个端口上。UDP 端口的详细介绍可以参照相关文章。

与 TCP 不同，UDP 并不提供对 IP 协议的可靠机制、流控制以及错误恢复功能等。由于 UDP 比较简单，UDP 头包含很少的字节，比 TCP 负载消耗少。

UDP 适用于不需要 TCP 可靠机制的情形，比如，当高层协议或应用程序提供错误和流控制功能的时候。UDP 是传输层协议，服务于很多知名应用层协议，包括 NFS（网络文件系统）、SNMP（简单网络管理协议）、DNS（域名系统）以及 TFTP（简单文件传输系统）。

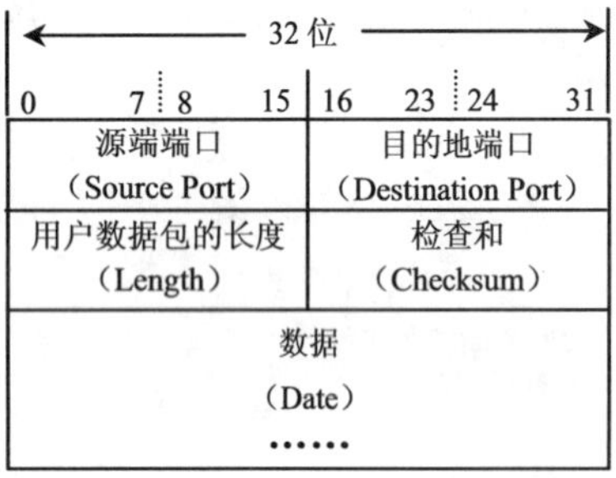

UDP 协议包的标题结构如图 5.10 所示。

1）Source Port：16 位。源端口是可选字段。当使用时，它表示发送程序的端口，同时它还被认为是没有其他信息的情况下需要被寻址的答复端口。如果不使用，设置值为 0。

2）Destination Port：16 位。目标端口在特殊 Internet 目标地址的情况下具有意义。

3）Length：16 位。该用户数据报的八位长度，包括协议头和数据。长度最小值为 8。

图 5.10 UDP 协议包的标题结构

4）Checksum：16 位。IP 协议头、UDP 协议头和数据位，最后用 0 填补的信息假协议头总和。如果必要的话，可以由两个八位复合而成。

5）Data：包含上层数据信息。

5.3 数据包的捕获与分析

5.3.1 数据包

"包"（Packet）是 TCP/IP 协议通信传输中的数据单位，一般也称"数据包"。有人说，局域网中传输的不是帧吗？没错，但是 TCP/IP 协议是工作在 OSI 模型网络层、传输层上的，而帧工作在数据链路层。上一层的内容由下一层的内容来传输，所以在局域网中，"包"是包含在"帧"里的。

可以用一个形象一些的例子对数据包的概念加以说明：在邮局邮寄产品时，虽然产品本身带有自己的包装盒，但是在邮寄的时候只用产品原包装盒来包装显然是不行的。必须把内装产品的包装盒放到一个邮局指定的专用纸箱里，这样才能够邮寄。这里，产品包装盒相当于数据包，里面放着的产品相当于可用的数据，而专用纸箱就相当于帧，且一个帧中只有一个数据包。

5.3.2　数据包结构

1. IP 数据包

网络层处理的数据单位是数据包。当需要解决设置或性能问题时，就需要理解 IP 是如何将从上层来的数据打包的。一个数据包中有很多域。如果用协议分析仪得到了数据包，那么理解其中一些域的含义将对理解网络中到底发生了什么有所帮助。这有助于发现导致性能损失的原因。

IP 数据包（有时被称为数据报）是在数据被传送到数据链路层以前的最后封装形式。当数据链路层从网络层接收到 IP 数据包时，帧被封装为 Ethernet Ⅱ 的帧。Ethernet Ⅱ 帧包含有两个字节的被称为以太网类型的字段。数据链路层将此字段设置为 0X800，以表示帧内包含有一个 IP 数据包。图 5.11 显示了一个包含有数据报的帧格式。

目的地址	源地址	以太类型 0X800	IP 报头	数据	FCS

图 5.11　Ethernet Ⅱ 的帧与 IP 数据报

IP 报头的长度在 20～60 字节之间。数据的长度可变。一个以太网帧中 IP 报头加上数据的长度可从最小的 46 字节达到最大的 1500 字节。这是因为一个以太网帧中，数据链路层的报头加上 FCS 为 18 个字节，而最小的以太网帧是 64 字节，最大的帧为 1518 字节。

图 5.12 为 IP 数据包，其中版本域长度为 4 位，表示了 IP 数据包的版本。现在 IP 的版本是 4，通常被表示为 IPv4。下一个版本正在发展，为 IPv6。这个版本在很多方面，尤其是寻址方面，完全是一个崭新的方式。虽然现在 IPv6 在 InternetⅡ 项目中获得了应用，但由于现在还未普及，这里将不做讨论。

4 位	4 位	8 位	3 位	13 位
版本号	报头长	服务类型	长度	
标识符			标志	分段偏移量
生存时间		协议	报头校验和	
源 IP 地址				
目的 IP 地址				
选项（可选）				
数据变量				

图 5.12　IP 数据包

跟随在版本域后的报头长度域也是 4 位。报头长度表示报头占据了多少个 32 位。换句话说，如果报头长度域包含的值是 10，IP 报头的长度就是 10×4 字节，即 40 字节。由于报头长度域只有 4 位，最大的 IP 报头为 15×4 字节，即 60 字节。这通常够用了，尽管有些命令可能会超过这个长度。接下来是 TOS（业务类型）域，长度为 1 个字节。0～2 位组成了优先级位，在大多数 IP 网络中被忽略。3～7 位定义了 TOS 并且是互相排斥的，这是说只有其中一个位可以被置 1。若想对 TOS 位以及它们的含义作用更深入的研究，请参见 RFC 1349。可以通过利用带选项－v 的 ping 命令来试验 TOS 位的功能。最后一位不用，必须为 1。

16 位长度的长度域描述了包含报头在内的 IP 数据报的整个长度。这个值加上 18 个字节的以太网帧头表示了整个帧的长度。

长度域后面则是标识域。通常，每发送一个数据报，这个域中的值便会加 1。不过，当数据报被拆分时，此值也有用。在这种情况下，每一个构成数据报的数据包都包含有相同的标识。通过比较标识域的值，以及利用 IP 报头中下面的一个字节即标志域与分段偏移域，目的地可以将数据包重新组装起来。

标志域控制了是否可以对 IP 数据报进行分段。当数据报的长度大于介质或接收方所允许的最大长度时，就需要将其分成更小的部分，这时就叫数据报的分段。标志域包含有三位，第一位总为 0。

第二位是 Don't Fragment 位。当此位被置为 1，不允许对数据报进行分段。而 0 则表示数据包可以被分段。在 Windows 操作系统环境下，默认为不能分段。Windows 系统利用这个设置来调整数据报的长度以匹配接收方或两者之间的路由器所承受的 MTU（最大传输单位）。MTU 定义了介质或网络层协议所能接收的数据报的大小。当一个设备收到一个 IP 数据报，而它的长度大于所要使用的介质所定义的 MTU，或大于接收设备所定义的 MTU，转接的设备通常会将数据报分段以满足 MTU。如果 Don't Fragmet 位被置 1，将返回给发送方一个 ICMP 消息，它将调整数据包的长度并继续发送数据包直到没有收到 ICMP 消息。通过这种方式，Windows 系统自动地探测到目的地的 MTU。

IP 数据报的分段可能会影响到性能与可靠性。如果一个数据报被分段成多个数据包，而其中一个数据包丢失，或由于 CRC 错误而被丢弃，构成此数据报的所有数据包都将要重传。这是因为 IP 没有办法来恢复一个丢失的数据包。

标志域的第三位通知接收方的设备是否还有分段数据到来。1 表示还有分段数据到来，而 0 表示这是最后一个分段（如果数据报没有被分段，此位为 0）。13 位的分段偏移位表示了各分段在数据报中的位置。分段偏移以 8 字节为单位，如值为 100，则意味分段在数据报中的位置为 800。

TTL（生存时间域）决定了在数据包被丢弃之前，所能经过的路由器的数目。此域在初始主机处被设置为初始值，每经过一个路由器，此值减一。如果此值达到 0，此数据包被丢弃，通常有一个 ICMP 超时消息发送给发送端。生存时间域的初始值取决于操作系统，在 Windows 操作系统的默认值为 128。

TTL 同样给接收方提供了一个方式，来通知发送源没有收到所有的数据包。TTL 可以被用来当作一个计时器，每一秒减一。如果目的地没有收到一个数据报的所有分段数据包，数据段的 TTL 将减少到 0，而目的地就发送一个 ICMP 消息来通知这个问题。

接下来是 8 位协议域。此域表示在 IP 数据报所对应的上层协议或网络层中的子协议（如 ICMP）。一些通用的协议以及它们的值已列入表 5.4 中。已经有 133 个协议被定义，最大值为 256。

表 5.4 常见的 IP 协议

协　议	简　述	协议域值
ICMP	网络控制报文协议	1
IGMP	网络组管理协议	2
IP in IP	IP 封装 IP	4
TCP	传输控制协议	6

续表

协　　议	简　　述	协议域值
EGP	外部网关协议	8
UDP	用户数据报协议	17
IPv6 over IPv4	Ipv4 中封装的 IPv6	41

IP 报头的下一个域是报头校验和。这个 16 位的值只被用来作为对 IP 报头的完整性检查。数据并不受此校验和保护。数据的保护是由上层协议来完成的。

下面两个域是 4 字节的源目的的 IP 地址域。报头中最后一个域是可变长度的选项域。选项域的长度从 0~40 字节。通常为 0 字节，表示没有特殊的选项。

IP 不可能独自工作。一个 IP 数据报中一般包含有协议字段中所定义的另一个协议。另外，IP 需要一个帮助协议 ARP，它将 IP 地址转换为物理地址。

2. ARP 报文结构

ARP 协议报文结构如图 5.13 所示。

硬件类型		协议类型
硬件长度	协议长度	操作 请求（1），回答（2）
发送站硬件地址 （例如，对以太网是 6 字节）		
发送站协议地址 （例如，对 IP 是 4 字节）		
目标硬件地址 （例如，对以太网是 6 字节）		
目标协议地址 （例如，对 IP 是 4 字节）		

图 5.13　ARP 报文结构

ARP 分组具有如下的一些字段：

1）硬件类型（HTYPE）。这是一个 16 位字段，用来定义运行 ARP 的网络的类型。每一个局域网基于其类型被指派给一个整数。例如，以太网是类型 1。ARP 可使用在任何网络上。

2）协议类型（PTYPE）。这是一个 16 位字段，用来定义协议的类型。例如，对 IPv4 协议，这个字段的值是 0800。ARP 可用于任何高层协议。

3）硬件长度（HLEN）。这是一个 8 位字段，用来定义以字节为单位的物理地址的长度。例如，对以太网这个值是 6。

4）协议长度（PLEN）。这是一个 8 位字段，用来定义以字节为单位的逻辑地址的长度。例如，对 IPv4 协议这个值是 4。

5）操作（OPER）。这是一个 16 位字段，用来定义分组的类型。已定义了两种类型：ARP 请求（1），ARP 回答（2）。

6）发送站硬件地址（SHA）。这是一个可变长度字段，用来定义发送站的物理地址的长度。例如，对以太网这个字段是 6 字节长。

7）发送站协议地址（SPA）。这是一个可变长度字段，用来定义发送站的逻辑地址的长度。对于 IP 协议，这个字段是 4 字节长。

8）目标硬件地址（THA）。这是一个可变长度字段，用来定义目标的 MAC 地址的长度。例如，对以太网这个字段是 6 字节长。对于 ARP 请求报文，这个字段全是 0，因为发送站不知道目标的 MAC 地址。

9）目标协议地址（TPA）。这是一个可变长度字段，用来定义目标的逻辑地址（如 IP 地址）的长度。对于 IPv4 协议，这个字段是 4 字节。

5.3.3　数据包捕获机制

从广义的角度上看，一个数据包捕获机制包含三个主要部分：最底层是针对特定操作系统的包捕获机制，最高层是针对用户程序的接口，其余部分是包过滤机制。

不同的操作系统实现的底层包捕获机制可能是不一样的，但从形式上看大同小异。数据包常规的传输路径依次为网卡、设备驱动层、数据链路层、IP 层、传输层，最后到达应用程序。而包捕获机制是在数据链路层增加一个旁路处理，对发送和接收到的数据包做过滤/缓冲等相关处理，最后直接传递到应用程序。值得注意的是，包捕获机制并不影响操作系统对数据包的网络栈处理。对用户程序而言，包捕获机制提供了一个统一的接口，使用户程序只需要简单的调用若干函数就能获得所期望的数据包。包过滤机制是对所捕获到的数据包根据用户的要求进行筛选，最终只把满足过滤条件的数据包传递给用户程序。

绝大多数的现代操作系统都提供了对底层网络数据包捕获的机制，在捕获机制之上可以建立网络监控应用软件。网络监控也常简称为 Sniffer，其最初的目的在于对网络通信情况进行监控，以对网络的一些异常情况进行调试处理。但随着 Internet 的快速普及和网络攻击行为的频繁出现，保护网络的运行安全也成为监控软件的另一个重要目的。例如，网络监控在路由器、防火墙和入侵检查等方面使用也很广泛。

5.3.4　数据包捕获

数据包捕获技术是网络管理的关键技术之一，捕获到数据包就能从中分析出当前网络的状态，也能从中诊断整个网络的健康状况，从而找到排除故障的方法达到维护网络正常工作的目的。

数据包的捕获工具很多，在此以 Sniffer 为例来分析报文的捕获过程。

Sniffer 软件的功能如下：

1）捕获网络流量进行详细分析。

2）利用专家分析系统诊断问题。

3）实时监控网络活动。

4）收集网络利用率和错误等。

1. 选择网络适配器

在进行流量捕获之前首先选择网络适配器，如图 5.14 所示，确定从计算机的哪个网络适配器上接收数据，选择网络适配器后才能正常工作。

2. 捕获条件

（1）基本的捕获条件

1）链路层捕获。链路层捕获按源 MAC 和
目的 MAC 地址进行捕获，输入方式为十六进制
连续输入，如 00E0FC123456。

2）IP 层捕获。IP 层捕获按源 IP 和目的 IP
进行捕获。输入方式为点间隔方式，如
10.107.1.1。如果选择 IP 层捕获条件，则 ARP
等报文将被过滤掉，本章将讲述 IP 层捕获，如
图 5.15 所示。

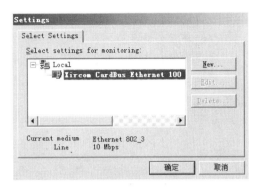

图 5.14　选择网络适配器

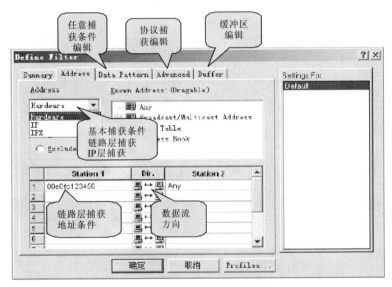

图 5.15　数据包捕获条件

（2）高级捕获条件

在 Advance 选项卡下，用户可以编辑协议捕获条件，如图 5.16 所示。

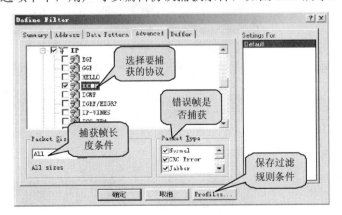

图 5.16　高级捕获条件编辑图

在协议选择树中可以选择需要捕获的协议条件，如果什么都不选，则表示忽略该条件，捕获所有协议。

在捕获帧长度条件下，可以捕获，等于、小于或大于某个值的报文。

在错误帧是否捕获栏，可以选择当网络上有它所列出的错误时是否捕获。

在保存过滤规则条件按钮"Profiles"，可以将当前设置的过滤规则进行保存，在捕获主面板中，可以选择保存的捕获条件。

3. 捕获报文

报文捕获功能可以在报文捕获面板中进行完成，如图 5.17 所示，图中显示的是处于开始状态的面板。

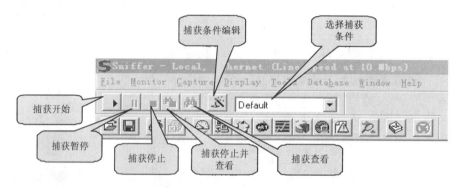

图 5.17　捕获面板的功能图

在捕获过程中可以通过查看下面面板获得捕获报文的数量和缓冲区的利用率，如图 5.18 所示。

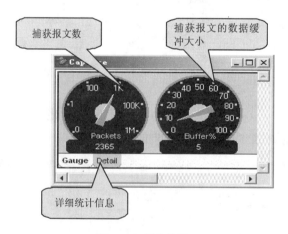

图 5.18　报文统计

5.3.5　数据包分析

捕获数据包后的分析工作，要停止 Sniffer 捕获包时，单击"Capture→Stop"或者"Capture→Stop and Display"，前者停止捕获包，后者停止捕获包并把捕获的数据包进行解码和显示。

　　Sniffer 软件提供了强大的分析能力和解码功能，如图 5.19 所示，对于捕获的报文提供了一个 Expert 专家分析系统进行分析，还有解码选项及图形和表格的统计信息。

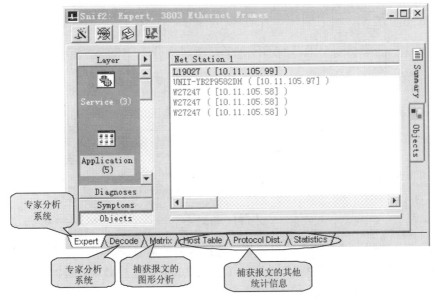

图 5.19　Sniffer 分析界面

1. 专家分析

　　专家分析系统提供了一个可能的分析平台，对网络上的流量进行了一些分析，对于分析出的诊断结果可以查看在线帮助获得。

　　在图 5.20 中显示出网络中 WINS 查询失败的次数及 TCP 重传的次数统计等内容，可以方便了解网络中高层协议出现故障的可能点。

　　对于某项统计分析可以通过双击此条记录查看详细统计信息，且对于每一项都可以通过查看帮助来了解产生的原因。

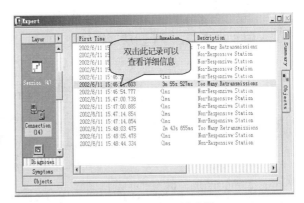

图 5.20　专家分析系统

2. 解码分析

　　图 5.21 是对捕获报文进行解码的显示，通常分为三部分，目前大部分此类软件结构都采用这种结构显示。对于解码主要要求分析人员对协议比较熟悉，这样才能看懂解析出来的报文。使用该软件是很简单的事情，要能够利用软件解码分析来解决问题关键是要对各种层次的协议了解得比较透彻。

　　对于 MAC 地址，Snffier 软件进行了头部的替换，如 00E0FC 开头的就替换成 Huawei，这样有利于了解网络上各种相关设备的制造厂商信息。

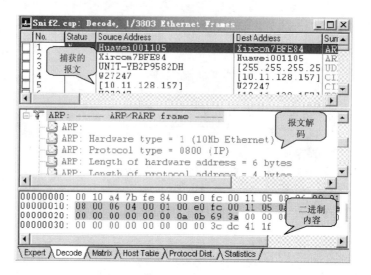

图 5.21　报文解码

软件功能是按照过滤器设置的过滤规则进行数据的捕获或显示。在菜单上的位置分别为 "Capture->Define Filter" 和 "Display->Define Filter"。过滤器可以根据 MAC 地址或 IP 地址和协议选择进行组合筛选。

5.3.6　数据包详解

1. 数据报文分层

如图 5.22 所示，对于四层网络结构，其不同层完成不同功能。每一层有众多协议组成。

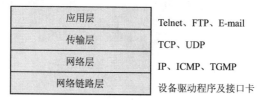

图 5.22　四层网络结构

如图 5.23 所示在 Sniffer 的解码表中分别对每一个层次协议进行解码分析。数据链路层对应 "DLC"；网络层对应 "IP"；传输层对应 "UDP"；应用层对应的是 "NETB" 等高层协议。Sniffer 可以针对众多协议进行详细结构化解码分析，并利用树型结构良好地表现出来。

图 5.23　Sniffer 解码表

2. 以太网报文结构解码

Ethernet II 以太网帧结构如图 5.24 所示。

Ethernet II 以太网帧类型报文结构为：目的 MAC 地址（6 字节）＋源 MAC 地址（6 字节）＋上层协议类型（2 字节）＋数据字段（46～1500 字节）＋校验（4 字节）。

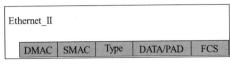

图 5.24 以太网帧结构

Sniffer 会在捕获报文的时候自动记录捕获的时间，在解码显示时显示出来，在分析问题时提供了很好的时间记录。

源目的 MAC 地址在解码框中可以将前三字节代表厂商的字段翻译出来，方便定位问题，例如，网络上两台设备 IP 地址设置冲突，可以通过解码翻译出厂商信息方便的将故障设备找到，如 00E0FC 为华为，010042 为 Cisco 等。如果需要查看详细的 MAC 地址，可用鼠标在解码框中单击此 MAC 地址，在下面的表格中会突出显示该地址的十六进制编码，如图 5.25 所示。

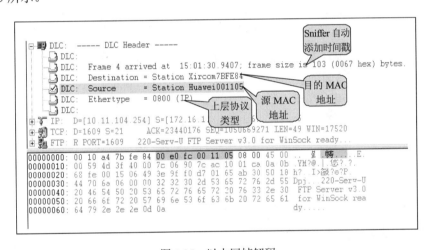

图 5.25 以太网帧解码

3. IP 协议包解码

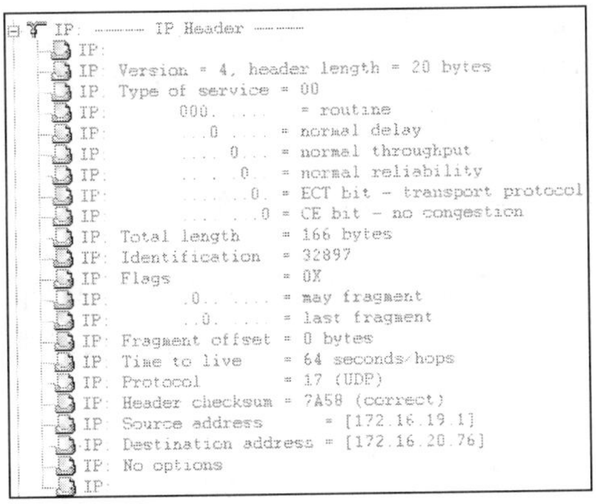

IP 报文结构为 IP 协议头＋载荷，其中对 IP 协议头部的分析为分析 IP 报文的主要内容之一，这里给出了 IP 协议头部的一个结构。

图 5.26 为 Sniffer 对 IP 协议首部的解码分析结构，和 IP 首部各个字段相对应，并给出了各个字段值所表示含义的英文解释。如报文协议字段的编码为 0X11，通过 Sniffer 解码分析转换为十进制的 17，代表 UDP 协议。其他字段的解码含义可以与此类似，只要对协议理解得比较清楚，对解码内容的理解将会变得很容易。

图 5.26 IP 协议头部结构

4. ARP 协议包解码

ARP 协议为网络层 IP 包的重要组成部分，图 5.27 和图 5.28 分别是对 ARP 解码的 ARP 请求和应答报文的结构。

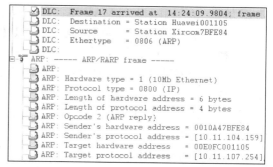

图 5.27　Sniffer 解码的 ARP 请求报文结构　　　　图 5.28　Sniffer 解码的 ARP 应答报文结构

5.4　网络层的故障诊断与排除

网络层提供建立、保持和释放网络层连接的手段，包括路由选择、流量控制、传输确认、中断、差错及故障恢复等。

网络层的故障主要集中在路由器上，因此，排除网络层故障的基本方法是：沿着从源地址到目的地地址的路径查看路由器路由表，同时检查路由器接口的 IP 地址。如果路由器没有在路由表中出现，应该通过检查来确定是否经输入适当的静态路由、默认路由或者动态路由。然后手工配置一些丢失的路由，或者排除一些动态路由选择过程的故障，包括 RIP 或者 IGRP 路由协议出现的故障。例如，对于 IGRP 路由选择信息只在同一自治系统号（AS）的系统之间交换数据，查看路由器配置的自治系统号的匹配情况。

5.4.1　RIP 的故障诊断与维护

在网络上测定 IP 连通性的最常用方法是 ping 命令。从源端向目的端发送 ping 命令成功，就意味着所有物理层、数据链路层、网络层功能均正常运转。

而当 IP 连通失败，首先要检查的是源地址到目标间所有物理连接是否正常、所有接口和线路协议是否运行。当物理层和数据链路层检查无误后，则将排错重点转向网络层，假定此网络运行的路由协议为 RIP，那么一般故障处理的步骤如下。

1. 检查从源地址到目的地址间的所有路由设备的路由表，看是否丢失路由表项

例如，从源设备 ping 目标设备 161.7.9.10 没有响应，我们应当使用 display ip routing-table 命令依次检查从源地址到目的地址所有路由表项为 161.7.X.X（X.X 根据使用的 RIP 版本不同可能会有所不同）的项。

2. 检查网络设备的 RIP 基本配置

1）使用 display rip 命令察看 RIP 的各种参数设置。看 RIP 是否已经启动，相关的接口是否已经使能，network 命令设置的网段是否正确。

2）用 debugging rip 系列命令看 RIP 的调试信息。每隔 30 秒钟，在所指定运行 RIP 的接口上，路由器将报告 RIP 路由更新报文的传输，debugging 信息显示了发送每个路由更新报文的路由和度量值。通过 debugging 信息可以很清楚地看出 RIP 报文是否被正确的收发；如果发送或接收有问题，也可以从 debugging 信息中看到是什么原因而导致发送或接收报文失败。

3. 当 RIP 基本配置没有发现问题，检查如下项目

应当考虑是否在接口上配置 undo rip work 命令，是否验证有问题，是否引入其他路由有问题，是否访问控制列表配置不正确等。使用 display current-config 命令察看接口和 RIP 的相关配置，如图 5.29 所示。

查看接口的 display current-configuration 信息可以看到 RIP 在接口模式下的配置信息是否正确。如该接口是否收发 RIP 报文，接口是否配置了验证以及验证的类型，接口向外发送的报文是 RIP-1 还是 RIP-2，是广播发送还是多播发送，接口在接收和发送路由时是否增加附加的路由权。

查看 display current-config 信息可以看到 RIP 在协议模式下的配置信息是否正确。例如，是否引入其他协议的路由，如果引入，是以多大的路由权值引入的；是否对路由进行过滤和按什么规则过滤等。

```
[Router]display current-config
interface Ethernet1
ip address 100.1.1.5 255.255.255.0
rip authentication simple aaa
rip version 2 multicast
quit
router rip
network 10.0.0.0
network 137.11.0.0
quit
return
```

图 5.29　display current-config 命令

5.4.2　OSPF 的故障诊断与维护

由于 OSPF 协议自身的复杂性，在配置的过程中可能会出现错误。

OSPF 协议正常运行的标志是：在每一台运行该协议的路由器上，应该得到的路由一条也不少，并且都是最优路径。

排除故障可以按如下步骤进行。

1）配置故障处理。检查是否已经启动并正确配置了 OSPF 协议。

2）局部故障处理。检查两台直接相连的路由器之间协议运行是否正常。

3）全局故障处理。检查系统设计（主要是指区域的划分）是否正确。

4）其他疑难问题。路由时通时断、路由表中存在路由却无法 ping 通该地址。需要针对不同的情况具体分析。

1. 协议基本配置是否正确

在排除故障之前，应首先检查基本的协议配置是否正确。

1）是否已经配置了 Router ID。使用命令 Router ID 进行配置，使用 dis ospf 查询配置的 Router ID，Router ID 可以配置为与本路由器一个接口的 IP 地址相同。需要注意的是不能有任何两台路由器的 Router ID 是完全相同的。

2）检查 OSPF 协议是否已成功地被激活。使用命令 ospf enable 启动协议的运行。该命令是协议正常运行的前提。

3）检查需要运行 OSPF 的接口是否已配置属于特定的区域。使用命令 ospf enable area 将接口配置属于特定区域。可通过命令 display ospf interface interfacename 来查看该接口是否已经配置成功。

4）检查是否已正确地引入了所需要的外部路由。实际运行中可能经常需要引入自治系统外部路由（其他协议如 BGP 或静态路由）。如果需要，是否已经通过命令 import-route 配置了引入。

2. 邻居路由器之间的故障

由于 OSPF 协议需要整个自治系统中所有路由器的协调工作，所以任意两台相邻路由器之间的故障都会导致网络中全部或部分路由错误。

若出现故障可按下列几点来检查：

1）检查物理连接及下层协议是否正常运行。

2）检查双方在接口上的配置是否一致。

3）检查 hello-interval 与 dead-interval 之间的关系。

4）若网络的类型为广播或 NBMA，至少有一台路由器的 priority 应大于零。

5）区域的 STUB 属性必须一致。

6）接口的网络类型必须一致。

7）在 NBMA 类型的网络中是否手工配置了邻居。

3. 系统规划的故障

系统规划中的故障主要体现在区域划分中的错误。协议中对区域划分的要求是：如果自治系统被划分成一个以上的区域，则必须有一个区域是骨干区域，并且保证其他区域与骨干区域直接相连或逻辑上相连，且骨干区域自身也必须是连通的。区域划分错误的表现形式是：在一个区域内通常路由都是正常的，但无法得到区域外部的路由。

这是从全局规划的角度来看的，如果落实到具体的配置上，可以这样认为：如果在一台路由器上配置了两个以上的区域，则至少应该有一个是骨干区域，或者配置了一条虚连接。在图 5.30 中用此方法判断，配置了两个以上区域的是 RTB 和 RTC，其中 RTB 符合要求，RTC 上由于没有配置骨干区域，所以是错误的配置。表现的形式可能是在 RTD 上无法得到 RTA 和 RTB 的路由，同理，RTA 和 RTB 上也无法得到 RTD 的路由。修改的方法是将 Area0 和 Area1 互相调换一下位置，或者在 RTB 和 RTC 之间配置一条虚连接。但这种判断方法只是配置正确的必要条件，而非充分条件。

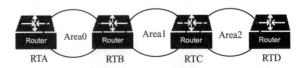

图 5.30　系统规划错误图（1）

如图 5.31 所示，每台路由器的配置都符合上面的条件，但配置仍旧是错误的。错误在于骨干区域自身没有连通。改正的方法是：在 RTB 与 RTC 之间配置一条虚连接。

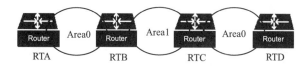

图 5.31　系统规划错误图（2）

4. 其他疑难杂症

如果经过以上分析之后，仍无法定位错误产生的原因，可继续按以下步骤查找。

（1）路由表中丢失部分路由

对于该问题可以查询一下是否本路由器配置了路由过滤。可查看是否配置了命令 filter-policy（在 OSPF 协议配置模式下）。如果配置，再查询 acl 中的访问规则，是否丢失的路由恰好是访问列表中所过滤的。

（2）路由表不稳定，时通时断

该问题表现形式为路由表中的部分或者全部路由表现不稳定，一会儿加上了，一会儿又丢失，且变化很快。这种错误不太好分析，可能由以下原因产生：网络中线路质量不好，导致线路时通时断，造成 OSPF 的路由随之不停的更改。可以通过检查相应的链路层协议是否正常来定位问题的原因。

（3）无法引入自治系统外部路由

某台路由器引入了自治系统外部路由后，却无法在其他路由器上发现这些路由。这很可能是由于本路由器处于一个 STUB 区域之内，因为按照协议规定，STUB 区域内不传播 Type5 类型的 LSA。所以这种类型的 LSA 既不能由区域外传播进来，也同样不能由区域内传播出去。实际上即使是同一个区域内的其他路由器也无法获得这些路由信息。

（4）区域间路由聚合的问题

通过在 ABR 上配置路由聚合可以大大减少自治系统中的路由信息，但如果配置不当，也会出现如下问题。

某个区域配置了聚合之后，在其他区域中虽然有聚合后的路由，但未聚合前的路由仍旧存在。出现这种现象的原因多半是因为该区域有两个以上的 ABR，用户只在其中一台 ABR 上配置了聚合命令，而没有在其他的 ABR 上配置相同的命令。如图 5.32 所示，Area1 内有两个网段 10.1.1.0/24、10.1.2.0/24，在其中的一个 ABR（RTA）上配置了聚合命令，将这两条路由聚合为一条 10.1.0.0/16 的路由。而在另一个 ABR（RTB）上，由于没有配置聚合命令，所以仍旧向 Area0 发送两条未经聚合的路由 10.1.1.0/24、10.1.2.0/24，因此在 Area0 中会有三条路由同时出现。

配置了路由聚合之后，路由表显示正常，但却无法 ping 通某些目的地址。可能是由于聚合命令配置错误导致。如图 5.33 所示，Area1 中有两个网段 10.1.1.0/24、10.1.2.0/24，被 ABR（RTA）聚合成一条 10.1.0.0/16 的路由后发送到 Area0；同时在另一个区域 Area2 中有两个网段 10.1.3.0/24、10.1.4.0/24，也被 ABR（RTB）聚合成一条相同的路由 10.1.0.0/16 后发送到 Area0 中。这样 RTA 和 RTB 同时发布一条相同的到达 10.1.0.0/16 的路由。RTC 由于距离 RTA 较近，所以选择 RTA 为到达此目的地址的下一跳。如果此时在 RTC 上 ping

10.1.3.0/24 网段中的某个地址，则报文会被错误的发送给 RTA，导致不可达。修改的方法是去掉某台 ABR 上的路由聚合。

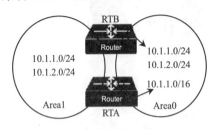
图 5.32　区域间路由聚合配置错误（1）

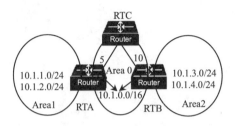
图 5.33　区域间路由聚合配置错误（2）

5.4.3　BGP 的故障诊断与维护

从协议本身考虑，BGP 可能出现的故障不外乎邻居建立时的故障和路由管理的故障，通常采用以下步骤确定故障的起因。

1. 建立邻居时出现故障

BGP 邻居的建立需要两个条件：能够建立 TCP 会话；能够正确地交换 Open 报文。建立 TCP 会话时需要关注两点：一是端口 179 能够使用；二是 IP 层的连接有效（有从 IGP 得到的路由，或者配置了静态路由）。

（1）联系不能建立

检查对等体的 IP 地址是否正确。使用扩展的 ping 命令检查 TCP 连接是否正常，由于一台路由器可能有多个接口能够到达对端，应使用 ping -a ip-address 命令指定发送 ping 包的源 IP 地址。

如果 ping 不通，使用 display ip routing-table 命令检查路由表中是否存在到邻居的可用路由。

如果能 ping 通，检查是否配置了禁止 TCP 端口 179 的 ACL，如果有，取消对 179 端口的禁止。

（2）建立好的邻居又断开了

除对端发生重启的情况外，已经建立好的邻居又断开一般是由于链路层的问题导致的。

MTU 问题：使用扩展的 ping 命令检查是否存在 MTU 问题，ping -s size 指定 ping 包的包长。

QoS 问题：检查是否在接口上设置了流量整形或物理接口限速。

2. 路由丢失

（1）发起过程的路由丢失

使用 network 命令发布路由时，如果不指定发布网络的掩码，则 BGP 认为发布的是自然网段的路由，使用 display ip routing-table 检查路由表中是否存在该自然网段的路由。在 Quidway 路由器中，BGP 默认不进行子网路由的自动聚合。所以，如果仅有子网路由是不能被正确发布的。

（2）交换 Update 报文过程的路由丢失

如果配置了路由反射，默认情况下，以 Router ID 作为群 ID（Cluster ID），当 BGP 邻居使用了相同的 Router ID 时，就有可能导致在收到其他路由反射器发来的路由时，因为检查到 Update 报文的 ClusterList 中包含自己的 Cluster ID 而将报文丢弃。

3. 路由选择不一致

（1）本地优先级与多出口路由区分（MED）

BGP 选择路由的条件和顺序比较复杂，当与多个 ISP 建立连接并与其中一个 ISP 有多点连接时（可能收到多条来自不同 AS 或相同 AS 的到同一目的地的路由），路由的选择结果可能会与预期不符。

（2）同步问题

如果启动了同步，IGP 路由表中不存在的 IBGP 路由不能作为最佳路由，即使它具有高的本地优先级，也就是说，未经同步的路由不能被选为最佳路由。Quidway 路由器默认是启动同步的。

4. 路由环路问题

造成 BGP 环路的常见原因有以下三种：
1）未遵循路由反射器环境中的物理拓扑结构。
2）在联盟中采用多路径。
3）缺少一个完整的 IBGP 全连接。

小　　结

网络层是 OSI 参考模型的第三层，是涉及网络配置工作最多的地方，主要解决网络与网络之间通信的问题。网络层中，路由器对该层非常重要。它们利用网络层中定义的逻辑地址来决定如何在网络通信中更有效地传输数据信息。协议则是网络层必不可少的，他们定义传输的语法和规则。路由器和协议是网络层的主要组件。捕获技术是网络管理的关键技术之一，捕获到数据包就能从中分析出当前网络的状态，也能从中诊断整个网络的健康状况，从而找到排除故障的方法达到维护网络正常工作的目的。Sniffer 是捕获数据包的主要工具之一。网络层的故障主要集中在路由上。对网络层的故障诊断主要是对 RIP、OSPF、BGP 等协议的诊断。

思考与练习

一、选择题

1. 可路由的逻辑地址定义了（　　　）。
  A. 网路与主机   B. 网络与子网
  C. 主机与 MAC 地址   D. 主机与子网
2. 下面（　　　）协议工作在网络层。
  A.TCP   B. FTP   C. UDP   D. IPX

3. 下面（　　）是使用无连接协议的原因。

    A. 保护数据防止损坏

    B. 当数据到达目的时提供可靠性

    C. 向应用程序提供信息

    D. 提供快速的数据传输，同时没有额外的开销

4. 如一个网络标号为 162.12.0.0 而子网掩码为 255.255.255.224，下面（　　）是有效的子网。

    A. 162.12.0.0   B. 162.12.172.66

    C. 162.12.3.128   D. 162.12.256.96

5. 以太网中可以显示当前使用的是 IPv4 协议的是（　　）。

    A. 版本   B. 长度   C. 标识   D. 标志

6. （　　）ICMP 命令验证了可以与一个特定的计算机进行通信。

    A. tracert   B. arp   C. ping   D. winipcfg

7. 如果源知道目的地 IP 地址，但不知道它的 MAC 地址，下面协议可以用来确定这个信息的是（　　）。

    A. RIP   B. ARP   C. IGRP   D. RARP

8. 网络层的故障主要集中在（　　）上。

    A. 交换   B. 路由   C. 软件   D. 硬件

9. 造成 BGP 环路的常见原因不包括（　　）。

    A. 未遵循路由反射器环境中的物理拓扑结构

    B. 在联盟中采用多路径

    C. 路由丢失

    D. 缺少一个完整的 IBGP 全连接

10. 在网络上测定 IP 连通性的最常用方法是（　　）。

    A. 用测试工具   B. ping 命令

    C. 传输文件测试   D. 共享测试

二、填空题

1. _____是指配置给设备的地址，它工作在网络层，提供了网络与主机的信息。

2. _____为分组通过通信子网选择最适当的路径。

3. IP 地址 126.3.145.7 是一个标准的_____地址。

4. 网络层提供建立、保持和释放网络层连接的手段，包括_____、_____、故障恢复、中断、差错及_____等。

5. 当物理层和数据链路层检查无误后，则将排错重点转向_____。

三、简答题

1. 解释为什么一个帧中，正确的 CRC 不总是可以保证数据没有损坏。

2. 对于一个 Cisco 路由器，用来解决问题的最重要的三个命令是什么？

3. RIP 的故障发生在哪些方面？

4. OSPF 的故障发生在哪些方面？

5. BGP 的故障发生在哪些方面？

◆ **实　训**

项目　配置路由器

:: 实训目的

1）熟悉路由器。

2）了解路由器的配置方式。

3）掌握路由器的基本操作。

:: 实训环境

在实验室中，我们的设备都是按照图 5.34 组网的，但在该实验中实际上每个人只需要一台路由器即可。我们仍然按照两个同学一组进行实验，每人操作一台路由器。其中图 5.34 中的交换机不需要进行任何配置，我们只需要简单的把它理解为一个集线器即可。

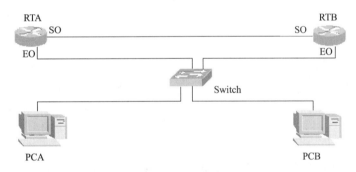

图 5.34　实验环境结构图

:: 实训原理

路由器转发数据包，为数据包寻找最佳路径。

:: 实训内容与步骤

1. Console 口配置

用 Console 口对路由器进行配置是我们在工作中对路由器进行配置最基本的方法，在第一次配置路由器时必须采用 Console 口配置方式。用 Console 口配置交换机时需要专用的串口配置电缆连接交换机的 Console 口和主机的串口，实验室都已经配备好。实验前我们要检查配置电缆是否连接正确并确定使用主机的哪一个串口。在创建超级终端时需要此参数。完成物理连线后，我们来创建超级终端。Windows 系统一般都在附件中附带超级终端软件。在创建过程中要注意如下参数：选择对应的串口（COM1 或 COM2）；配置串口参数。

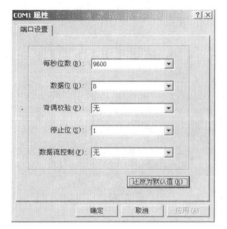

图 5.35 串口的配置

串口的配置参数如图 5.35 所示。

单击"确定"按钮即可正常建立与路由器的通信。如果路由器已经启动，按 Enter 键即可进入路由器的普通用户模式。若还没有启动，打开路由器的电源我们会看到路由器的启动过程，启动完成后同样进入普通用户模式。

华为路由器均采用命令行的方式进行配置，为了我们实验的顺利进行，先来介绍一下新一代交换机的几种配置模式。

- 普通用户模式：开机直接进入普通用户模式，在该模式下我们只能查询路由器的一些基础信息，如版本号。
- 特权用户模式：在普通用户模式下输入 enable 命令即可进入特权用户模式，在该模式下我们可以查看路由器的配置信息和调试信息等。
- 全局配置模式：在特权用户模式下输入 configure 命令即可进入全局配置模式，在该模式下主要完成全局参数的配置，具体配置在后面的实验有详细介绍。
- 接口配置模式：在全局配置模式下输入 interface interface-type interface-number 即可进入接口配置模式，在该模式下主要完成接口参数的配置，具体配置在后面的实验有详细介绍。
- 路由协议配置模式：在全局配置模式下输入 router rip 即可进入路由协议配置模式，该配置模式下可以完成路由协议的一些相关配置。

下面是在路由器上进行模式切换的界面，可以参照它来熟悉模式切换。

```
Quidway>enable
  Password:
Quidway#configure
  Enter configuration commands, one per line. End with command exit!
Quidway(config)#interface serial 0
Quidway(config-if-Serial0)#interface ethernet 0
Quidway(config-if-Ethernet0)#exit
Quidway(config)#router rip
    waiting...
  RIP is turning on
Quidway(config-router-rip)#
```

注意上面几种模式的提示符的变化，有的命令只能在某一模式执行，有的则可以在多个模式下执行，在实验时要多加注意。另外介绍一个快速返回特权用户模式的方法，在任何模式（普通用户模式除外）下都可以用 Ctrl＋Z 键直接返回特权用户模式。使用 exit 命令只能是逐步退出直至普通用户模式。

在使用命令行进行配置的时候，用户不可能完全记住所有的命令格式和参数，所以华为路由器为工程人员提供了强有力的帮助功能，在任何模式下均可以使用"？"来帮助完成配置。使用"？"可以查询任何模式下可以使用的命令，或者某参数后面可以输入的参数，或者以某字母开始的命令。如可以在全局配置模式下输入"？"或"show ？"或"s？"，看看它们分别有什么帮助信息显示。

2. 路由器的基本配置命令

（1）显示 VRP 软件版本以及路由器硬件版本

在任何模式下均可显示 VRP 软件版本和路由器硬件版本，如在普通用户模式下执行
show version 命令即可看到如下信息。

```
Quidway>show version
Huawei Versatile Routing Platform Software
VRP (tm) 2630 series software, Version 1.5.6, RELEASE(1)
Copyright (c) 1997-2001 HUAWEI TECH CO., LTD.
Compiled 22:42:08, Mar  7 2002 , Build 1023f
Quidway R2630E with 1 MPC 8240 Processor
64M     bytes SDRAM
8192K   bytes Flash Memory
128K    bytes NVRAM
Config Register points to NVRAM
 Hardware Version is MTR 1.1
 CPLD Version is CPLD 3.0
 Bootrom Version is 4.30
 [AUX ] AUX      Hardware Version is 1.0, Driver Version is 1.0
 [LAN ] 1FE      Hardware Version is 2.0, Driver Version is 2.0
 [Slot 1] RTB22SA Hardware Version is 1.1, Driver Version is 1.2
```

随着我们使用的路由器的不同，显示信息有所不同，如在实验室中可能用的 VRP 版本
为 1.4.1，SDRAM 也不是 64MB，路由器硬件也没有模块化等，但配置命令都基本一样。

（2）更改 enable 密码

enable 命令是用来从普通用户模式切换到特权用户模式的命令，在进入特权用户模式
前要输入密码，以保证路由器的安全。在实验室默认密码为空。在实际网上运行的设备都
需要设置密码来保证网络安全。那么究竟如何设置呢？只要在特权用户模式下执行 enable
密码即可，具体输入输出信息如下。

```
Quidway(config)#enable
 Current Password:                    //原密码
 New Password:                        //新密码
 Confirm new Password:                //确认新密码
 Change Enable Password successfully
```

完成该配置后，退出到普通用户模式，重新进入特权用户模式，新设的密码可以生效
了。在有些版本中还有一条隐含命令 enable password，可以直接修改 enable 密码。

（3）擦除配置信息（erase）、保存配置信息（write）和显示配置信息

为了实验能够顺利进行，我们常常在配置路由器前都需要恢复路由器的默认配置，避
免以前的配置对实验造成影响，具体操作步骤如下。

在特权用户模式下执行 erase 命令，擦除 FLASH 中的信息；在特权用户模式下执行 reboot
命令，重启路由器；进入特权用户模式，执行 show running-config 命令查看配置信息。

恢复后的默认配置如下所示。

```
Quidway#show running-config
  Now create configuration...
```

```
Current configuration
!
  version 1.5.6
!
interface Aux0
  async mode interactive
  encapsulation ppp
!
interface Ethernet0
  speed auto
  duplex auto
  no loopback
!
interface Serial0
  clock-select DTECLK1
  encapsulation ppp
!
interface Serial1
  encapsulation ppp
!
end
```

在实验或者工作中配置好路由器之后就希望把它的配置信息保存下来，永不丢失。因为在网络上运行的设备如果因为停电而重启，在没有保存配置的情况下，重启后将恢复默认配置信息，将会造成很大的网络事故。所以我们必须在配置好后，在全局配置模式下执行 write 命令将配置信息保存到 FLASH 中。

（4）修改路由器名（hostname）

默认情况下，路由器的名字为 Quidway，为了管理方便常常需要给路由器取名。给路由器取名只需要在全局配置模式下执行 hostname 命令即可。看看相应输入输出信息。

```
Quidway(config)#hostname RTA
RTA(config)#
```

此时，前面的提示符已经改变成我们所需的名字了。

（5）查看接口状态（show interface）

我们常常需要判断一个物理接口是否正常，这都是通过接口信息来判断的，执行下面的命令即可查看接口信息。

以太网接口信息：

```
Quidway(config)#show interface ethernet 0
Ethernet0 is up, line protocol is down              //接口是否启动
  Hardware address is 00-e0-fc-06-7a-e3
  Auto-Negotiation is enabled, Full-duplex, 100Mb/s   //按接口工作方式
//给定速率
  Description: Quidway Router, ethernet interface
  IP Sending Frames' Format is Ethernet_II
  the Maximum Transmission Unit is 1500
  5 minutes input rate 40.74 bytes/sec, 0.41 packets/sec
  5 minutes output rate 0.00 bytes/sec, 0.00 packets/sec
```

```
    Input queue :(size/max/drops)
    0/200/0
    Queueing strategy: FIFO
    Output Queue :(size/max/drops)
    0/50/0
    404 packets input,  38592 bytes,  0 no buffers
    0 packets output, 0 bytes, 0 no buffers
    0 input errors, 0 CRC, 0 frame errors
    0 overrunners, 0 aborted sequences, 0 input no buffers
```

串行接口信息:

```
    Quidway(config)#show interface serial 0
    Serial0 is up, line protocol is down          //接口是否启动
      physical layer is synchronous
      interface is DTE, clock is DTECLK1, cable type is V35
        Encapsulation is PPP                      //广域网协议类型
        LCP opened, IPCP initial, IPXCP initial, CCP initial
    //广域网协议状态
      5 minutes input rate 2.40 bytes/sec, 0.20 packets/sec
      5 minutes output rate 2.40 bytes/sec, 0.20 packets/sec
      Input queue :(size/max/drops)
      0/50/0
      Queueing strategy: FIFO
      Output Queue :(size/max/drops)
      0/50/0
      235 packets input,  2834 bytes,  0 no buffers
      235 packets output, 2840 bytes,  0 no buffers
      0 input errors, 0 CRC, 0 frame errors
      0 overrunners, 0 aborted sequences, 0 input no buffers
      DCD=UP DTR=UP DSR=UP RTS=UP CTS=UP            //控制信号
```

比较两种接口信息有什么不同吗？上面接口信息是我们关注最多的信息，要多加注意。

（6）查看路由表（show ip route）

show ip route 命令用来显示路由器的当前路由表，这有助于我们在配置路由协议时检查网络运行状况。在默认配置下显示路由表如下所示。

```
    Quidway#show ip route
    Routing Tables:
      Destination/Mask Proto  Pref    Metric    Nexthop      Interface
        127.0.0.0/8    Direct  0       0         127.0.0.1    LoopBack0
        127.0.0.1/32   Direct  0       0         127.0.0.1    LoopBack0
```

其中的两个地址是专用于路由器自身的，具体详解在路由协议中有介绍。

第 6 章

传输层的故障诊断与维护

学习指导

学习目标 ☞	理解并可以描述 OSI 模型中传输层的功能。 识别传输层的各组成部分。 理解 TCP/UDP、IPX/SPX 等协议。 了解传输层的故障现象并能排除故障。
要点内容 ☞	传输层的功能。 传输层的组件。 传输层的故障诊断与排除。
学前要求 ☞	了解 OSI 七层模型。 了解计算机网络基础知识。

6.1 传输层的功能

6.1.1 传输层概述

传输层也称为运输层，是介于低三层通信子网和高三层资源子网之间的一层，是 OSI 模型的核心，如图 6.1 中阴影部分所示。从通信和信息处理的角度看，传输层向它上面的应用层提供通信服务，它属于面向通信部分的最高层，同时也是用户功能中的最底层。

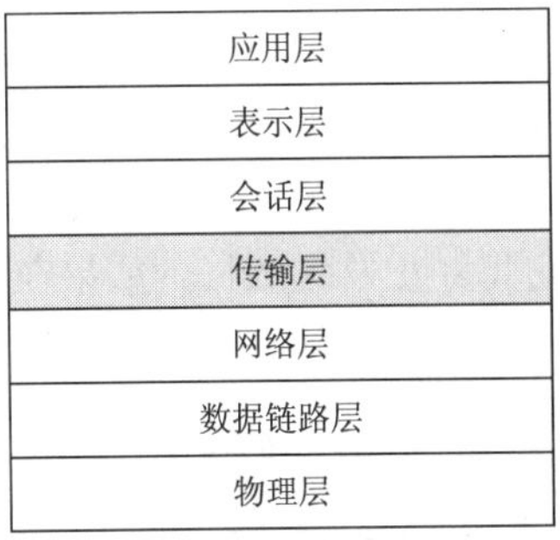

如果没有传输层，那么复杂而经常变化的网络缺少了相应的安全机制，其中众多的事务将发生错误。为了避免或减少错误的发生，则必须由上层协议（如应用层或应用程序本身）完成流量控制和错误恢复工作。尽管传输协议并不能完全避免出现传输错误，但是这些协议对于在易于出错的网络（如 Internet）上传输数据还是有效的。

应用层
表示层
会话层
传输层
网络层
数据链路层
物理层

图 6.1 网络层的位置

传输层的最终目标是向它的用户（通常是应用层中的进程）提供高效的、可靠的和性价比合理的服务。为了实现这个目标，传输层需要充分利用网络层提供给它的服务。在传输层内部，完成这项工作的硬件和软件称为传输实体。传输实体可能位于操作系统的内核，或者在一个独立的用户进程中，或者以一个链接库的形式被绑定到网络应用中，或者位于网络接口卡上。

由于有了传输层，应用开发人员可以根据一组标准的原语来编写代码，而且他们的程序有可能运行在各种各样的网络上，他们不用处理不同的子网接口，也不用担心不可靠的传输过程。如果所有实际的网络都是完美无缺的，并且具有相同的服务原语，也保证不会发生变化，那么传输层可能也就不再需要了。

然而，在现实世界中，传输层承担了将子网在技术上、设计上的各种缺陷与上层隔离的关键作用。由于这个原因，许多人习惯将网络的层分成两部分：第 1～4 层为一部分，第 4 层之上为另一部分。底下的 4 层可以被看作传输服务提供者，而上面的层则是传输服务用户。这种"提供者—用户"的区分，对于层的设计有重要的影响，同时也把传输层放到了一个关键的位置上，因为它构成了可靠数据传输服务的提供者和用户之间的主要边界。传输层反映并扩展了网络层子系统的服务功能，并通过传输层地址提供给高层用户传输数据的通信端口，使系统间高层资源的共享不必考虑数据通信方面的问题。

6.1.2 传输层功能

1. 数据分段

将数据发送给网络层之前，传输层将数据分段。而在将数据上传给会话层或应用层之前，传输层也需要重新组合数据。当传输层接收来自 OSI 模型中的上层所发送的数据时，数据可能会太长以致不能被一次传输给网络层。这种情况下，正是传输层的功能将数据分解为更小的称为数据段的部分，然后将它们分别传送到网络层。每一个数据段都标记有一个序列号，所以，如果数据段到达目的地而顺序发生错乱，仍然可以利用此序列号将它们正确的组装起来。

2. 流量控制

传输层的另一个功能是流量控制，它可以防止目的地被大量的数据淹没，这种情况可能会导致数据包的丢失。传输层实现这一功能，是通过确立一个传送数据包的最大字节数。在达到此值之前，接收方必须提供对收到数据包的确认。TCP/IP 协议中，这样一个最大字节数被称为窗口宽度。如果发送设备在发送了窗口宽度的字节之前，并没有回应，那么，它将停止发送数据。如果在一定的特定时间间隔中，没有收到确认，发送方将从最后收到确认的地方开始，重新发送数据。

3. 校验和的提供

校验和是一个基于数据段，在字节的基础上计算出来的 16 位的比特值。许多传输层提供了校验和来保证数据的完整性。传输层的校验和提供了与 CRC 类似的功能。必须注意的是，CRC 并不是一个完美的机制，以保证数据在到达目的地的途中不发生崩溃。路由器与交换机可以用来发现崩溃了的数据，重新计算 CRC，并将崩溃了的数据发送到应该送达的地方。由于 CRC 是在数据崩溃以后计算的，接收方将无法获知数据曾经崩溃过。中间设备对传输层中的校验和不做计算。因此，如果通路上发生数据崩溃，最后接收方的工作站将检测出校验和错误并丢弃数据。校验和可应用于面向连接与无连接协议的传输层之中。

4. 对数据的辨认

传输层必须能够通知接收方的计算机包含在报文中的数据类型。这个信息保证了应用程序对数据的正确处理。

当一个计算机接收数据包时，数据从网络接口卡被接收，然后被发送到数据链路层、网络层，最后到达传输层。接着如何处理呢？最终，收到的数据必定到达一个应用程序。但是，计算机可能同时具有一个、两个、三个，甚至几十个的应用程序在等待数据。幸运的是，传输层的头文件提供了信息，决定收到的数据所应服务的应用程序。在 TCP/IP 协议中，端口号被用来确认应到达的应用程序。

5. 决定服务质量

网络中，QoS（服务质量）决定了数据传输的可靠性以及传输的性能级别。当一个应用程序传送数据时，在传输层上工作的协议将帮助确定业务质量。如果一个应用程序需要可靠的方式来传输数据，它将利用一个传输层的协议如 TCP，来提供所要求的可靠性，不过通常有一些性能级别上的丧失。如果应用不需要高度的可靠性，可以使用可靠性稍差，但更倾向于提高效率的协议，如 UDP。

6. 面向连接意味着可靠

数据需要经过不确定的环境进行传输，如 Internet，那么对于 QoS 的要求变得会特别强烈。需要可靠性的应用将利用这种传输层协议，它提供了一条端到端的虚电路，利用流量控制、确认，以及其他方式来保证数据的传送。这样的协议被称为面向连接的协议。两个网络点之间会话层或数据传输会话的建立，是传输层所提供的可靠性的一个重要组成部分。

> **注意**
>
> 　虚电路与人们常用的电话交谈相类似。其中，会话（数据传送）只有在连接已经建立起来后才可以发生。呼叫者拨号，电话铃响，然后有人回应。被呼叫者响应后，呼叫者表明自己的身份，被呼叫者回应呼叫者，然后通话开始。

7. 面向无连接意味着不可靠性

并不是所有的应用程序都需要传输层来提供可靠的 QoS。有一些应用程序主要在局域网中，而不是在 Internet 中运行。而可靠性虽然很重要，却可以轻易地实现。在这些应用程序中，用来提供高可靠性的开销与复杂的传输系统既不必要也不需要。这种情况下，应用程序将使用一个无连接的传输层协议。因为从网络带宽与处理的角度来说，它的开销较小。

既然传输层的整个思想是向网络层提供一个可靠的上层，那么为什么会存在不可靠的传输层协议呢？要回答这个问题，首先要记住的是：对于面向连接的会话，传输层并不只是提供可靠性给网络层。它同时通过校验和来保护数据，并且向应用程序提供了有用的信息。因此，如果一个应用程序要求传输层协议，而希望避免面向连接的协议所需要的附加开销的话，这可能是因为可靠性并不是主要的问题，它就可以使用无连接协议。

6.2　传输层的组件

6.2.1　TCP 协议

1. TCP 概述

TCP 是专门为了在不可靠的互连网络上提供一个可靠的端到端字节流而设计的。互连网络与单个网络不同，因为互连网络的不同部分可能有截然不同的拓扑结构、带宽、延迟、分组大小和其他的参数。TCP 的设计目标是能够动态的适应互连网络的这些特性，提高网络的可靠性和可用性。

2. TCP 报文段的结构

TCP 协议能为应用程序提供可靠的通信连接，使一台计算机发出的字节流无差错地发往网络上的其他计算机，对可靠性要求高的数据通信系统往往使用 TCP 协议传输数据。

TCP 报文段的格式如图 6.2 所示。可以看出，一个 TCP 报文分为首部和数据两部分。TCP 报文段首部的前 20 个字节是固定的，后面有 4N 字节是可有可无的选项（N 为整数）。因此，TCP 首部的最小长度是 20 个字节，首部提供了可靠服务所需的字段。

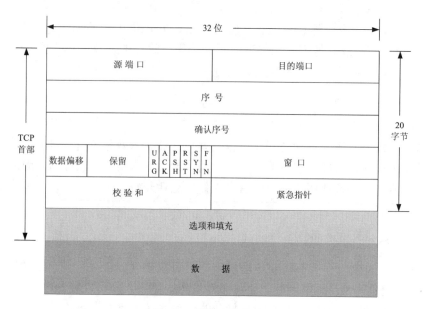

图 6.2　报文段的格式

下面对各个字段的含义介绍如下。

源端口：标识发送主机上发送应用程序的两个数字。

目标端口：标识目标主机上接收应用程序的一个数字。

序列号：该段中数据的第一个字节在发送者字节流中的位置。

确认号：发送者希望从接收者处接收的下一字节，意思是已经收到该字节之前的所有字节。

偏移量：标识报文首部后数据开始的位置。该字段用 32 位单元指出 TCP 报头的长度。如果没有 TCP 选项，长度为 5 表示 TCP 报头为 20 字节。

标志位：一个 TCP 首部包含 6 个标志位。它们的意义分别为。

- SYN：标志位用来建立连接，让连接双方同步序列号。如果 SYN=1 而 ACK=0，则表示该数据包为连接请求，如果 SYN=1 而 ACK=1 则表示接受连接。
- FIN：表示发送端已经没有数据要求传输了，希望释放连接。
- RST：用来复位一个连接。RST 标志置位的数据包称为复位包。一般情况下，如果 TCP 收到的一个分段明显不是属于该主机上的任何一个连接，则向远端发送一个复位包。
- URG：紧急数据标志。如果它为 1，表示本数据包中包含紧急数据。此时紧急数据指针有效。
- ACK：确认标志位。如果为 1，表示包中的确认号是有效的；否则，包中的确认号无效。
- PSH：如果置位，接收端应尽快把数据传送给应用层。

窗口尺寸：发送者准备接收的字节数。

- TCP 校验和：验证首部和数据。

紧急指针：只有当 URG 位设置时才有效，用来指向该段紧急数据的末尾。将该指针加到序列号可以产生该段紧急数据的最后字节数。

选项和填充：各种选项的保留位，最常用的一个是最大段尺寸，通常在连接建立期间由连接的两端指定。

3. TCP 端口号

要想获得 TCP 服务，发送方和接收方必须创建一种被称为套接字的端点。每个套接字有一个套接字号（地址），它是由主机的 IP 地址以及本地主机局部的一个 16 位数值组成的，此 16 位数值被称为端口。

TCP 层用端口号来区别不同类型的应用程序。由于在 TCP 报文段结构中端口地址是 16 位，所以端口号的域值范围是 0～65535，除了 0 号端口是无效端口之外，其他的 1～65535 号端口的具体分类如下。

1）公用端口：它的范围是 1～1023，它们定义在一些应用广泛的服务上。

2）注册端口：范围是 1024～49151。它们不确定地分配给一些应用服务。

3）私有端口：其范围是 49152～65535。理论上，不应为服务定义这些端口。

常用的 TCP 协议所使用的端口号如表 6.1 所示。

表 6.1　TCP 协议常用的端口号

协议名称	所使用端口号
FTP（控制）	21
FTP（数据）	20
HTTP	80
TELNET	23
GOPHER	70
SMTP	25

4. TCP 的连接管理

TCP 连接包括建立与拆除两个过程。TCP 使用三次握手机制来建立连接。连接可以由任何一方发起，也可以由双方同时发起。一旦一台主机上的 TCP 软件已经主动发起连接请求，运行在另一台主机上的 TCP 软件就被动地等待握手。图 6.3（a）给出了三次握手建立 TCP 连接的简单示意。

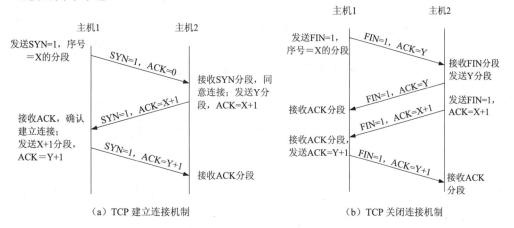

（a）TCP 建立连接机制　　　　　（b）TCP 关闭连接机制

图 6.3　TCP 三次握手机制

主机 1 首先发起 TCP 连接请求，并在所发送的分段中将编码位字段中的 SYN 置位为 "1"、ACK 置位为 "0"。主机 2 收到该分段，若同意建立连接，则发送一个连接接受的应答分段，其中编码位字段的 SYN 和 ACK 位均被置 "1"，指示对第一个 SYN 报文段的确认，以继续握手操作；否则，主机 2 要发送一个将 RST 置位为 "1" 的应答分段，表示拒绝建立连接。主机 1 收到主机 2 发来的同意建立连接分段后，还有再次进行选择的机会，若其确认要建立这个连接，则向主机 2 发送确认分段，用来通知主机 2 双方已完成建立连接；若其已不想建立这个连接，则可以发送一个将 RST 置位为 "1" 的应答分段来告之主机 2 拒绝建立连接。

不管是哪一方先发起连接请求，一旦连接建立，就可以实现全双向的数据传送，而不存在主从关系。TCP 将数据流看作字节的序列，其将从用户进程所接收任意长的数据，分成不超过 64K 字节（包括 TCP 头在内）的分段，以适合 IP 数据包的载荷能力。所以，对于一次传输要交换大量报文的应用如文件传输、远程登录等，往往需要以多个分段进行传输。

数据传输完成后，还要进行 TCP 连接的拆除或关闭。如图 6.3（b）所示，TCP 协议使用修改的三次握手协议来关闭连接，以结束会话。TCP 连接是全双工的，可以看作两个不同方向的单工数据流传输。所以，一个完整连接的拆除涉及两个单向连接的拆除。

当主机 1 的 TCP 数据已发送完毕时，其在等待确认的同时可发送一个将编码位字段的 FIN 置位 "1" 的分段给主机 2，若主机 2 已正确接收主机 1 的所有分段，则会发送一个数据分段正确接收的确认分段，同时通知本地相应的应用程序，对方要求关闭连接，接着再发送一个对主机 1 所发送的 FIN 分段进行确认的分段；否则，主机 1 就要重传那些主机 2 未能正确接收的分段。收到主机 2 关于 FIN 确认后的主机 1 需要再次发送一个确认拆除连接的分段，主机 2 收到该确认分段意味着从主机 1 到主机 2 的单向连接已经被结束。但是，此时在相反方向上，主机 2 仍然可以向主机 1 发送数据，直到主机 2 数据发送完毕并要求关闭连接。一旦当两个单向连接都被关闭，则两个端节点上的 TCP 软件就要删除与这个连接有关记录，于是原来所建立的 TCP 连接被完全释放。

6.2.2 UDP 协议

1. UDP 协议概述

Internet 协议簇支持一个无连接的传输协议 UDP。UDP 为应用程序提供了一种方法来发送经过封装的 IP 数据报，而且不必建立连接就可以发送这些 IP 数据报。用户数据报协议 UDP 只是在 IP 数据报服务之上增加了一点功能，这就是端口功能。

2. UDP 报文段的结构

用户数据报 UDP 有两个字段：数据字段和首部字段。首部字段很简单，只有 8 个字节，由 4 个字段组成，每个字段都是两个字节。各字段意义如下。

源端口字段：源端口号。

目的端口字段：目的端口号。

长度字段：UDP 数据报的长度。

校验和字段：防止 UDP 数据报在传输中出错。

UDP 数据报首部中校验和的计算方法有些特殊。在计算校验和时在 UDP 数据报之前要增加 12 个字节的伪首部。所谓"伪首部"是因为这种伪首部并不是 UDP 数据报真正的首部。校验和就是按照这个过渡的 UDP 数据报来计算的。伪首部既不向下传送，也不向上提交。图 6.4 给出来伪首部各字段的内容。伪首部的第 3 个字段全是零，第 4 个字段是 IP 首部中的协议字段的值。对于 UDP，此协议字段值为 17，第 5 个字段是 UDP 数据报的长度。

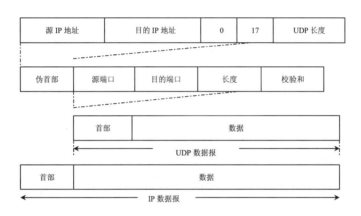

图 6.4　UDP 数据报的首部和伪首部

UDP 传输的数据报是由 8 字节的头和数据域构成的。源端口和目标端口分别用来识别出源机器和目标机器的端点。当一个 UDP 分组到来的时候，它的数据域被递交给与目标端口相关联的那个进程。这种关联关系是在调用了 BIND 原语或者其他某一种类似的做法之后建立起来的。

当目标端必须将一个应答送回给源端的时候，源端口是必需的。发送应答的进程只要将进来的数据段中的 source port（源端口）域复制到输出的数据段中的 destination port（目标端口）域，就可以指定在发送方机器上由那个进程来接收应答。

UDP 尤其适用的一个领域是在客户/服务器的情形下。通常，客户机给服务器发送一个短的请求，并且期望一个短的应答回来。如果这里的请求或者应答丢失的话，客户机就会超时，于是它只要重试即可。

3. UDP 端口号

UDP 也使用端口号来标识发送和接收的应用程序。与 TCP 类似，UDP 有两类端口。

1）众所周知的端口用于 UDP 上的标准服务，包括 DNS（端口号 53）、SNMP（端口号 161）和其他一些协议，服务器在这些端口上监听想要访问服务的客户。

2）临时端口：客户在自己的对话端使用临时端口。

用户数据报协议 UDP 只在 IP 的数据报服务之上增加了很少的一点功能，这就是端口的功能（有了端口，运输层就能进行复用和分用）和差错检测的功能。虽然 UDP 用户数据报只能提供不可靠的交付，但 UDP 在某些方面有其特殊的优点。

1）发送数据之前不需要建立连接，因而减少了开销和发送数据之前的时延。

2）UDP 没有拥塞控制，也不保证可靠交付，因此主机不需要维持具有许多参数的、复杂的连接状态表。

3）用户数据报只有 8 个字节的首部开销，比 TCP 的 20 个字节的首部要短。

6.3　传输层的故障诊断与排除

6.3.1　传输层的故障类别

网络的不断发展，网络故障的复杂多变，使得网络管理工作变得越来越复杂，在这种情况下，现在的网络为了提高易用性都设计成了层次结构。在网络故障排查过程中，充分利用网络分层的特点，可以快速准确地定位故障点，提高故障排查的效率。

不同主机之间的数据传输主要通过传输层实现，在传输过程中，电磁信号干扰、噪音过大、数据被更改等情况都可能导致传输失败。

1. 物理错误

主要包括 CRC 校验错误、对齐数据包错误、过大数据包错误、过小数据包错误，此类数据包由于存在错误会直接被网卡丢弃，而不会被传给操作系统处理。

2. IP 校验和错误

目标主机对接收到的数据包的 IP 报头进行校验，并与源端的校验和进行比较，如比较的结果不一致，就表示该数据包在传输过程中被修改，并将该数据包丢弃。

3. TCP 检验和错误

目标主机对接收到的数据包的 TCP 报头进行校验，并与源端的校验和进行比较，如比较的结果不一致，就表示该数据包在传输过程中被修改，并将该数据包丢弃。

> **注意**
>
> 此处以以太网中的 IP 数据包为例，本文中提到的数据包均指以太网中的 IP 数据包。

6.3.2　传输层的数据包捕获与分析

1. 配置环境

传输层最主要的协议是 TCP 和 UDP，所以，这层的数据包就是 TCP 数据包和 UDP 数据包。TCP 和 UDP 采用 16 位的端口号来识别应用程序。对于每个 TCP/IP 实现来说，FTP 服务器的 TCP 端口号都是 21，每个 TELNET 服务器的 TCP 端口号都是 23，每个 TFTP 服务器的 UDP 端口号都是 69。任何 TCP/IP 实现所提供的服务都用知名的 1～1023 之间的端口号。这一层位于 OSI 七层中的应用层，对于我们想截取特定的网络服务中的数据包，这个层次的配置是很有用处的。例如，想截获 TELNET 中的用户名和密码，这里我们就应该选择 23Port 配置界面，如图 6.5 所示。图 6.5 中选择了 TELNET、FTP 和 HTTP 三种端口进行截获。端口号分别显示在左边的列表框里边，而右边则对应着被选框。

也可以通过配置文件 proto.dat 自行添加、删除、更改端口号列表，例如，想添加 Windows 系统终端服务到列表框中，则在文件 proto.dat 里面找到"TCP PORTS"选项，添加 3389 Terminal Server 到 3333 DEC-NOTES 和 3421 BMAP 之间，重新启动 IRIS 则可以使配置生效。

图 6.5 配置界面

2. 捕获 TCP 数据包

在数据包编辑区内，显示着完整的数据包。窗口分两部分组成，左边的数据是以十六进制数字显示，右边则对应着 ASCII。单击十六进制码的任何部分，右边都会显示出相应的 ASCII 代码，以便于进行分析。十六进制码是允许用户进行编辑再生的，可以重写已经存在的数据包。新的数据包可以被发送，或者保存到磁盘中，如图 6.6～图 6.8 所示。

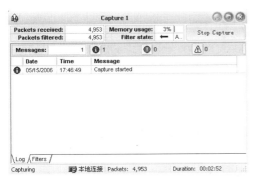

图 6.6 进入数据包捕获界面

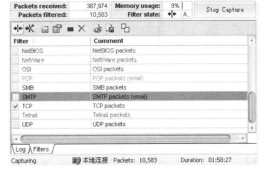

图 6.7 选择 TCP 数据包

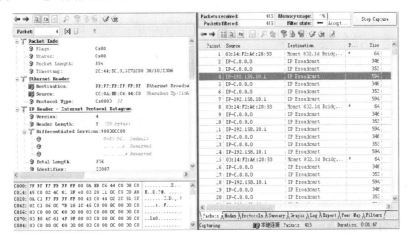

图 6.8 数据包捕获界面

3. 分析 TCP 数据包

（1）解码概况

TCP 提供一种面向连接的、可靠的字节流服务。也就是说一个普通的会话形式（如下载网页），整个过程之前一定是建立了一个连接，会话结束再释放这个连接。当两个主机建立了一个连接之后，互相之间才可以发送数据，直到连接中断。丢失或受损的数据包都被重传。如有必要，进来的数据包被重组，以便与原来的传输顺序匹配。顺序是按每个数据包中的序列号（Sequence Number）来维系的。每个被发送的字节，以及开放和关闭请求，均被单独标上不同的序列号。传统的 Sniffer 只是可以提供一个数据包序列号和截获信息的描述，给管理员一个关于这个会话的判断。而 IRIS 则远远超出了这一层次，软件可以重新组织 HTTP 协议中的数据，进行填充、着色使得数据被还原成网页。当然这种功能也可以用在其他的方面，如重新构造 E-mail 的附件等。图 6.9 为一个捕获的 TCP 数据包包头信息。

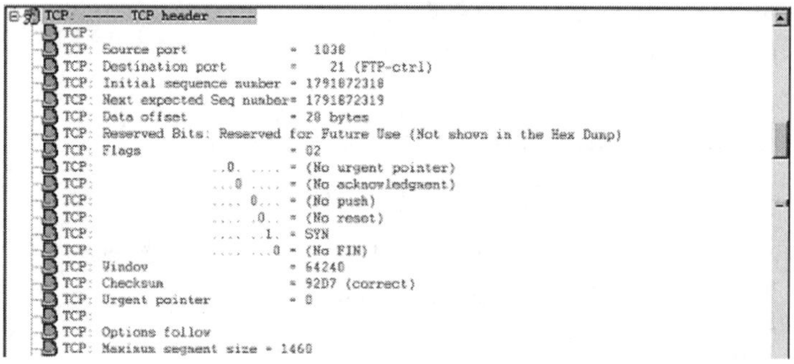

图 6.9　TCP 数据包头信息

TCP 数据包中依次包括以下信息。

1）Source port=1038，表示发起连接的源端口为 1038。该部分占 16 位，通过此值可以看出发起连接的计算机源端口号。

2）Destination port=21(ftp-ctrl)，表示要连接的目的端口为 21。该部分占 16 位，通过此值可以看出要登录的目的端口号。21 端口表示是 FTP 服务端口。

3）Initial sequence number=1791872318，表示初始连接的请求号，即 seq 值。该部分占 32 位，值从 1～2 的 32 次方减 1。

4）Next expected seq number=1791872319，表示对方的应答号应为 1791872319，即对方返回的 ack 值。该部分占 32 位，值从 1 到 2 的 32 次方减 1。

5）Data offset＝28 字节，表示数据偏移的大小。该部分占 4 位。

6）Reserved bites，保留位，此处不用。该部分占 6 位。

7）Flags＝02，该值用两个十六进制数来表示。该部分长度为 6 位，6 个标志位的含义分别如下。

- 0 urg：紧急数据标志，为 1 表示有紧急数据，应立即进行传递。
- 0 ack：确认标志位，为 1 表示此数据包为应答数据包。
- 0 psh：push 标志位，为 1 表示此数据包应立即进行传递。
- 0 rst：复位标志位，如果收到不属于本机的数据包，则返回一个 rst。
- 1 syn：连接请求标志位，为 1 表示为发起连接的请求数据包。
- 0 fin：结束连接请求标志位，为 1 表示是结束连接的请求数据包。

8）Window=64240，表示窗口是 64240。该部分占 16 位。

9）Checksum=92d7（correct），表示校验和是 92d7。该部分占 16 位，用十六进制表示。

10）Urgent pointer=0，表示紧急指针为 0。该部分占 16 位。

11）Maximum segment size=1460，表示最大段大小为 1460 个字节。

（2）对截获的数据进行解码

设置 Decode 选项，如果不熟悉请仔细看看上面的文字。下面启动 Decode 选项，只有我们打开"Decode→Enable Code Output"时，才能使解码进行。

这里主要是由三个对话框组成：主机行为对话框（Hosts Activity）、查看会话对话框（Session Data）和会话列表对话框（Sessions View）。

1）主机行为对话框。这个对话框把会话以树型排列，每一个小项代表一个服务（通常是使用同一个端口的协议）。当我们在这个对话框选择了一个服务，在数据列表对话框就会相应的显示出服务器和客户端的会话，如图 6.10 所示。

图 6.10 主机行为对话框

2）查看会话对话框。这个对话框显示我们截获的每一会话的具体信息。图 6.11 中，Iris 截获了一个 HTTP 的会话，可以看到客户端发出的浏览请求和 Web 服务器的回应。

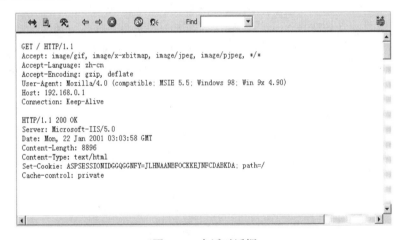

图 6.11 会话对话框

3）会话列表对话框。这个区域可以描述出所截获会话的收发地址、端口和协议等。会话列表对话框形式和截获数据包的对话框差不多，在这里不做赘述。

4．具体分析实例

（1）物理错误包信息

在 100Mb/s 以太网网络中，下面使用网络分析查看网络的传输情况。图 6.12 所示的是系统捕获网络时的概要统计视图，从图中可以知道，当前网络中有一个 CRC 错误数据包，这个数据包在目的端进行 CRC 检验时，发现与源端的校验和不一致，于是网卡直接丢弃该数据包。

（2）IP 和 TCP 的校验和信息

单击数据包视图，在数据包列表中双击某条数据包信息，将打开如图 6.13 所示的数据包解码对话框，在这里我们可以查看该数据包的 IP 和 TCP 的校验和是否正确。图 6.13 中

IP 和 TCP 的校验和均正确，表示该数据包在传输的过程中未被修改是正确的。

	General	
	Start Date	2006-7-13
	Start Time	16:50:13
	Duration	0:00:19
	Total Bytes	--
	Total Packets	741
	Total Broadcast	41
	Total Multicast	13
	Dropped Packets	0
	Network	
	Average Utilization (percent)	1.113
	Current Utilization (percent)	.060
	Max Utilization (percent)	10.411
	Average Utilization (bits/s)	111,255.290
	Current Utilization (bits/s)	5,984.000
	Max Utilization (bits/s)	1,041,056.000
	Total Broadcast	41
	Total Multicast	13
	Errors	
	Total	0
	CRC	1
	Frame Alignment	0
	Runt	0
	Oversize	0

IP Header - Internet Protocol Datagram
```
Version:              4
Header Length:        5   (20 bytes)
Total Length:         40
Identifier:           6980
Fragment Offset:      0   (0 bytes)
Time To Live:         128
Protocol:             6   TCP - Transmission
Header Checksum:      0xC145
Source IP Address:    192.168.4.115
Dest. IP Address:     60.190.28.109  tongji.
TCP - Transport Control Protocol
Source Port:          1193
Destination Port:     80  http
Sequence Number:      3077905022
Ack Number:           4079176169
TCP Offset:           5   (20 bytes)
Reserved:             %000000
F=%010001 . . . A . . . . F
Window:               17379
TCP Checksum:         0x39B0
```

图 6.12　网络分析系统捕获到的物理错误包信息　　图 6.13　在网络分析系统中查看数据包的检验和

通过上面的方法，即可知道网络中错误的数据包信息。如果网络中出现过多此类数据包，则表示网络存在传输错误，并很可能引发网络大量丢包、时断时续等网络故障。这时，网络管理人员应首先检查网络线路，因为线路干扰，信号衰减等原因引发该问题的可能性较大。在确定线路正常后，再检查发送或接收错误数据包的主机，以确定是否存在人为的攻击导致出现这种传输错误。

（3）数据包内容分析

图 6.14 中间是协议生成树，通过协议生成树可以得到被截获的数据包的更多信息，如主机的 MAC 地址、IP 地址、TCP 端口号，以及 HTTP 协议的具体内容。通过扩展协议树中的相应节点，可以得到该数据包中携带的更详尽的信息。

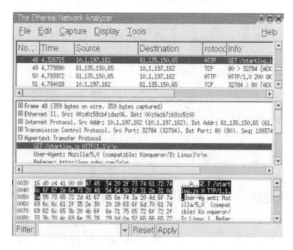

图 6.14　协议分析工具分析数据包内容

图 6.14 最下边是以十六进制显示的数据包的具体内容，这是被截获的数据包在物理媒体上传输时的最终形式，当在协议树中选中某行时，与其对应的十六进制代码同样会被选中，这样就可以很方便地对各种协议的数据包进行分析。

（4）头信息分析

如图 6.15 所示，第三数据包包含了三条头信息：以太网、IP 和 TCP。

头信息少了 ARP 多了 IP、TCP，下面的过程也没有 ARP 的参与，可以这样理解，在局域网内，ARP 负责的是在众多连网的计算机中找到需要找的计算机，找到后工作就完成了。

以太网的头信息与第一、二行不同的是帧类型为 0800，表明该帧类型为 IP。

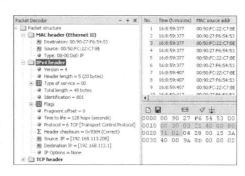

图 6.15　数据包包头信息

6.3.3　TCP 的故障诊断与排除

我们碰到的大部分问题都与应用程序特定的问题有关，与 TCP 并没有关系。但是，因为 TCP 提供了范围很广泛的服务，所以会话中虚电路也可能出现很多问题。下面我们就把常见的一些问题简单分析一下。

1. 拒绝连接

TCP 最常见的问题是客户不能连接到远程系统。可能的原因一般有两种。

（1）客户指定的端口号没有与之相连的监听应用程序

试图连接到不存在的网络服务器，系统的 TCP 提供者简单地拒绝这个连接请求。

例如，通过执行命令 "http://www.cqcet.com:80" 浏览站点，结果不能打开网页。这个错误可能的原因是：指定的目的地端口号 80（HTTP 的知名的端口号）是无效的，这意味着目的主机上可能没有可用的网络服务器。

（2）目的应用程序配置错误

虚电路已经建立（Synchronize 过程的完成说明了这一点），但监听应用程序在传输数据之前取消了连接（立刻开始电路关闭过程）。出现这种情况的最可能的原因是：远程系统不想为这个客户提供服务，但是在连接建立之后才发现这一点。

例如，通过命令 "telnet www.qcet.com:23" 远程登录时，目的地 Telnet 服务器的安全规则配制成不允许来自这个客户系统的连接。尽管 TCP 虚电路成功地建立，但是，Telnet 服务器立刻通过标识打包的 PIN 来关闭电路，说明应用程序已经调入并运行于 LISTEN 模式，但它不想与这个特定客户会话。

2. 丢失电路

有时连接建立得很好，但虚电路开始失败，其中一端从网络上消失。大部分情况下，发生的问题也许是远程系统因为某种原因失去了与其他网络之间的物理连接，这可能是因为电源关闭、连接失败或其他的问题。例如，主机 NETOFF 上的 HTTP 客户从 www.cqcet.com 上的 HTTP 服务器得到一个文件，在发出了 "GET" 请求以后，NETOFF 突然失去与网络的物理连接，www.cqcet.com 上的 HTTP 服务器试图将请求文件的内容返回到 NETOFF。但是，由于 NETOFF 已经不在网络上，它就不能确认该数据，同样也不能返回 Finish 或 Reset 片段给服务器。因为服务器不知道电路已经取消（因为它已经不存在），它就假定数据已经丢失，并连续地重发出问题的数据。当 www.cqcet.com 持续往 NETOFF 重新发送数据时，其重试操作之间的时间间隔在增加。因为 NETOFF 没有确认该数据，所以 www.cqcet.com 持续发送数据，并一直将其确认计时器加倍；这个过程会持续一段时间，直到 www.cqcet.com 放弃操作并取消连接。

3. 较小的发送窗口和过多的延迟确认

当发送系统使用小发送窗口，而接收者使用的接收窗口较大并且将确认延迟得过长时，会出现一系列性能问题。尽管出现这种情况的条件很奇特，但它确实是个现实问题。

例如，一些服务器级的系统每隔两个以上的片段就有意地延迟确认一次，以减少网络利用和开销，而一些系统只有在填充了 50%～60%的接收窗口以后才延迟确认。当这个机制用于与半双工网络上的其他大范围系统交换数据时，确认之间的长时间间隔使得网络可以在更短的时间内发送更多的数据。但是，当这个模型用于那些具有小发送窗口的系统时，它会引发严重的性能问题。

尽管发送行为的主体来自于那些具有大发送窗口的服务器级系统（如 HTTP 服务器或者 POP3 邮件服务器），但是当客户端往 SMTP 服务器发送邮件信息和大型二进制附件，或往 FTP 服务器上传大型数据文件时，该客户端也会创建大量的网络通信。一般来说，这些系统没有很大的发送窗口（其中大部分的发送窗口只是本地 MTU 的 4 倍）。当这些系统试图往正在把确认延迟至接收窗口半满为止的系统上发送数据时（并且该系统的接收窗口远远大于发送者的发送窗口），发送者在发送窗口填满了队列外的、未被确认的数据时，必须停止发送。如果接收者没有返回对该数据的确认（因为过长的延迟计时器），那么这会导致通信变得很急促，发送者发送 4 个左右的片段，然后停下来，直到远程系统的确认计时器归零为止。

4. 过多的或慢速的重新传输

TCP 的可靠性服务的最重要方面之一是使用了确认计时器（也称为重新发送计时器），这会确保及时发现丢失的片段，从而可以快速重新发送该数据。但是，如前面的"确认计时器"中所述，正确决定给定电路所用的计时器数值是一个复杂的过程。如果这个值设得太低，计时器会频繁地归零，并导致出现不必要的重新发送。反过来，如果这个数值设得太高的话，就不能快速检测到丢失，这样会产生不必要的延迟。

在一些系统中可以看到，新电路上的重新发送显得过多（说明默认计时器对于这些虚电路来说设置得太小了），或者会看到重新发送之间的时间间隔很长（说明默认计时器设置得太高）。尽管计算平稳往返时间时这些数值一般来说可以在全部电路的基础上改变，但对新电路来说这个默认设置可能会出现问题，而在新电路上最需要的是平稳。

例如，如果默认确认计时器设为 3000ms，那么系统在发出片段之后 3s 内是不会探测到丢失的片段的。这很明显会导致那些一次只发送一个或两个片段的应用程序出现问题（如只发送几位数据的邮件和网络客户）。结果是产生了长时间的间隔，然后再重新发送，而重新发送可能也不会成功。

反过来，如果默认确认计时器设为 200ms，但如果连接到速度缓慢的站点，那么就会看到同一片段发送多次。尽管这不会损坏那些一次只发送两个片段的应用程序（如邮件和新闻服务器），但是对于那些发送很多片段的应用程序来说显得很烦人（如 FTP 上传或桌面共享协议），因为这些应用程序至少在有效增加平稳往返计时器之前会连续地重新发送数据。

　　大部分应用程序允许用户为系统所用的确认计时器定义默认数值。用户应该根据网络上的典型连接情况来决定最合适的默认计时器（如用 ping 和 traceroute 来决定典型延迟时间），然后参考系统文件来决定如何设置默认确认时间。

　　5. 高速网络上的缓慢吞吐率

　　拙劣的驱动程序会导致 TCP/IP 网络上出现严重的吞吐率问题，特别在接收队列的缓冲区管理上问题更加严重。这些情况下，发送系统和接收系统都必须使用"缓慢开始增加窗口"行为，接收者也因为设备驱动程序自身的拙劣缓冲区管理而不能同时确认两个以上片段。

　　这种情况下，作为缓慢开始算法的一部分，发送者发送 4 个片段，但接收者只为前两个片段返回一个确认（或者更准确地说，不能确认第 3 个和第 4 个片段）。发送者会把这种行为当作网络拥塞并将其拥塞窗口大小减为 1 个片段。这个过程会无限重复，发送者不会得到两个以上的片段。不幸的是，解决这个问题的唯一办法是替换接收者的网络驱动程序或干脆更换网卡。

　　6. 很多 Reset 命令片段

　　大量的设置了 Reset 标志的 TCP 命令片段说明了几件事情，但是根据 RFC 793，一般来说它意味着接收者收到了一个"看上去不属于该虚电路"的片段。但是，RFC 793 也规定"如果不清楚是不是这种情况的话，就不必发送 Reset"，而由接收者来做出决定。

　　例如，只要远程终端试图与本地系统上的不存在的套接字建立连接，就会发送 Reset 片段。如果网络浏览者试图与端口 80（HTTP 的知名端口号）建立连接，但是该端口上没有监听服务器，那么本地系统的 TCP 栈应该返回一个 Reset 片段以响应进入的 Synchronize 请求。

　　如果本地套接字对于先前连接来说不再有效的话，也可以发送 Reset 片段。这种情况下，本地应用程序已经关闭连接上它自己的那一端，但远程系统还在发送数据。但这些片段到达以后，本地 TCP 栈应该用相同数量的 Reset 片段来响应。在本地系统（用 Finish 标志）发送了必要的电路关闭片段以后远程终端拒绝关闭连接上它自己的这一端时，或因为过量的重新发送而使得虚电路必须取消时会出现这种情况。这两种情况下，连接都会关闭，并由服务器突然中断，所以该虚电路所收到的所有附加片段都遭到拒绝。

　　一般来说，应用程序应该顺利地关闭连接，所以只有当出现了致命错误时才出现这种情况。但是，一些应用程序在虚电路上的一端使用突然关闭（Abrupt Close）以实现关闭，而不是顺利地关闭连接，从而出现了错误。例如，一些 HTTP 服务器不想顺利地关闭虚电路，而是在收到了所有请求数据以后立刻全部关闭连接。这个行为背后的理论是关闭连接要比通过繁琐的工作交换关闭数据快得多。但是，这也意味着客户不能请求丢失的数据，因为没有等到所有发出数据得到确认，服务器已经关闭了连接。随后的重新发送请求都遭拒绝，使得客户停止工作。

　　如果应用程序受到了破坏，也会出现 Reset，而 TCP 仍然以为该套接字有效，但是没有应用程序服务于与其端口号相连的接收队列。这种情况下，TCP 可以代表应用程序接收数据，直到缓冲区填满以后。如果队列没有得到服务的话，最终 TCP 应该开始为它收到的新数据发送 Reset 片段，并继续发送零大小窗口。

7. 奇怪的命令片段

因为 Internet 越来越流行，它吸引了各种各样的人群，网络中人员情况特别复杂。特别地，过去几年中又出现了很多喜欢 TCP/IP 的黑客，他们通过网络探测工具来寻找网络布局和服务器的弱点。如果看到奇怪的命令片段，那么很可能是因为这些用户通过常见的程序来探测网络。

例如，主机 NETOFF 给主机 INFORM 发送一个 lamp-test 片段以寻找主机上使用的操作系统。这个片段设置了 Urgent、Push、Synchronize 和 Finish 标志。INFORM 响应这个非法片段的方式可以看作是寻找主机上所用操作系统的一个线索（尽管这个信息必须与很多其他探测一起使用）。下个片段中可以看到，不幸的 Weasel 响应了这个命令片段，并提供了它自己的 Acknowledgment 和 Synchronize 片段，允许连接继续工作。看到源命令片段中的 Finish 标志之后，它不应该做出响应。

其他类型的探测片段可以由简单的半开的或者错误重置的片段组成。黑客可以通过半开的探测片段来找出服务器是否在监听知名的端口。而错误重置的片段就是那些设置了 Reset 标志的命令片段，即使是没有已经建立的连接时也是如此。

看到这些类型的片段之后，应该检测一下安全底层结构是否出现了这些片段可以检测到的漏洞。较好的防火墙会阻止这些探测中的大部分。

8. 错误配置或丢失服务文件

应该验证一下系统上所用的服务文件是否与所用的应用程序期望的知名端口号相匹配。例如，一些应用程序会询问系统与"SMTP"相连的端口号，并且如果系统上的服务文件没有该应用程序的记录项的话，它就不会给客户返回端口号。

这会使得客户不能发送任何数据，因为它不能给这个应用程序分配目的地端口号。想看到系统上所用知名端口，请参看 UNIX 主机上的/et/services 文件，Windows 系统主机上的 C:\WINDOWS\system32\drivers\etc \services 文件。

6.3.4 UDP 的故障诊断与排除

因为 UDP 以数据报为中心的传输服务没有提供任何 TCP 中所见的可靠性服务，所以基于 UDP 的应用程序在多干扰或丢失严重的网络上更容易出错。如果正在使用的网络传输 IP 包时丢失大量的包，那么基于 UDP 的应用程序会在基于 TCP 的协议注意到之前先感觉到这个失败。

例如，Sun 的 NFS 一般是使用 UDP 来访问远程文件系统，因为 UDP 的低开销特性使得该系统受益匪浅。另外，NFS 一般是大块大块地写数据（如 8KB 块）。然后这些块就根据底层拓扑的 MTU 特定分成多个 IP 片段。如果目的地收到所有的片段，就会重组 IP 数据报，并读取和处理 UDP/NFS 信息。但是，如果底层网络丢失了 20%的片段，那么整个 IP 数据报就都不会被收到。

使用基于 TCP 的应用程序以后，任何丢失的数据都会重新认识和重新发送，这样会导致速度变慢，但连接却很牢靠。但是使用 UDP 则不同，流失的信息就永远丢失了，并且必须通过应用程序来重新认识和处理。但是如果网络连续地丢失数据的话（如持续堵塞或者因为线路问题而丢失 20%的包），那么依靠分段的基于 UDP 的应用程序会连续地失败。

如果出现了关于基于 UDP 的应用程序诸如 NFS 的问题（而基于 TCP 的应用程序诸如 FTP 工作正常），那么应该调查一些网络丢失情况。这时可能需要减少单个操作中的信息数量（也许应该设到小于等于 MTU 大小），或者需要使用基于 TCP 的应用程序协议（很多 NFS 实现也支持 TCP）。

1. 错误配置或丢失服务文件

应该保证系统所用的服务文件与应用程序所期望的端口号相匹配。例如，一些应用程序会询问系统与 TFTP 相连的端口号，并且如果系统服务文件中没有这个应用程序的记录项，那么它就不会给客户返回一个端口号。这个问题会导致客户不能够发送任何数据，因为它不能为应用程序找到目的端口号。

2. 防火墙阻断 UDP 信息

很多网络管理员会阻断所有的 UDP 通信，但一些关键的端口除外（如 DNS）。如果连接远程 UDP 应用程序确实碰到了问题，那么应该调查一下是否有远程防火墙阻断了 UDP 通信。注意这个问题也可以反过来，那就是自己的防火墙阻断了返回的 UDP 通信。这种情况下，UDP 通信一般会发出网络，但从远程系统返回的包可能会被自己的防火墙阻断。

3. 数据报破坏或根本没有发送

有时候，可能会注意到某个系统并不总是发送你期望的 UDP 数据报，或者数据流中的第一个 UDP 包没有发送。一般地，这种状况是由于发送者的 ARP 缓存中没有该目的系统的记录项造成的。因为没有这个记录项，系统必须为目的系统发送一个查找，然后等待响应。

但是，很多 TCP/IP 实现只允许所有给定主机的 ARP 回调队列中只保留一个 IP 包。如果在发送这个 ARP 查找的过程中发送者收到了发往该系统的另外一个境外包（Out-bound Packet），那么第一个包很可能会从 ARP 队列中清除出去。这样，第一个包就被删除了。

如果多个包快速到达目的系统，或者如果 UDP 或 ICMP 消息的大小超过本地网络的 MTU，并迫使 IP 把单个消息分段成多个 IP 包的话，会经常出现这个问题。在后一种情况下，IP 会（根据创建的片段的多少）往同一目的系统发送两个或更多 ARP 请求，这样 ARP 代理就立刻清除回叫队列中的最后一个片段之外的所有内容。在收到 ARP 响应之前，ARP 代理发送的最后一个片段将是在这条线路上发送的第一个片段。

当目的系统收到了这个片段后，它最终会丢弃这个不完全的 IP 数据报，但是产生这个错误所花费的时间（最常见的是 60s）会比客户等待的时间长。这种情况下，客户不会看到 ICMP 错误信息，因为它与 UDP 断开连接的时间太长了。解决这个问题的一个方法是在 ARP 缓存中为目的系统建立静态记录项，允许发送者立刻发送 IP 数据报，而不是先等待

ARP 处理请求。这正是 UDP 为什么不能用于重要信息的另一个原因。如果数据很重要的话，必须使用 TCP 来确保重新认识和最终重新发送那些丢失的片段。

小　　结

传输层是资源子网与通信子网的界面与桥梁，它完成资源子网中两节点的直接逻辑通信，实现通信子网中端到端的透明传输。它位于高层和低层中间，具有承上启下的作用。

在传输过程中，电磁信号干扰、噪音过大、数据被更改等情况都可能导致传输失败。常见的传输错误包括物理错误、IP 校验和错误及 TCP 检验和错误。

思考与练习

一、选择题

1. 下面（　　）协议工作在传输层上。

　A. TCP　　　　　　　B. IP　　　　　　　C. FTP　　　　　　　D. IPX

2. 传输层的任务是（　　）。

　A. 提供数据的物理传输

　B. 提供流量控制和校验来保护数据

　C. 在数据到达网络层之前，将数据分段

　D. 处理路由信息来决定源与目的地址

3. 服务质量（QoS）决定了（　　）。

　A 数据传输的可靠性以及传输的性能级别

　B. 数据的完整性

　C. 数据包的确认

　D. 数据分段

4. UDP 使用（　　）来标识发送和接收的应用程序。

　A. IP 地址　　　　　　　　　　　B. 端口号

　C. 网络号　　　　　　　　　　　D. MAC 地址

5. 在传输过程中，下列（　　）不可能导致传输失败。

　A. 电磁信号干扰　　　　　　　　B. 噪音过大

　C. 终端设备太多　　　　　　　　D. 数据被更改

6. TCP 最常见的问题是（　　）。

　A. 三次握手不成功　　　　　　　B. 出现不可靠连接

　C. 客户不能连接到远程系统　　　D. 突然中断

7. 远程系统因为某种原因失去了与其他网络之间的物理连接，这不可能是因为（　　）。

　A. 电源关闭　　　　　　　　　　B. 连接失败

　C. 应用软件问题　　　　　　　　D. 其他的问题

8. TCP 的可靠性服务的最重要方面之一是使用了（　　）。

A. 确认计时器　　　　　　　　　B. SYN

C. 握手协议　　　　　　　　　　D. 窗口技术

9. 拙劣的驱动程序会导致 TCP/IP 网络上出现严重的（　　）问题。

A. 吞吐率　　　　　　　　　　　B. 系统

C. 丢失数据包　　　　　　　　　D. 以上述说都不正确

10. ARP 缓存中为目的系统建立（　　），允许发送者立刻发送 IP 数据报，而不是先等待 ARP 处理请求。

A. 静态记录项　　　　　　　　　B. 动态记录项

C. ARP 协议　　　　　　　　　　D. ARP 解析内容

二、填空题

1. UDP 通信一般会发出网络，但从远程系统返回的包可能会被自己的_____阻断。

2. 传输层的最终目标是向它的用户（通常是应用层中的进程）提供高效的、_____、_____服务。

3. 传输层的另一个功能是_____，它可以防止目的地被大量的数据淹没。

4. 校验和是一个基于数据段，在字节的基础上计算出来的_____位的比特值。

5. 只要远程终端试图与本地系统上的不存在的_____建立连接，就会发送 Reset 片段。

三、简答题

1. 在传输层中，有哪两个重要的协议？它们有什么区别？

2. TCP 三次握手中，通信的计算机之间传输的是什么信息？

3. TCP 通过序列号与确认的使用，保证了数据的传输。这句话对否？为什么？

4. UDP 的故障可能出在哪些地方？

5. TCP 的故障可能出在哪些地方？

◆ **实 训**

项目　利用协议分析工具分析 TCP 数据包

:: 实训目的

1）理解 TCP 协议。

2）掌握协议分析工具的使用。

:: 实训环境

1. 网络环境

如图 6.16 所示，为了表述方便，下文中 208 号机即指地址为 192.168.113.208 的计算机，1 号机即地址为 192.168.113.1 的计算机。

208 号机（地址为 192.168.113.208）　　　　1 号机（地址为 192.168.113.1）

图 6.16　网络环境

2. 操作系统

两台机器都为 Windows 操作系统，1 号机机器作为服务器，安装 FTP 服务。

3. 协议分析工具

Windows 环境下常用的工具有 Sniffer Pro、Natxray、Iris 以及 Windows 系统自带的网络监视器等。本文选用 Iris 作为协议分析工具。在客户机 208 号机安装 Iris 软件。

:: 实训内容与步骤

1. 测试例子

将 1 号机计算机中的一个文件通过 FTP 下载到 208 号机中。

2. Iris 的设置

由于 Iris 具有网络监听的功能，如果网络环境中还有其他的机器将抓很多别的数据包，这样为学习带来诸多不便。为了清楚地看清楚上述例子的传输过程，首先将 IRIS 设置为只抓 208 号机和 1 号机之间的数据包。设置过程如下：

1）用热键 Ctrl+B 弹出如图 6.17 所示的地址表，在表中填写机器的 IP 地址，为了对抓的包看得更清楚不要添主机的名字（name），设置好后关闭此窗口。

2）用热键 Ctrl+E 弹出如图 6.18 所示过滤设置，选择左栏"IP address"，右栏按下图将 Address Book 中的地址拽到下面，设置好后确定，这样就抓到了这两台计算机之间的包。

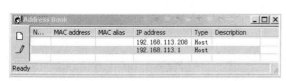

图 6.17　地址表　　　　　　　　　　　图 6.18　过滤设置

3. 抓包

按下 Iris 工具栏中的"开始"按钮。在浏览器中输入：FTP://192.168.113.1，找到要下载的文件，鼠标右键单击该文件，在弹出的菜单中选择"复制到文件夹"选项开始下载，下载完后在 Iris 工具栏中单击"停止"按钮停止抓包。为了能抓到 ARP 协议的包，在 Windows 系统中运行 arp d 清除 arp 缓存。图 6.19 显示的就是 FTP 的整个过程，下面我们将详细分析这个过程。

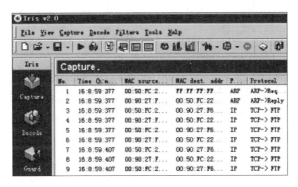

图 6.19　捕获数据包

4. 数据包分析

下面通过分析用 Iris 捕获的包来分析一下 TCP/IP 协议，为了更清晰的解释数据传送的过程，可以按传输的不同阶段抓了 4 组数据，分别是查找服务器、建立连接、数据传输和终止连接。每组数据，按下面三步进行解释：显示数据包，解释该数据包，按层分析该包的头信息。

在此，以建立连接这组为例。

（1）连接数据

图 6.20 显示的是 3～5 行的数据。

No.	Time (h:m:s:ms)	MAC source addr	MAC dest. addr	Frame	Protocol
3	16:8:59:377	00:50:FC:22:C7:BE	00:90:27:F6:54:53	IP	TCP-> FTP
4	16:8:59:377	00:90:27:F6:54:53	00:50:FC:22:C7:BE	IP	TCP-> FTP
5	16:8:59:377	00:50:FC:22:C7:BE	00:90:27:F6:54:53	IP	TCP-> FTP

图 6.20　Iris 抓的数据

（2）解释数据包

下面来分析一下此例的三次握手过程。

1）请求端 208 号机发送一个初始序号（SEQ）987694419 给 1 号机。

2）服务器 1 号机收到这个序号后，将此序号加 1 值为 987694419 作为应答信号（ACK），同时随机产生一个初始序号（SEQ）1773195208，这两个信号同时发回到请求端 208 号机，意思为："消息已收到，让我们的数据流以 1773195208 这个数开始。"

3）请求端 208 号机收到后将确认序号设置为服务器的初始序号（SEQ）1773195208 加 1 为 1773195209 作为应答信号。

以上三步完成了三次握手，双方建立了一条通道，接下来就可以进行数据传输了。

下面分析 TCP 头信息就可以看出，在握手过程中 TCP 头部的相关字段也发生了变化。

（3）头信息分析

如图 6.21 所示，第三数据包包含了三头信息：以太网（Ethernet）、IP 和 TCP。头信息少了 ARP 多了 IP、TCP，下面的过程也没有 ARP 的参与，可以这样理解，在局域网内，ARP 负责的是在众多连网的计算机中找到需要找的计算机，找到后工作就完成了。

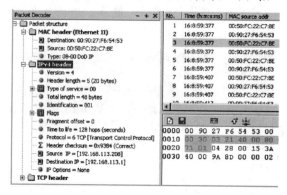

图 6.21　数据包头信息

以太网的头信息与第一、二行不同的是帧类型为 0800，指明该帧类型为 IP。

（4）发送请求

如图 6.22 请求端 208 号机发送一个初始序号（SEQ）987694419 给 1 号机。标志位 SYN 置为 1。

（5）应答

如图 6.23 所示，服务器 1 号机收到这个序号后，将应答信号（ACK）和随机产生一个初始序号（SEQ）1773195208 发回到请求端 208 号机，因为有应答信号和初始序号，所以标志位 ACK 和 SYN 都置为 1。

（6）再次回应

如图 6.24 所示，请求端 208 号机收到 1 号机的信号后，发回信息给 1 号机。标志位 ACK 置为 1，其他标志为都为 0。注意，此时 SYN 值为 0，SYN 是表示发起连接的，上两步连接已经完成。

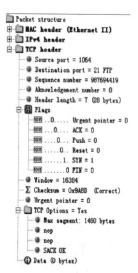

图 6.22　请求发送信息

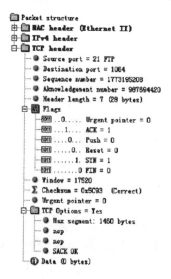

图 6.23　应答信息

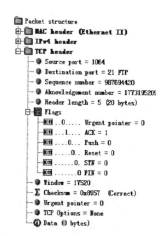

图 6.24　再次回应信息

第 7 章

OSI模型高层的故障诊断与维护

学习指导

学习目标 ☞ 理解会话层、表示层、应用层在网络体系结构中的作用。
正确分析、区别构成网络高层的网络组成部件。
掌握 OSI 模型高层的故障诊断与排除的方法与技巧。

要点内容 ☞ OSI 网络体系结构中高层的功能。
会话层、表示层、应用层的组成部件。
网络高层故障的分析。

学前要求 ☞ 对计算机网络体系结构有一定的了解。
已经掌握了网络基本设置、Internet 应用等网络基础
知识。

7.1 OSI 模型高层结构的功能

在 OSI 体系结构中的上三层（会话层、表示层和应用层）是网络的高层结构。它们组合在一起是因为常用的网络协议一般都把这三层的功能整合到一个软件之中。例如 TCP/IP 协议和 IPX/SPX 协议就是通过一个软件来实现这几层的功能。

然而上三层结合起来又使得在故障诊断时区别任何一层的组件都不明显，而作为一名网络技术人员又必须能够识别出来什么时候网络维护问题涉及到高层协议，并且知道从哪儿着手解决问题。

7.1.1 会话层的功能

会话层是 OSI 体系结构中的第五层，会话层利用传输层来提供会话服务，会话可能是一个用户通过网络登录到一台主机，或一个正在建立的用于传输文件的会话。如图 7.1 所示的阴影部分为网络体系结构中的会话层。

应用层
表示层
会话层
传输层
网络层
数据链路层
物理层

图 7.1　OSI 体系结构中的会话层

在 ISO/OSI 环境中，所谓一次对话，就是两个进程之间为了完成一次完整的通信而建立的会话连接。应用进程之间为了完成某项处理任务而需要进行一系列相关的信息交换，会话层就是为了有序的、方便地控制这种信息交换而提供的控制机制。例如，合作的用户进程该哪一方发送信息，数据流中哪些段在逻辑上是独立的对话单元，发送的信息进行到何处，以及会话连接的有序释放等。会话层的目的就是有效的组织会话服务用户之间的对话，并对它们之间的数据交换进行处理。为此，面向连接的会话服务提供会话连接，然后进入有序的数据交换。会话服务对用户接收的信息进行语义分析，以决定返回给对方什么样的信息内容。经过对网络应用的大量统计，应用进程间的大量通信大多数是交换式的半双工通信，主要是由于交互式应用软件比全双工的通信软件易于设计。对于半双工交换式的会话服务，用户之间的通信用数据令牌来控制谁发送数据，保证数据发送的完整性和确定该谁发送数据，这样通信才能有序进行。持有释放令牌的会话服务用户可以释放连接，任一方释放连接都要得到对方的认可才可执行释放连接的动作，否则要继续维持数据交换，这种有序的释放或协商的释放避免了由释放引起的数据丢失。同时，会话层还提供名称解析。如果用户希望访问网络资源，可以使用计算机名称或统一资源定位符（Universal Resource Locator，URL），而无需使用 MAC 地址或逻辑地址（URL 是 Internet 资源的标准命名惯例）。会话层完成把用户易于理解的计算机名解析成计算机易于理解的 MAC 或逻辑地址的任务。

7.1.2 表示层的功能

表示层是 OSI 体系结构中的第六层，与会话层提供的透明数据传输不同，表示层是处理所有与数据表示及传输有关的问题，包括数据格式转换、压缩和加密等。如图 7.2 所示的阴影部分为 OSI 体系中的表示层。

"数据翻译"是描绘表示层工作的广义术语。顾名思义，表示层把收到的数据翻译成应用层要求的形式。表示层在 OSI 的第六层，它的目的是处理有关被传送数据的表示问题。由于不同厂家的计算机产品常使用不同的信息表示标准，如在字段编码、数值表示和字符等方面存在着差异。如果不解决信息表示上存在的差异，通信用户之间就不能相互识别。从物理层到会话层的各层协议尽量采用各种措施来确保发送信息的准确、可靠，由于表示上的差异存在，这些正确传送的信息仍不能使用。解决差异的方法是，在保持数据含义的前提下进行信息格式的转换。如发送"机器零"，收方应收到符合自己意义上的

图 7.2　OSI 体系中的表示层

"机器零"，而不是将发方的"机器零"表示格式原封不动地交给收方的用户，表示层则要完成信息表示格式的转换。为了保持数据信息的意义，可以在发送前转换，也可以在接收后转换，或双方都转换为某标准的数据表示格式。

7.1.3　应用层的功能

应用层是 OSI 体系结构中的第七层，也是最靠近用户的一层，是用户与网络间的接口。

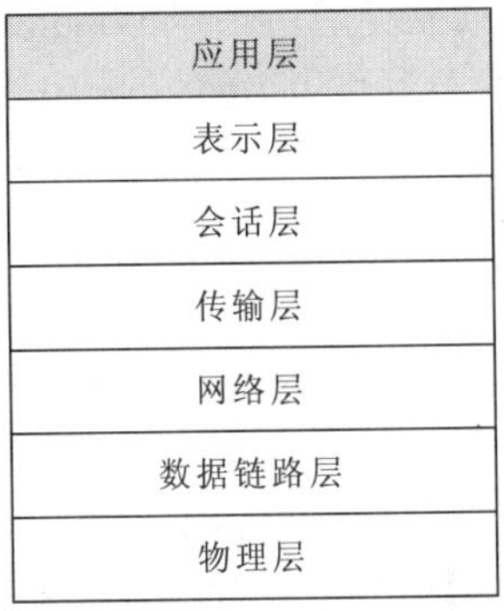

图 7.3　为 OSI 体系中的应用层

应用层直接为应用进程提供服务，确定进程之间通信的性质以满足用户的需要，不仅要提供应用进程所需要的信息交换和远程操作，而且还要为互相作用的进程的用户做代理。如图 7.3 所示的阴影部分为 OSI 体系中的应用层。

应用层为用户应用程序提供网络资源接口。在现今面向用户的计算环境中，人们期望应用层能够以透明方式为用户和应用程序提供网络资源的访问。也就是说，在对网络一无所知、甚至不知道网络资源的情况下，可以在网络上使用资源。应用层的其他一些功能还包括 E-mail、Web 浏览器、网络终端如 TELENT 等功能。切记，应用层并不包括用户程序，如字处理和电子表格等应用程序，但是这些程序通过应用层来访问网络资源。应用层是 OSI 模型的最高层。它给应用进程提供了访问 OSI 环境的手段。应用层的目的是作为用户使用 OSI 功能的唯一窗口。每个应用进程都是通过所在端开放系统中的应用实体，表示给其他开放系统的应用实体。应用层是功能最丰富、实现最为复杂的一层，同时又是不断开发和发展中的一层。

7.2　OSI 模型高层组件

在对网络高层故障诊断和维护之前，必须能够识别工作在这些层的网络设备和计算机上的组件及服务。首先分析会话层的组件，然后依次向上分析表示层和应用层组件，并在每一层中识别出相应的功能，提供维护每一层功能的方法与过程。

7.2.1　会话层的组件

会话层组件是 OSI 体系高层组件的一部分，但它的组件及服务不像识别底层组件那样有层次。会话层的主要工作之一就是把计算机名称解析成地址，这是在两台计算机之间建立通信会话的第一步。下一步通常是登录协商或验证过程。建立通信会话后，开始数据传输。一旦会话结束，就退出进程并关闭会话进程。

先介绍网络中计算机名称的解析过程，然后再分析建立会话连接及终止连接所涉及到的组件。

1. 名称解析

在 Internet 环境里仅仅使用 TCP/IP 协议和服务。也就是说，在纯粹的 TCP/IP 环境里，负责名称解析服务的是 DNS。DNS 把主机名称和域名解析成 IP 地址。

在 IPX/SPX 协议的 NetWare 环境中，使用 SPA 把网络资源名称解析为 IPX/SPX 地址。SAP 是一种特殊的 IPX 包，NetWare 广播这种包以便通知网络资源服务器可用。NetWare 客户机也利用 SAP 寻找 NetWare 资源。使用 IPX/SPX 协议的 Windows 环境利用 IPX 上的 NetBIOS 解析计算机名称。

除了与 IPX/SPX 和 TCP/IP 协议一起使用外，NetBIOS 也可独立使用。小型 Windows 网络使用 NetBEUI 协议，它是在数据链路层上作为会话层和传输层运行的简单的 NetBIOS 协议。NetBIOS 负责把计算机名称解析成 MAC 地址。

2. 建立和终止会话连接

在网络环境中，客户机与服务器之间利用登录进程来开始会话，利用退出进程来结束会话。TCP/IP 环境中，每一个应用层协议都有自己开始和结束会话的语法。例如 FTP 协议，FTP 客户端向 FTP 服务器发送 USER 命令，之后紧随用户姓名，接着发送 PASS 命令和用户密码。当 FTP 会话结束时，FTP 程序发送 QUIT 命令。虽然这些功能只是 FTP 客户端和服务器程序的一部分，但是它们完成了会话层指定的功能。其他作为 TCP/IP 协议簇一部分的应用程序，它们也有相似的会话建立和中断的命令来完成会话层的功能。

客户/服务器环境利用登录和退出进程开始和中断会话。登录过程中有一个进程决定用户可以登录的时间，哪些工作站可以登录以及用户可以访问哪些资源。当用户从资源中退出时，文件关闭，支持会话的网络进程中断，从而会话结束。网络客户端发动登录和退出过程，网络服务器处理相应的请求。

Windows 环境通过广播一系列包含 NetBIOS 命令的数据包，定位工作站想登录的服务器。如果服务器可用，则响应数据包，然后往返传送一系列的 SMB（Server Message Block，服务器信息包），协商建立连接的详细信息。建立合适的会话参数后，就开始传输数据。

不管是 TCP/IP、IPX/SPX 或者 NetBEUI 协议，每一种协议都有自己会话协商过程的细节，但是协商过程的目标却是相同的——在两台计算机之间为数据传输创建会话通信。当用户退出计算机或关闭计算机，关闭连接，SMB 数据包随之关闭。所有这些功能内置于 Microsoft 网络客户端软件中，如果想和其他 Windows 计算机通信，就需要安装此软件。Windows 服务器组件是 Microsoft 网络文件和打印机共享。在本章的后面将详细地讨论

Windows 环境中会话的建立和中断。

　　NetWare 环境使用 NCP 数据包开始和结束会话。NCP 可以运行在 IPX 或 IP 协议之上。当 NetWare 客户端发现使用 SAP 数据包的 NetWare 服务器时，就发送 NCP 登录请求。一旦登录请求经过处理，客户端和服务器之间的连接细节开始协商，就建立了连接；同时如果需要，可以运行登录脚本。客户机和服务器此时可以开始数据传输。当用户退出时，就发送 NCP 退出请求，此时文件关闭，会话中断。在 Windows 客户端工作站上，NetWare 客户端或 Novell 客户端软件处理客户机端的登录，NetWare 服务器处理服务器端的登录。

7.2.2　表示层的组件

　　表示层负责确定用户应用程序按应用层要求的格式接收数据。多数的应用层功能内置于应用程序中，这些应用程序实际上仅仅需要表示层提供服务，但是正式的表示层协议确实存在 ASN.1（Abstract Syntax Notation Number one，抽象语法符号）。ASN.1 是 ISO 的标准协议，在许多网络应用程序中得到使用，例如，它已经在 SNMP 使用，SNMP 协议是 TCP/IP 网络管理协议。在 HTTP 协议的新版本中，也叫下一代 HTTP 协议，也开始考虑使用 ASN.1。

　　目前在多数系统中明确表现表示层还有些困难。可能最好表现表示层功能的例子就是 Web 页文档中的 HTML 代码。HTML 代码指定了嵌入在文档中的信息（如电影或音频文件），它同时也能识别出处理文件所需的适当的应用程序和 Web 浏览器插件。因为表示层功能模糊，因此在本章只是简单讨论。

7.2.3　应用层的组件

　　应用层最靠近用户应用程序，因此为应用程序提供网络接口。这个接口非常重要，因为它使编程者不需要知道网络的具体工作细节的详细信息。但是这也可能导致问题，如果应用程序使用网络资源不当，将导致网络性能下降。

　　例如，在 Windows 操作系统中，应用层组件通常由一系列的 API（Application Programming Interfaces，应用程序接口）组成。一个网络 API 是一组操作系统子程序，程序开发人员可以从程序中调用，请求网络服务。例如，Windows 包括 WinsockAPI，它允许程序使用 TCP/IP 服务，NetBIOS API 允许为 NetBIOS 设计的程序访问网络资源。

　　NetBIOS API 有三种形式：IPX 上的 NetBIOS IPX（NBIPX）、IP 上的 NetBIOS 和 NetBIOS 帧协议（NBF），即 NetBEUI。虽然本书不讨论如何编写程序，但是理解术语的使用和 Windows 环境中使用的应用层组件是非常重要的。

　　除了 API，应用层组件还包括网络重定向器，它内置于网络客户端软件和服务器组件中。网络重定向器决定请求的资源对于应用程序来说是本地的还是网络上的。如果资源是本地的，那么就把请求发送到本地服务或驱动程序来处理资源；如果请求的是网络资源，重定向器就把请求传递到底层去。此功能可以使一般的程序，诸如字处理程序和电子表格处理程序等访问网络上的文件和打印机，而不必修改使其专门在网络环境中工作。

　　当用户打开字处理程序中的文件，字处理程序并不知道也不关心文件是在本地硬盘还是网络服务器上。文件请求只是简单地传给重定向器，由重定向器决定如何把请求传给适当的机器。Microsoft 网络的文件和打印共享是 Windows 环境中的重定向器。

当文件请求网络资源时，请求以 SMB 数据报的形式在网络上传输。SMB 数据报是 Microsoft、IBM 和 Intel 公司开发的协议，它包含重定向器使用的命令，指出包含在数据报中的请求和响应的类型。SMB 类似于 NetWare 网中 NCP 请求网络资源。

在 TCP/IP 环境中，应用层组件包括 DHCP、FTP、TELNET 和 HTTP 等。在 TCP/IP 模型的应用层定义了这些服务，主要与 OSI 模型的应用层相对应。但是 TCP/IP 模型的应用层包含了 OSI 模型的上面三层，因此这些服务自然就包括表示层和会话层的功能。

表 7.1 总结了 OSl 模型中在这三层中的许多网络组件，通过总结就可以开始故障诊断和网络维护工作。

表 7.1 网络高层协议及组件分布

组件类别	操作环境		
	Windows	NetWare	TCP/IP
应用层组件	Winsock、NetBIOS API、SMB、重定向器	NCP	FTP、TELNET、HTTP、DHCP、其他
表示层组件	SMB、重定向器	NCP	FTP、TELNET、HTTP、DHCP、其他
会话层组件	NetBIOS、WINS	SAP	DNS、RPC

7.3 会话层的故障诊断与排除

网络环境中的两台主机在开始数据传输前，必须能够定位计算机。定位计算机后必须建立通信会话的参数，一旦通信会话完成，会话必须终止。会话层主要负责此工作，不同的协议甚至同一协议的不同程序完成此工作的方式也不尽相同，因此并不建议直接去维护这些功能。

下面主要讨论名称解析服务的维护，描述如何定位另一台计算，接着讨论会话的建立和中断。首先讨论 TCP/IP 环境下的 DNS 服务，然后讨论 IPX/SPX 环境下的 SAP 会话层服务，最后讨论 Windows 环境下的 NetBIOS 会话层服务。

7.3.1 DNS 故障诊断与维护

本节主要讨论 DNS 的基本结构及 DNS 的操作过程，以及讨论 DNS 数据包的结构和与 DNS 服务和 DNS 服务器有关的故障诊断。

1. DNS 域名结构

Internet 使用的 DNS 系统是树型分层结构。这种树型分层结构包括几个域：根域、顶层域、二级域、子域和主机。在根域下，每一层又有分支，每一分支都有名称。当把分支的所有名称组合在一起，用句点分隔，就是网络资源的完全限定域名（Full Qualified Domain Name，FQDN），如 www.course.com。

顶层域分为几大类：商业盈利机构（.com）、非盈利组织（.org）、政府机关（.gov）、教育机构（.edu）和国家（两个字母的国家代码）等。二级域通常是公司或机构的名称。子域由几个被句点分隔的名字组成，并且是可选的，例如，它可以是一个组织的部门或分支机构。主机代表网络上的计算机。例如，www.marketing.xyzcorp.com，com 代表顶层域名，xyzcorp 是二级域名，marketing 是子域名，www 是网络上的主机。图 7.4 为 DNS 系统的树型分层结构。

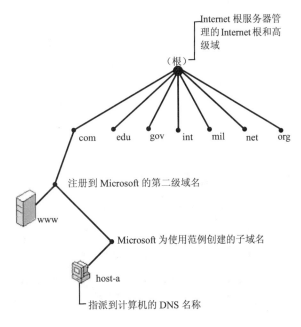

图 7.4 DNS 系统树型分层结构

2. DNS 数据包格式

DNS 数据包用 UDP 作为传输协议，使用端口号 53。DNS 数据包首先是 12 字节的报头；接着是数据部分，包括一个或几个请求和响应；还可以包含名称服务器的记录数和资源记录数。图 7.5 为协议分析仪捕获到的 DNS 查询请求与响应的数据包。

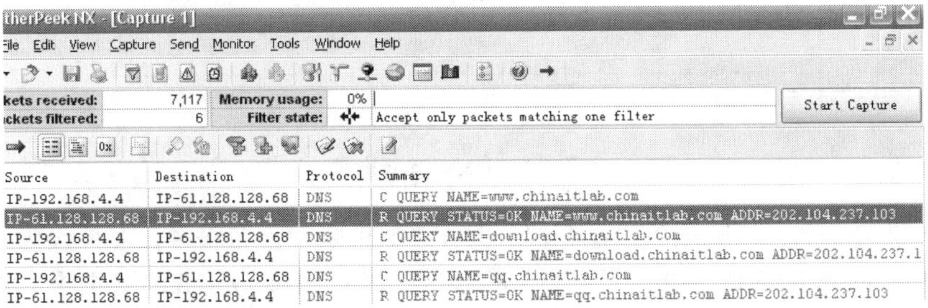

图 7.5 协议分析仪捕获到的 DNS 查询请求与响应的数据包

16 位的 ID 域用来匹配请求和响应。当 DNS 服务器响应请求时，此响应的 ID 域应该与请求的 ID 域相匹配。如果数据包是 DNS 查询，则 Q 位设为 0；如果是 DNS 响应，则设为 1。4 位的请求域有三个值：0 代表标准请求；1 代表反向查询；2 代表服务器状态请求。下面将详细说明各个位的含义。图 7.6 为协议分析仪解析的 DNS 查询请求与响应的数据包。

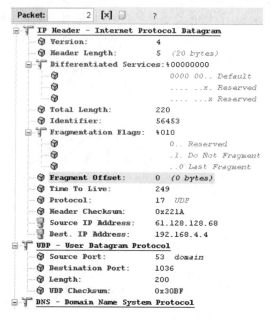

图 7.6 协议分析仪解析的 DNS 查询请求与响应的数据包

DNS 的报头格式如图 7.7 所示。

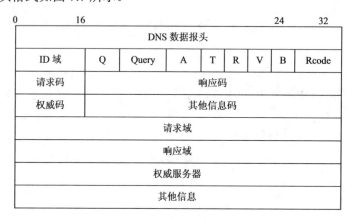

DNS 数据报头							
ID 域	Q	Query	A	T	R	V	B	Rcode
请求码	响应码						
权威码	其他信息码						
请求域							
响应域							
权威服务器							
其他信息							

图 7.7 DNS 报头格式

1）如果响应来自权威服务器，A 位设为 1；如果响应来自缓存，A 位设为 0。

2）如果 DNS 响应比 512 字节长，T 位设为 1，512 字节是 UDP 数据报允许的最大长度；当 DNS 响应比 512 字节长时，信息将被截断。

3）如果查询的计算机希望采用递推查询，R 位设为 1。

4）在响应中如果服务器可以执行递推查询，V 位设为 1。

5）三位的 B 位保留，必须设为 0。

6）服务器返回 4 位的 Rcode 位，表明响应状态，DNS 服务器响应查询请求可以是表 7.2 所示的几种形式。

若网络通信中不能正常收到 DNS 响应信息，DNS 响应代码可以提供故障诊断的信息。例如，响应代码是 5，则表示请求被拒绝。如果设法 ping 一台主机，主机名存在但域名不存在，那么将返回代码 3。响应代码是 2，则暗示不能解析请求，域中不存在权威服务器，如果域名输入错误，将出现这种情况。

表 7.2 DNS 响应代码

响应代码	状态描述
0	无错误条件
1	由于格式错误，无法翻译请求
2	由于服务器故障，无法处理请求
3	请求的名字不存在
4	不支持请求的类型
5	拒绝请求

3. DNS 故障分析

DNS 服务出现的问题通常是服务器配置错误，DNS 缓存中陈旧记录或者是域中的权威服务器不同步（权威服务器可以是多台，经常由多台服务器提供容错和冗余，权威服务器之间可能存在不同步的现象）。

简单的输入错误可能导致服务器配置错误。如果管理员错误地输入了域名或主机名，就无法再找到正确的名称。当服务器关机，失去 DNS 数据更新，再开机后，服务器之间就会存在不同步；同样如果两台服务器之间通信失败一段时间，也会产生不同步现象。

当计算机执行反向 DNS 查询时，对给定的 IP 地址将得到 FQDN 地址。虽然大多数的 DNS 查询请求是基于域名和主机名的 IP 地址，但是当目标设备需要验证源 IP 地址的身份时，就需要反向查询。为了安全起见，可能需要此过程。例如，Internet 资源希望排除某些特定域的访问，或确保跟踪数据包到某个域，以防发送者恶作剧或黑客袭击。

PTR 记录使得反向查询成为可能。一条 PTR 记录由以下几部分组成：名字域是反向表示的 IP 地址，类型域标记为"PTR"，数据域是指定计算机的主机名。一般情况下，当创建 A 记录时，可以选择为每台主机自动创建相关的 PTR 记录。如果没有创建 PTR 记录，就不能进行反向地址查询。由于不能解析主机名，造成网络用户不能访问某些 Internet 资源，这很可能是因为没有 PTR 记录。

管理多个域的大多数机构都至少有一台主 DNS 服务器。主 DNS 服务器拥有区域文件的主复制权，二级 DNS 服务器只有区域文件的复制权。当域发生变化时，主 DNS 服务器同时发生变化。主 DNS 服务器上的 SOA 记录包括一个序列号；为了使二级 DNS 服务器知道数据库发生了变化，同时与主 DNS 服务器保持同步，此序列号必须增加。如果二级 DNS 服务器没有收到新的区域文件，使用二级 DNS 服务器进行查询的工作站就不能正确地发现主机或域名的变化。

4. DNS 故障诊断

nslookup 是标准的基于 TCP/IP 环境的诊断工具，在 UNIX、Windows 操作系统中有不同的版本。利用 nslookup 可以方便地直接向名称服务器发送 DNS 请求，而不需要改变操作系统中默认的名称服务器设置。用这种方法可以避开本地名称服务器，直接查询可能没有正确缓存的 IP 地址。

除了查询主机名，使用 nslookup 工具可以得到其他的资源记录。例如，可以找到 MX 记录（域中的邮件服务器）、NS 记录，得到域中所有名称服务器的列表；另外，只要请求的名称服务器是权威的，还可以列出域中所有的记录。

当想用 Web 浏览器定位维护域中公司的信息,但是对于名称服务器又没有管理权限时，nslookup 是非常有用的工具。此时，可以利用 nslookup 工具核实主机是否加入到 DNS 服务器中；甚至可以查询根服务器，确定本域的信息是否已在 Internet 上传播。当第一次注册域并开始增加主机时，这个工具非常有用。

在 Windows 操作系统中的命令提示符下就可以运行 nslookup 工具。在"开始"菜单中单击"运行"，输入"cmd"。在命令提示符界面下，输入"nslookup"，如图 7.8 所示。

当运行 nslookup 时，可以指定要查询的名字和所选的 DNS 服务器，如图 7.9 所示。

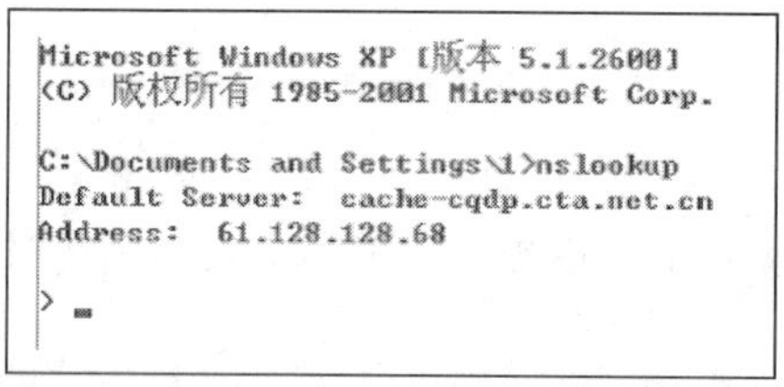

图 7.8　Nslookup 工具运行界面

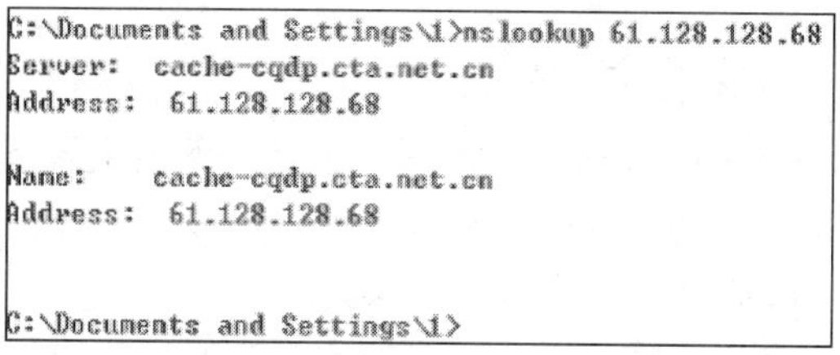

图 7.9　指定要查询 DNS 服务器

如果省略了 DNS 服务器的话，它将使用 TCP/IP 设置中默认的 DNS 服务器。如果只是简单地输入 nslookup 命令，将进入交互方式，可以有多种选择，如图 7.10 所示。

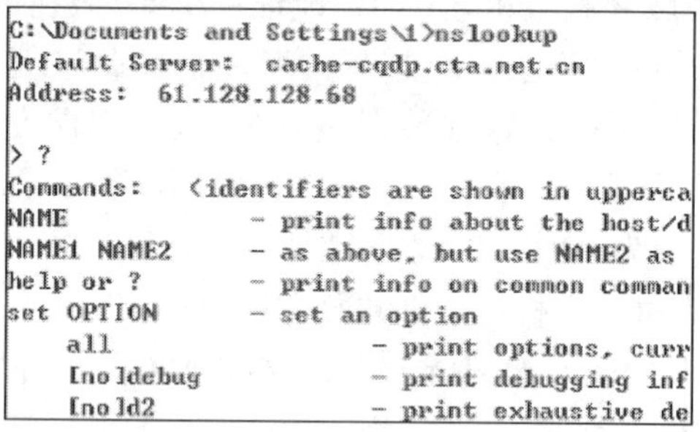

图 7.10　nslookup 命令选项

7.3.2　基于 IPX 环境的 SAP 故障诊断与维护

SAP 是在 IPX 环境中将网络资源名称解析为 IPX 地址的会话层协议。IPX 环境中的会话层与 TCP/IP 环境中的会话层有极大的不同，其内部机制不同，但目标是相同的：定位资源，获得对资源的访问，与资源建立通信会话。

TCP/IP 环境需要客户机知道 DNS 服务器的地址，从而找到所需资源的地址。与此不同，NetWareIPX 环境通过广播 SAP 数据包发现网络资源。发现网络资源的过程如下：

1）客户机必须找到服务器，然后就数据包大小等会话参数达成一致。

2）客户机必须登录到服务器上。

3）数据传输会话开始。

在这过程中，客户机在登录到服务器之前，广播 GNS（Get Nearest Server）的 SAP 包，在广播域中的 NetWare 服务器使用它们的名称和地址加以响应；接着客户机通过每个服务器的响应试图得到网络 ID 号，网络 ID 号是 NetWare 服务器的内部网络号，当客户机得到网络 ID 号后，就开始创建连接，并交换其他会话参数，最后开始登录。成功登录后，开始数据传输。

用 GNS 请求发现资源也有缺点。例如，GNS 是广播包，需要同一子网中的设备响应，默认情况下，路由器不能转发广播包到其他子网，因此限制了 SAP 包的处理。

名称解析过程中主要涉及两种类型的 SAP 包：一种是 GNS 包；另外一种是由 NetWare 服务器产生的广播包，它向其他 SAP 设备广播 NetWare 服务器可以提供的服务。

下面讨论路由器的作用。运行 IPX 协议的路由器负责侦听 NetWare 服务器产生的 SAP 广播，当收到 SAP 包时，就把信息存入表中。子网上的客户机发出没有 NetWare 服务器的 GNS 请求时，路由器就用另一子网的 NetWare 服务器地址响应。

NetWare 服务器发出的广播包存在这样的问题：路由器总是用 SAP 表中的第一个服务器响应请求，可能还有其他的服务器可用，但路由器总是选择 SAP 表中的第一个。早上 8 点当所有的人打开计算机登录时，这个问题不仅会淹没 NetWare 服务器，而且还会导致服务器用完所有的连接许可协议。即使路由器响应的服务器不是用户最终登录的服务器，最初的登录准备也需要连接许可。这种名称解析方法存在的另一个问题是：由于广播额外地增加了网络负担，同时也增加了维护 SAP 表和响应 GNS 请求的路由器的负担。

7.3.3　NetBIOS 维护

网络基本输入输出系统 NetBIOS 是一种应用程序接口，系统可以利用 WINS 服务、广播等多种模式将 NetBIOS 名称解析为相应的 IP 地址来定位网络资源。因为 NetBIOS 具有占用资源少、传输效率高等优点，特别适合在小型局域网使用。当安装 TCP/IP 协议时，NetBIOS 也被 Windows 系统默认安装，安装了它的计算机也具有了 NetBIOS 的开放性，139 端口被打开。

在局域网环境中，NetBIOS 应用在三种协议的上层（TCP/IP 上的 NetBIOS，IPX/SPX 上的 NetBIOS 和 NetBEUI），或直接应用在链路层的上层。此时，"某个协议上"指的是协议用 NetBIOS 头封装。

除了会话层功能外，NetBIOS 还有其他功能。在局域网中两个比较重要的功能是计算机名称注册和会话建立。接下来将讨论每一项功能。

1. NetBIOS 名称注册

NetBIOS 一个重要特点是动态名称解析功能。当网络中有运行 NetBIOS 的计算机时，它就试图向侦听的计算机注册 NetBIOS 名，而且可以利用 NetBIOS 配置中的每个协议进行名称注册，这个过程通过一系列的广播或组播来完成。从某种意义上说，它与 NetWare 的 SAP 广播非常相似，因为计算机不仅注册 NetBIOS 名，还注册提供的服务。

注册的名称包括计算机名、工作组名、信使服务名和域名。成功注册后，还要注册用户名。不但每个运行 NetBIOS 的协议注册这些名字，而且根据协议不同，每个名字可以注册三到四次。多次注册名字是为保证相同名字的机器之间不存在冲突。

如果网络上有两到三个协议运行，早上 8 点时，所有的名称注册意味着什么?这意味着大量的广播流量。在一台装入 TCP/IP、IPX/SPX 和 NetBEUI 协议的 Windows 计算机上，笔者曾经发送了 44 个广播数据包，用来注册 NeBIOS 名称，请求服务器，登录到 Windows 系统服务器上。一台 Windows 登录请求数据包可以达到 121 个。

当 NetBIOS 在 TCP/IP 协议上运行时，NetBIOS 名称注册包将是 WINS 数据包的形式。WINS 数据包中的信息和 IPX/SPX 上的 NetBIOS 或 NetBEUI 发送的数据包中的信息相同，这是分层结构优点的最好例子。下层的网络层和传输层协议可以是 TCP/IP、IPX/SPX，虽然协议有很大不同，但 NetBIOS 信息在会话层上的工作却是相同的，可以与这些协议一起工作。

2. NetBIOS 会话建立

当注册完 NetBIOS 名后，启动机器发送登录请求。登录请求也可以用支持 NetBIOS 的任何协议发送，因为客户机并不知道服务器运行了哪种协议。在工作顺利的情况下，这种建立并不是十分有用，但是当出现网络故障的时候就可以使用这些信息，对比工作跟踪过程和非工作跟踪过程来判断出现问题的地方。

7.3.4 WINS 的维护

WINS 为 NetBIOS 名字提供名字注册、更新、释放和转换服务。这些服务允许 WINS 服务器维护一个将 NetBIOS 名字链接到 IP 地址的动态数据库,从而大大减轻了网络通信的负担。所以，WINS 服务特别适合大型局域网工作。

WINS 服务器为客户端提供名字注册、更新、释放和转换服务的基本工作过程如下。

1. 名字注册

名字注册就是客户端从 WINS 服务器获得信息的过程。在 WINS 服务中，名字注册是动态的。

当一个客户端启动时，它向所配置的 WINS 服务器发送一个名字注册信息（包括了客户机的 IP 地址和计算机名），如果 WINS 服务器正在运行，并且没有其他客户机注册了相同的名字，服务器就向客户机返还一个成功注册的消息（包括了名字注册的存活期 TTL）。

与 IP 地址一样，每个计算机都要求有唯一的计算机名，否则就无法通信。如果名字已经被其他计算机注册了，WINS 服务将会验证该名字是否正在使用。如果该名字正在使用，则注册失败（发回一个表示否定的信息），否则就可以继续注册。

2. 名字更新

因为客户端被分配了一个存活期，所以它的注册也有一定的期限，过了这个期限，WINS 服务器将从数据库中删除这个名字的注册信息。它的过程如下：

1）在过了存活期的 1/8 后，客户端开始不断试图更新它的名字注册，如果收不到任何响应，WINS 客户端每过 2 分钟重复更新，直到存活期过了一半。

2）当存活期过了一半时，WINS 客户端将尝试与次选 WINS 服务器更新它的租约，它的过程与首选 WINS 服务器一样。

3）如果时间过了一半后仍然没有成功的话，该客户端又回到它的首选 WINS 服务器。

在该过程中，不管是与首选还是次选 WINS 服务器，一旦名字注册成功之后，该 WINS 客户端的名字注册将被提供一个新的存活期的数值。

3. 名字释放

在客户机的正常关机过程中，WINS 客户端向 WINS 服务器发送一个名字释放的请求，以请求释放其映射在 WINS 服务器数据库中的 IP 地址和 NetBIOS 名字。收到释放请求后，WINS 服务器验证一下在它的数据库中是否有该 IP 地址和 NetBIOS 名，如果有就可以正常释放了，否则就会出现错误（WINS 服务器向 WINS 客户端发送一个否定响应）。

如果客户机没有正常关闭，WINS 服务器将不知道其名字已经释放了，则该名字将不会失效，直到 WINS 名字注册记录过期。

4. 名字解析

客户端在许多网络操作中需要 WINS 服务器解析名字，例如，当使用网络上其他计算机的共享文件时，为了得到共享文件，用户需要指定两件事，即系统名和共享名，而系统名就需要转换成 IP 地址。名字解析过程如下：

1）当客户机想要转换一个名字时，它首先检查本地 NetBIOS 名字缓存器。

2）如果名字不在本地 NetBIOS 名字缓存器中，便发送一个名字查询到首选 WINS 服务器（每隔 15 秒发送一次，共发三次），如果请求失败，则向次选 WINS 发送同样的请求。

3）如果都失败了，那么名字解析可以通过其他途径来转换，例如本地广播、lmhosts 文件和 hosts 文件，或者 DNS 来进行名字解析。

7.4 　 表示层的故障诊断与排除

准确定位表示层的组件和功能非常困难，因此只能简单地讨论一下。每一种网络应用程序都包括必要的编程，处理应用程序希望处理的数据。任何数据翻译过程只是在应用程序内部进行，在数据跟踪过程中并不能看到。表示层出现问题体现在屏幕和传输的文件里出现杂乱无章的数据，这种情况下，除了联系应用程序厂商修复数据外，别无他法。

如果应用程序配置中有允许数据翻译选项，那么用户可以自己修复表示层问题。例如，一个普通的数据翻译例子是字符的 ASCII 码和 EBCDIC 码。ASCII 码在计算机中表示打印字符，EBCDIC 码用在 IBM 环境中。如果把文本文件从使用 EBCDIC 码的 IBM 机器传到使用 ASCII 码的计算机上，数据看起来非常奇怪，除非数据经过翻译。一些文件传输程序中有配置选项，如果不能自动进行数据翻译，可以配置程序使其执行翻译功能。

7.5 　 应用层的故障诊断与排除

应用层是 OSI 模型中的最高层。OSI 模型中层次越高，功能就越复杂，越不清晰。这是因为层次越高，就越接近人类的活动。

仔细考虑一下，开始和结束网络通信需要会话层。因为人类不使用二进制数据，所以展示给大家和应用程序的数据应当是可以理解的数据，因此需要表示层。我们需要用户接口，并不想知道如何访问网络资源，所以需要应用层。人类与计算机系统互相作用，增加了网络和操作系统软件的复杂度。

TCP/IP 协议簇包括许多有用的应用程序，每一个应用程序都相当精确地定义了各自工作的方式。如 FTP 协议用于上传和下载文件；TELNET 用于和远程主机进行类似于终端的通信；HTTP 用于 Web 页浏览；DHCP 用于管理 IP 地址。还有其他应用层程序和功能，下面来详细讨论适用与 TCP/IP 的常用应用层的相关服务。

TCP/IP 定义了一套协议，用于完成应用层的特殊功能，如 FTP 用于文件传输，实际上与 FTP 功能一起，还存在一个用户应用程序。这就使得维护和诊断 TCP/IP 应用层功能比维护客户/服务器环境下的应用层简单得多。只需要注意一个应用程序，理解程序将干什么即可。

TCP/IP 程序用 TCP 或 UDP 端口号标识接收数据的应用程序。如果程序需要数据可靠传输、容错检验以及恢复机制，就使用 TCP 作为传输协议，如 FTP、HTTP 应用程序。如果程序是简单的基于局域网的程序，或者在单个数据包中传输的大量数据，就可是使用 UDP。当分析 TCP/IP 程序时可以很好地利用这些知识，因为可以把捕获数据包局限在特定的传输协议和特定的端口上。

7.5.1 FTP 服务维护

文件传输协议 FTP 是 Internet 上使用最广泛的应用之一。目前 Internet 上几乎所有的计算机系统都带有 FTP 工具，用户通过它可以将文档从一台计算机上传到另外一台计算机上。

普通的 FTP 服务要求用户必须在要访问的计算机上有用户名和口令。而 Internet 上最受欢迎的是称为匿名 FTP 的服务，用户在登录这些服务器时不用事先注册一个用户名和口令，而是以 "anonymous" 或 "ftp" 为用户名，自己的电子邮件地址为口令即可。

匿名 FTP 是目前 Internet 上进行资源共享的主要途径之一。它的特点是访问方便，操作简单，容易管理。Internet 上有许多的资源都是以 FTP 的形势提供给大家使用的，包括各种文档、软件工具包等。

与大多数 Internet 服务一样，FTP 也是一个客户/服务器系统。用户通过一个支持 FTP 协议的客户机程序，连接到在远程主机上的 FTP 服务器程序。用户通过客户机程序向服务器程序发出命令，服务器程序执行用户所发出的命令，并将执行的结果返回到客户机。比如说，用户发出一条命令，要求服务器向用户传送某一个文件的一份拷贝，服务器会响应这条命令，将指定文件送至用户的机器上。客户机程序代表用户接收到这个文件，将其存放在用户目录中。

FTP 服务器默认情况下使用端口 21 和端口 20。大多数 FTP 服务器允许改变端口号，如果想隐藏服务器，只允许少数人登录，这将非常有用。为了使问题简单，这里只是用 FTP 的标准端口号。端口 21 是命令端口，通过此端口建立最初的 FTP 会话，并发送 FTP 命令。端口 20 是默认的数据端口，用来传输文件数据。在 FTP 会话过程中，可以看到两次三向握手：一次是用端口 21 建立连接；另一次是在成功登录并传送文件命令后，用端口 20 建立连接。从某种意义上说，启动连接和登录这两个功能都是会话层功能，它们内置于 FTP 客户端和服务器端程序中。

遇到的多数 FTP 问题都是诸如错误的用户名和密码等简单问题，出现这些问题与管理员或服务器改变了账号信息，或者是用户忘记了密码有关。但是登录过程中有一点必须注意：密码是以明文形式传送的。明文传送就意味着密码没有加密，其他人可以轻易地捕获数据包，截获密码。显然这就存在网络安全隐患，尤其是当大多数的账号使用同一个用户名和密码。如果黑客捕获了 FTP 会话，那么用户名和密码将泄漏，使得黑客可以访问许多账号。因此，对于密码没有加密的应用程序使用不同的密码是非常安全的方法。

图 7.11 是使用协议分析仪捕获到的 FTP 的连接和登录过程，整个交换过程使用服务器端口 21 和客户端口 1249。FTP 登录过程通过免费的 FTP 客户端软件 FlashGet 完成，服务器是 Serv-u FTP Server 服务器。协议分析的详细信息如下：

1）1～3 数据包是普通的 TCP 三次握手，目的端口是 21，源端口是为 FTP 客户端随机选择的端口号 1249。

2）4 数据包是 FTP 服务器发送的问候包。

3）5 数据包包含 FTPUSER 命令，后面是 FTP 用户名 ftpuser。

4）6 数据包是服务器响应包，暗示需要用户提供密码。

5）7 数据包表明客户端发送 PASS 命令，后面是 FTP 密码。

6）8～9 数据包是服务器确认包以及成功登录的消息。

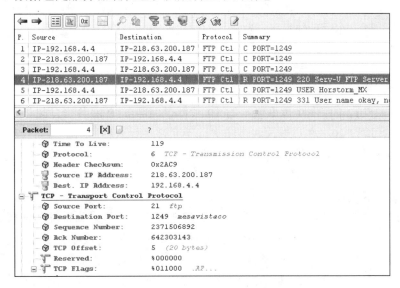

图 7.11　FTP 的连接和登录过程

登录后，用户可以列出文件以及上传和下载文件。图 7.12 显示 FTPlist 命令涉及的数据包，list 命令用于列出目录中的内容。第 17 数据包是客户端传送的 list 命令；第 18 数据包是服务器响应包，表示已经打开 ASCII 模式的数据连接；第 19 数据包是为服务器端口 20 和客户端端口 1347 开辟新的通信会话的三向握手；第 23 数据包中是服务器发送的目录列表；第 20 数据包是 FINTCP 包，表明数据传输结束。

通过 ACK 号，可以分辨出第 24 数据包是第 17 数据包的 ACK 数据包。第 17 数据包中的 SEQ 号加上 TCP 数据长度 53 就可以得到第 24 数据包中的 ACK 号。最后两个数据包（没有显示）通过客户端发送的 FINACK 数据包和服务器发送的最后 ACK 数据包关闭 20

端口会话，从而完成数据传输过程。端口 21 会话直到用户从 FTP 服务器退出才关闭。

```
Packet  Summary
     7  C PORT=1347 PASS Downc
     8  R PORT=1347 230 User logged in, proceed.
     9  C PORT=1347 REST 100
    10  R PORT=1347 350 Restarting at 100. Send STORE or RETRIEVE.
    11  C PORT=1347 REST 0
    12  R PORT=1347 350 Restarting at 0. Send STORE or RETRIEVE.
    13  C PORT=1347 TYPE A
    14  R PORT=1347 200 Type set to A.
    15  C PORT=1347 PASV
    16  R PORT=1347 227 Entering Passive Mode (218,63,200,187,17,12)
    17  C PORT=1347 LIST /pictool/jshw2004.rar
    18  R PORT=1347 150 Opening ASCII mode data connection for /bin/ls.
    19  C PORT=1347
    20  R PORT=1347 226 Transfer complete.
    21  C PORT=1347 TYPE I
    22  R PORT=1347 200 Type set to I.
    23  C PORT=1347 SIZE /pictool/jshw2004.rar
    24  R PORT=1347 213 201459828
    25  C PORT=1347 TYPE I
    26  R PORT=1347 200 Type set to I.
    27  C PORT=1347 PASV
    28  C PORT=1347
```

图 7.12　FTPlist 命令涉及的数据包

图 7.11 和图 7.12 说明了典型的 FTP 会话过程，非常简单，一般不会出现错误。但是有时也会出现问题，在这种情况下，知道 FTP 会话过程将有助于跟踪错误会话。

经常出现的问题是在防火墙的后面启动 FTP 传输。许多防火墙设置为允许 FTP 在网络内部启动，不允许从网络外部启动。即用户可以从 Internet 上传和下载文件，却不允许 Internet 上的计算机和公司内部网络上的服务器进行 FTP 传输。

再看一下图 7.12 的第 19 数据包。第 19 数据包表明 FTP 服务器发起与客户端的 TCP 三次握手，打开端口 20；客户端的许多防火墙不允许进行这种通信，因为管理员不想从网络外部启动 TCP 会话。防火墙将允许客户端发起 FTP 传输，但只是开放服务器的 21 端口。一般是服务器在端口 20 启动数据传输会话，许多防火墙不允许这个过程，因为 TCP 会话不能从外部服务器发起。

可以通过下面的方法解决上述问题。许多 FTP 客户端可以设为被动传输模式，大多数的服务器都支持这种模式。被动传输模式需要客户端使用端口 21 向服务器发送消息，请求被动传输模式；如果服务器允许被动传输，则用确认加以响应；然后客户端使用一对随机的端口发起 TCP 三次握手，在其上就可传输文件和目录列表。这种方法避免了防火墙拒绝 FTP 服务器发起 TCP 连接的问题。

解决数据连接失败问题的另一种方法是配置防火墙，允许从端口 20 进行数据连接。但是，这样就存在网络安全问题，因为它回避了不允许从网络外部发起 TCP 会话的问题。

7.5.2　HTTP 服务维护

HTTP 是一个由客户机启动的访问 Web 内容的请求与应答协议。使用 HTTP 的最流行应用程序是 Web 浏览器，如 Internet Explorer 或 Netscape Communicator 等，用来从 Internet 或者 Intranet 的 Web 服务器端下载网页信息。网页使用 HTML（超文本标记语言）来编辑超文本网页文档。HTML 能够用来直接表示简单的文本和进行图形的显示，并提供较复杂的图像、应用或 Java Applets 脚本的加载，HTML 也提供可导航到其他 Web 主页的"超链接（hyperlinks）"。

Web 浏览器用 HTTP 协议请求网页信息，包括 Internet 服务器上的多媒体信息。网页的格式为 HTML，允许文字和图片链接到其他 HTML 文档上。链接属于超级链接，是可选的，通过单击鼠标，可以从一个 Web 页转移到另一网页。因为 HTML 代码告诉 Web 浏览器何种类型的内容可以装入以及内容如何格式化，所以 HTML 可以认为是 HTTP 协议的表示层部分。

就像 FTP 一样，HTTP 是一种客户/服务器模式（现在更多说法叫浏览器/服务器模式），客户端是 Web 浏览器，服务器端是 Web 服务器软件，有时也称为 HTTP 后台进程。客户端通过 URL 发起 Web 浏览器会话，URL 通过"协议://域名地址"来指定 Web 资源。

多数 Web 浏览器还支持其他协议，如 FTP、gopher 等。HTTP 客户端经常向服务器发送两种请求：GET 和 POST。GET 要求服务器发送特殊文件的内容，通常由 Web 浏览器显示；POST 允许浏览器向服务器发送信息，例如，用户向服务器发送填完的在线表格时使用 POST 请求。

图 7.13 说明了典型的 Web 浏览器会话。首先，客户端必须把主机名和域名解析成 IP 地址。Web 浏览器也可以把 IP 地址作为 URL，使用非常简单。使用 IP 地址请求 Web 页有一个好处：使用主机名和域名不能显示 Web 网页时，可以直接输入网址的 IP 地址（当然你得事先知道），如果用 IP 地址可以显示，那么问题就和 DNS 设置或者域名服务器有关。

图 7.13 中，数据包 1 和 2 是 DNS 请求；3～5 是 TCP 的三次握手，此时在端口 80 打开与 Web 服务器的会话，80 端口是 HTTP 服务器的默认端口；数据包 6 是 HTTP 协议的第一个包，此时执行 HTTP GET。

P..	Source	Destination	Size	Protocol	Summary
1	IP-192.168.4.4	cache-cqdp.c...	79	DNS	C QUERY NAME=www.linkwan.com
2	cache-cqdp.c...	IP-192.168.4.4	209	DNS	R QUERY STATUS=OK NAME=www.linkwan.com ADDR=218.16.120.18
3	IP-192.168.4.4	www.linkwan.com	66	HTTP	Src= 1214,Dst= 80,....S.,S=4208077594,L= 0,A=
4	www.linkwan.com	IP-192.168.4.4	66	HTTP	Src= 60,Dst= 1214,.A..S.,S= 241453400,L= 0,A=4208077
5	IP-192.168.4.4	www.linkwan.com	64	HTTP	Src= 1214,Dst= 80,.A....,S=4208077595,L= 0,A= 241453
6	IP-192.168.4.4	www.linkwan.com	422	HTTP	C PORT=1214 GET /
7	www.linkwan.com	IP-192.168.4.4	1...	HTTP	R PORT=1214 HTML Data
8	www.linkwan.com	IP-192.168.4.4	1...	HTTP	R PORT=1214 HTML Data
9	IP-192.168.4.4	www.linkwan.com	64	HTTP	Src= 1214,Dst= 80,.A....,S=4208077959,L= 0,A= 241456
10	www.linkwan.com	IP-192.168.4.4	1...	HTTP	R PORT=1214 HTML Data
11	IP-192.168.4.4	www.linkwan.com	64	HTTP	Src= 1214,Dst= 80,.A....,S=4208077959,L= 0,A= 241457
12	www.linkwan.com	IP-192.168.4.4	1...	HTTP	R PORT=1214 HTML Data

图 7.13　Web 浏览器会话过程

注意图中最下面数据包 6 的 HTTP 部分。客户端通知服务器，浏览器支持的 HTTP 版本和所接收的数据类型。客户端指出接收的各种图像类型和文档类型，如 Excel、PowerPoint、Word 等。这是表示层的功能，但内置于应用层 HTTP 协议中，因为 TCP/IP 没有指定单独的表示层。

数据包 8 是响应客户端 GET 请求，服务器返回的 HTML 数据；9 是客户端的另一个 GET 请求，这一次指定的文件为 index2.htm。服务器在数据包 8 中返回的 HTML 数据指出，在文件中嵌入了 index2.htm，就像在字处理文件中嵌入图像文件一样。本例中，index2.htm 是显示在框架中的文件。

图 7.14 中的数据包 38 非常奇怪，为什么会出现另一个 TCP 的三次握手?因为 HTTP 是

多任务协议，所以可以在同一个 HTML 文件中同时打开多个 TCP 会话，处理多个文件的请求。数据包 38 打开另一个会话，请求下一个文件。图 7.14 中其他的包为 HTTP GET 包、HTTP 数据包和 TCP 确认包。

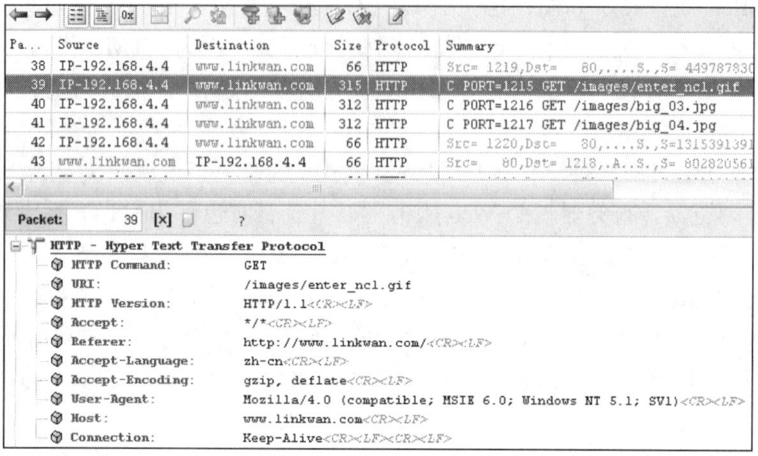

图 7.14　HTTP 协议版本

当整个页面显示时，才载入所有的 Web 页、图像和其他多媒体文件。所有的数据传送完后，服务器发送 TCP FIN 包，客户端发送 TCP FIN 包（没有显示）。总共需要 92 个数据包传送一个简单的 Web 页。

HTTP 出现的问题通常是 Web 页的内容和浏览器的性能不兼容造成的。例如，微软的 Web 浏览器和 Netscape 浏览器支持的 HTML 代码稍微不同，而且旧的浏览器可能不支持 HTML 新版本的特征。解决这些问题只有升级浏览器软件。

有时不好的 HTML 代码也会导致 Web 浏览器失败，但是捕获 HTTP 会话有助于发现问题。如果问题与其他人的网页有关，则无能为力；如果问题出在自己的网页，则可以编辑或删除错误代码。例如，正在设计的网页，当访问 Web 地址时可以跟踪一下，就会发现设计的网页导致同时打开了过多的 TCP 会话。如果不改变代码，服务器就会用完可用的 TCP 会话，而且加载页面产生的过多数据包还会使页面显示非常慢。

7.5.3　TELNET 服务维护

TELNET 的作用就是让用户以模拟终端的方式，登录到 Internet 的某台主机上。一旦连接成功，这些个人计算机就好像是远程计算机的一个终端，可以像使用自己的计算机一样输入命令，运行远程计算机中的程序。TELNET 用于 Internet 的远程登录。它可以使用户坐在入网的计算机键盘前，通过网络进入远距离的另一入网计算机，成为那台计算机的终端。当用 TELNET 登录进远程计算机时，实际上启动了两个程序：一个叫"客户"程序，它在本地机上运行；另一个叫"服务器"程序，它在要登录的远程计算机上运行。

在 Internet 中，很多服务器都采取这样一种客户/服务器结构。对 Internet 使用者来讲，通常仅需了解客户程序。客户程序要完成如下操作：

1）建立与服务器的 TCP 连接。

2）从键盘上接收输入的字符。

3）把输入的字符串变成标准格式并送给远程服务器。

4）从远程服务器接收输出的信息。

5）把该信息显示在屏幕上。

TELNET 会话开始是交换参数，决定操作模式。大多数参数都是表示层参数，例如字符编码方式、终端仿真类型等。图 7.15 显示的是 Windows TELNET 客户端和 Windows 服务器建立 TELNET 会话的跟踪包。TELNET 工具在远程管理 Windows 服务器时非常有用。前三个数据包是熟悉的 TCP 三向握手，后面三个数据包是 Windows TELNET 服务器和客户端所特有的，为什么呢?因为 Windows TELNET 服务器程序需要验证。许多运行 TELNET 的系统都有登录进程，在 TELNET 连接建立后进行。但是 Windows 在连接前需要 TELNET 客户端提供 NT Lan Manager（NTLM）验证。Windows 服务器和客户端都支持 NTLM 验证。

P..	Source	Destination	Size	Protocol	Summary
1	IP-192.168.4.4	IP-166.111.8.238	66	TELNET	Src= 1259,Dst= 23,....S.,S=4038091452,
2	IP-166.111.8...	IP-192.168.4.4	64	TELNET	Src= 23,Dst= 1259,.A..S.,S=2996047618,
3	IP-192.168.4.4	IP-166.111.8.238	64	TELNET	Src= 1259,Dst= 23,.A....,S=4038091453,
4	IP-166.111.8...	IP-192.168.4.4	64	TELNET	253/24
5	IP-192.168.4.4	IP-166.111.8.238	64	TELNET	251/24 251/31
6	IP-166.111.8...	IP-192.168.4.4	1...	TELNET	250/24 .240/255 ..251/3 251/0 253/31 253
7	IP-192.168.4.4	IP-166.111.8.238	64	TELNET	Src= 1259,Dst= 23,.A....,S=4038091254,
8	IP-166.111.8...	IP-192.168.4.4	225	TELNET	.. .[1m3366[....: 23674](2543 WWW GUEST)
9	IP-192.168.4.4	IP-166.111.8.238	89	TELNET	250/24 .ANSI240/255 ..253/3 253/0 250/31
10	IP-166.111.8...	IP-192.168.4.4	64	TELNET	Src= 23,Dst= 1259,.A....,S=2996049249,
11	IP-192.168.4.4	IP-166.111.8.238	64	TELNET	g
12	IP-166.111.8...	IP-192.168.4.4	64	TELNET	Src= 23,Dst= 1259,.A....,S=2996049249,
13	IP-192.168.4.4	IP-166.111.8.238	64	TELNET	u
14	IP-166.111.8...	IP-192.168.4.4	64	TELNET	g

图 7.15　协议分析仪跟踪的 TELNET 连接过程

图 7.16 说明了 TELNET 连接所执行的一条简单命令 dir ——显示目录列表。数据包 1 表示字母 "d" 从客户端发送到服务器端；数据包 2 表示服务器响应字母 "d"，并用 ASCII 码表示；数据包 3 是数据包 2 的客户端 ACK。输入的每个字母都产生独立的数据包，一条简单的命令总共包括 12 个数据包。数据包 10 是 Enter 键产生的字符；数据包 11 包含重要的请求数据。在图 7.15 中，注意数据包 13 长度是 1233 字节，它包含发送给客户端的目录列表。

处理整行数据的 TELNET 客户端和服务器在发送数据包前，可能把数据包的数目减少到三个。因此，如果工作主要是 TELNET，不妨找一个能减少网络开销的客户端和服务器，把输入的所有行作为整体来处理，而不用一个字母一个字母地输入。如果只是偶尔使用 TELNET 或有少数人使用，这就不存在问题。

当然作为网络管理员，总是有许多问题需要注意。例如，TELNET 作为基于字符的终端仿真程序，一次击键就产生一次输入，每次输入产生三个数据包，接近 200 字节的数据，这只是一次击键的数据。第一个包传输这次击键的内容；第二个数据包是服务器响应客户端的击键，然后客户端显示给用户；第三个数据包是客户端的 ACK 数据包。这看起来非常浪费带宽，但单个用户一秒不可能产生数百个数据包，除非用户打字非常快。因此，只是当一个网段上有上百个用户同时不停地使用 TELNET 程序时,才出现 TELNET 效率低的问题。

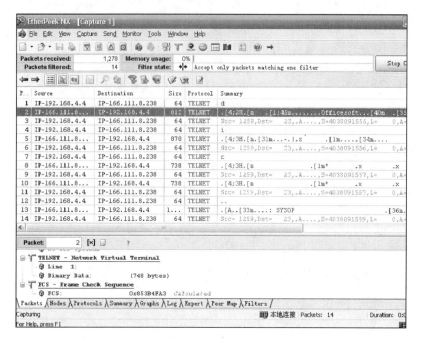

图 7.16　TELNET 执行一条命令的过程

　　如果网上有许多用户，可以采取一些措施减轻这个问题。在 TELNET 的一种模式下，所有的数据输入完并单击 Enter 键后才发送字符。这种情况下，TELNET 必须可以响应本地输入的字符，并可以处理特殊的字符如制表符和空格。此模式减少了每行文字产生的数据包数，从每个字符三个数据包减到一行字符三个数据包。在过多依赖 TELNET 的环境中，这将极大节省网络开销。

7.5.4　DHCP 服务维护

　　动态主机配置协议 DHCP 是 IP 地址管理工具，它可以使计算机启动时请求 IP 地址，而不是得到静态分配的地址。DHCP 是基于客户/服务器模式的，它提供了一种动态指定 IP 地址和配置参数的机制。这主要用于大型网络环境和配置比较困难的地方。DHCP 服务器自动为客户机指定 IP 地址，指定的配置参数有些和 IP 协议并不相关，但这没有关系，它的配置参数使得网络上的计算机通信变得方便而容易实现了。DHCP 使 IP 地址可以租用，对于拥有许多台计算机的大型网络来说，每台计算机拥有一个 IP 地址有时候可能是不必要的。租期从 1 分钟到 100 年不定，当租期到了的时候，服务器可以把这个 IP 地址分配给别的机器使用。客户也可以请求使用自己喜欢的网络地址及相应的配置参数。

　　IP 地址只能从 DHCP 服务器租用，租用时间以秒计，但也可设置为无限。当到达租用期的一半时，客户机向原来的 DHCP 服务器尝试更新租用期。如果更新成功，重新开始计时租用时间；如果服务器没有响应租用期更新，当租用期剩余 1/8 时，客户机重新尝试更新租用期。

　　更新尝试是单播数据包，而不是广播包，因此只要求原先的 DHCP 服务器更新地址。如果服务器没有响应第二次更新尝试，客户机就广播 DHCP 请求，定位其他的 DHCP 服务器。当租用到期还没有更新成功，客户机就试图使用前面提到的四个数据包系列，得到 IP

地址。

图 7.17 的数据包 2 中可以看到 DHCP Offer 包的 DHCP 头信息，IP 地址的租用时间为 300 秒（5 分钟）。DHCP 服务器的默认租用期为 8 天。如果没有 IP 地址了，可以缩短租用期，注意不要把租用期设得太短。在大型网络中，租用期更新产生的数据包数量非常大。

P..	Source	Destination	Size	Protocol	Summary
1	hs_peng	IP Broadcast	346	DHCP	C DISCOVER 192.168.4.4 hs_peng
2	hs_peng	IP Broadcast	346	DHCP	C DISCOVER 192.168.4.4 hs_peng
3	IP-192.168.4.1	IP-192.168.4.161	346	DHCP	R OFFER 192.168.4.161
4	IP-192.168.4.1	IP-192.168.4.161	346	DHCP	R OFFER 192.168.4.161
5	hs_peng	IP Broadcast	346	DHCP	C DISCOVER 192.168.4.4 hs_peng
6	IP-192.168.4.1	IP-192.168.4.161	346	DHCP	R OFFER 192.168.4.161
7	hs_peng	IP Broadcast	346	DHCP	C DISCOVER 192.168.4.4 hs_peng
8	IP-192.168.4.1	IP Broadcast	346	DHCP	R OFFER 192.168.4.161
9	hs_peng	IP Broadcast	356	DHCP	C REQUEST 192.168.4.161 hs_peng
10	IP-192.168.4.1	IP Broadcast	346	DHCP	R ACK

图 7.17　初始的 DHCP 请求

当工作站租到地址并关机后，地址并不返回给 DHCP 服务器地址池。这有可能浪费 IP 地址。只有当租用到期并不再更新时，IP 地址才能租给其他机器。如果地址池中的地址比公司的机器少，可以把租用期设为小于一天；如果并不同时操作所有的机器，要确保当机器不使用时，关闭机器，以便地址尽快返回地址池，此时可以执行关闭程序，让机器关机前发送 DHCP 释放包。

在租用到期以前，工作站关机重启后，发送 DHCP 包，请求使用以前的 IP 地址。服务器通常用 DHCP 确认包响应。此时数据包仍然是广播包，不过数据包的数量减为两个，与租用到期后请求 IP 地址所需的 4 个数据包相比少了两个。即使租用到期，工作站也会申请上次分配给它的 IP 地址。如果地址没有分配给其他机器，这个地址将返回给客户机。在有许多 IP 地址可分配的网络中，即使地址是动态的，也不能保证总是用同一个 IP 地址，这样就极有可能存在工作站不停地重启机器以便使用同一个 IP 地址。在机器比 IP 地址多的网络中，每次重启都不可能确定机器的 IP 地址，尤其是在租期很短的情况下。

除了更新外，DHCP 是基于广播的协议。对于网络中有许多子网和广播域时，必须注意：①每个子网上一台 DHCP 服务器；②每个子网上一台 DHCP 中继代理，把请求从一个子网传到 DHCP 服务器的子网。Windows 服务器有 DHCP 中继代理，它可以通过路由和远程访问管理控制台配置。这要求服务器可以连接不同的网段，其中一个是 DHCP 服务器所在的网段；另一种选择是把路由器配置为可以传送 DHCP 广播请求。

DHCP 的另一个特点是为特殊的工作站预定 IP 地址，这可以保证机器总能得到相同的 IP 地址。IP 地址预定基于机器的 MAC 地址。对于某些必须有相同 IP 地址的设备，如打印机、服务器，这将非常有用。它比静态地址更有优势，因为如果 IP 寻址方案发生变化，或某些参数如 DNS 服务器发生变化，不必亲自到设备上改变参数。只要在 DHCP 服务器上改变所有参数，下一次更新时，改动将生效。

在多子网的网络中使用地址预定要注意一个问题，如果机器移到另一个子网上并请求 IP 地址，请求将被拒绝，因为 DHCP 服务器从地址请求中识别子网。设备预定 IP 地址是基于 MAC 地址，它不会改变，而预定的 IP 地址则属于设备原先所在的子网。如果想使用地址预定，当设备移到不同的子网中时，有必要改变预定策略。

　　因为 DHCP 基于广播，同一子网的任何一台 DHCP 服务器都响应同一请求。如果不知道还有其他 DHCP 服务器运行，机器或许会得到其他 DHCP 服务器分给的 IP 地址。所以当正在测试新的服务器，或工作环境中还有其他服务器，一定要把服务器从网络中隔离开，以避免冲突发生。

小　　结

　　本章的重点主要是 OSI 参考模型中的会话层、表示层的功能及其组成，以及应用层的相关服务。TCP/IP 的常用服务有 HTTP、FTP、DHCP 及 TELNET 等，对这些服务的工作原理及操作方法都应该熟练的掌握。通过本章的学习，学会维护常用网络服务的方法和技巧。

　　本章的难点是如何认识会话层、表示层及应用层的功能。会话层为整个网络通信建立连接，保证链路中的数据有序的传输；表示层起"数据格式翻译"的作用，确保通信双方能正确理解传输的数据信息；应用层则为用户提供操作网络的接口，使用户在不必了解复杂的网络环境的情况下方便地操作网络服务。

思考与练习

一、选择题

1. Windows 环境中的网络重定向器是（　　）。
　　A. 微软网络文件请求　　　　　　　　　　　B. 表示层同步
　　C. 微软网络网络文件和打印共享　　　　　　D. 硬盘复制器
2. 客户/服务器环境使用登录和退出进程来开始和结束（　　）。
　　A. 命令序列　　B. 会话　　　　　C. 层　　　　　D. 组件
3. Internet 资源的标准命名规则是（　　）。
　　A. URL　　　　B. HTTP　　　　C. HTML　　　　D. ADP
4. 用于与远程主机进行类似于终端的通信的服务是（　　）。
　　A. FTP　　　　B. Telnet　　　　C. HTTP　　　　D. DHCP
5. 数据加密是在 OSI 参考模型的（　　）进行的。
　　A. 应用层　　　B. 表示层　　　　C. 会话层　　　　D. 网络层
6. 表示层的功能一般都内置于应用程序中，真正的表示层协议是（　　）。
　　A. ASN　　　　B. ASN.1　　　　C. ASN.2　　　　D. 以上都不是
7. 在 FTP 会话过程中，要建立（　　）次三向握手过程。
　　A.1　　　　　B. 2　　　　　　C. 3　　　　　　D. 4
8. FTP 是使用（　　）协议传输的。
　　A.TCP　　　　B. IP　　　　　C. UDP　　　　　D.ICMP
9. DHCP 服务分配 IP 地址是（　　）。
　　A. 动态　　　　B. 静态　　　　C. 两者皆可　　　　D. 以上都不是
10. HTTP 客户端向服务器发送（　　）请求，用于浏览器向服务器发送信息。

A. PUT　　　　B. GET　　　　C. POST　　　　D. UPLOAD

二、填空题

1. HTTP 采用浏览器/服务器模式，其客户端程序叫做_____。
2. FTP 使用两个端口号，其中默认的 20 端口作为_____使用。
3. DHCP 服务器采用_____方式去发现客户端的请求。
4. FTP 有两种连接模式，其中_____模式是一个主动模式，PASV 是被动模式。
5. HTTP 客户端经常向服务器发送两种请求：_____和 POST。
6. 一般地，FTP 服务器_____（可否）改变端口号。
7. DNS 响应代码可以提供故障诊断的信息，其中"2"代表_____。
8. www.course.com 域名中 www 代表的含义是_____。
9. 网络中完成收发端数据格式统一是_____的功能。
10. 客户/服务器环境利用_____进程开始和中断会话。

三、简答题

1. 请列出常见的会话层、表示层和应用层的网络组件。
2. 如何测试和诊断 DNS 设置故障？
3. 描述 DHCP 服务器动态分配 IP 地址的规则。

◆ **实　训**

项目　使用 EtherPeek 协议分析仪捕获、分析 DNS 数据包

:: 实训目的

1）练习使用 EtherPeek 捕获需要的网络数据包。
2）创建 DNS 过滤器。
3）掌握常用的操作要领和技巧。

:: 实训环境

基于 Intranet 环境，在工作站上安装 EtherPeek 协议分析软件（可以联系本书作者获取该实训软件及软件的安装方法：hs_peng@yahoo.com.cn）。

:: 实训内容与步骤

1）单击"Start→Programs"，选择"Wildpackets EtherPeek"。
2）从"Capture"菜单中选择"Start Capture"。如果出现捕获选项对话框，不要选择"show this dialog when creating a new capture window"，单击 OK 按钮。
3）单击窗口下的 Filters 选项卡。
4）找到并单击 DNS 过滤器。

5）单击 Duplicate 按钮（黄色和蓝色图标），就创建了新的过滤器，是上面 DNS 过滤器的拷贝。

6）右键单击拷贝 DNS，然后单击 Insert，打开编辑过滤器对话框。

7）把过滤器的名字从未命名改为 DNS-My Workstation。

8）单击 Address 过滤器复选框。

9）在 Type 列表框中选择 IP。

10）在地址 1 编辑框中，输入机器的地址。

11）在 Type 列表框下单击按钮，选择 "Both directions"。

12）在 Address2 文本框下单击 "任何" 地址选项按钮。

13）单击 OK 按钮，然后选择刚才创建的过滤器。

14）单击 Packets 选项卡。

15）单击 Start Capture 按钮。

16）打开 Web 浏览器，访问网页。

17）捕获到数据包了吗?为什么?

18）进入 www.Chinaitlab.com 网页。

19）捕获到数据包了吗?为什么?

20）停止数据包捕获，退出 Web 浏览器。

21）返回 Web 浏览器。

22）重新开始数据包捕获（如果 EtherPeek 提示保存捕获改变，单击 NO 按钮）。

23）从 Web 浏览器中再次进入 www.Chinaitlab.com 网页。

24）捕获到数据包了吗?为什么?

25）记下端口号和 DNS 使用的传输协议。

26）退出所有的程序，关闭窗口。

网络服务器的维护

学习目标 ☞ | 了解 Windows 网络服务故障的分类。
掌握网络服务故障的诊断与排除的一般步骤。
掌握各种常见网络服务器故障诊断与排除的方法。

要点内容 ☞ | Windows 网络服务器的功能介绍。
网络服务器故障诊断与排除的步骤。
网络服务器故障排除与日常维护的案例分析。

学前要求 ☞ | 了解计算机网络的基本原理。
熟悉网络服务器的安装、配置和使用。
熟悉 Windows 服务器操作系统。

8.1 网络服务器概述

在基于 Windows 服务器平台的网络中，通过安装 Windows 网络服务组件、相关协议与第三方工具软件并对它们进行正确设置，把该服务器配置成诸如 Web 服务器、FTP 服务器、DNS 服务器、DHCP 服务器和 WINS 服务器等具备各种功能的服务器，以便为网络中的客户机提供相应的服务。网络管理员在搭建和管理这些服务器的过程中常常会遇到各种各样的故障现象，而排除起来又常常感到不知从何下手。在讨论 Windows 网络服务故障以前，对 Windows 操作系统中提供的各种网络服务有个大致的了解是很有必要的，这样可以使大家在排除故障的时候做到有的放矢。

8.1.1 Web 服务器简介

在目前的局域网或 Internet 中，Web 服务可谓是最流行，也是最重要的服务。利用 Web 服务，个人或者公司企业能够迅速且廉价地通过 Internet 向全球用户发布信息和获取信息，并在全球范围内跟客户或合作伙伴建立广泛的联系。其实，信息发布只是 Web 服务的用途之一，它还可以作为数据处理、网络办公、视频点播、资料查询和论坛等诸多应用的基础平台。由此可以看出 Web 服务对于网络的重要性。

Web 服务基于"客户/服务器"模型实现，信息发布平台所在的计算机称为服务器，而信息的获取者或发布者称为客户机。在作为服务器的计算机中安装有 Web 服务器程序（如 Microsoft Internet Information Server、Netscape iPlanet Web Server 等）供访问者随时获取或发布公共资源。而访问者要想浏览服务器中的信息，必须在客户机中安装 Web 客户端程序，也就是大家熟知的 Web 浏览器（如 Microsoft Internet Explorer，Netscape Navigator 等）。Web 服务既可以在 Internet 上发布，也可以在局域网中发布。

8.1.2 FTP 服务器简介

FTP（File Transfer Protocol，文件传输协议）同样也是 Internet 中比较重要的常用服务之一，主要用于文件下载、文件交换与共享等。虽然目前 Web 服务已经包含 FTP 的部分功能（如文件下载），但是对于不同操作系统之间的文件交换与共享依然离不开 FTP 协议。因此也可以说，要想远程更新 Web 网站，必须在 Web 服务器中搭建 FTP 服务器。

在基于 FTP 服务的两台计算机之间传输文件时，其中一台计算机作为 FTP 服务器，另一台计算机则作为 FTP 客户机。FTP 服务器中安装有能够提供 FTP 服务的 Windows 组件（Microsoft Internet Information Server 或 Serv-U），而 FTP 客户机也应该安装有相应的客户端软件，FTP 客户机向服务器发出下载和上传文件，以及创建和更改服务器文件的命令。

8.1.3 DHCP 服务器简介

DHCP 服务器的主要作用是为网络客户机分配动态的 IP 地址。这些被分配的 IP 地址都是 DHCP 服务器预先保留的一个由多个地址组成的地址集，而且，它们一般是一段连续的地址（除了管理员在配置 DHCP 服务器时排除的某些地址）。当网络客户机请求临时的 IP 地址时，DHCP 服务器便会查看地址数据库，以便为客户机分配一个还没有被其他主机使用的 IP 地址。

在早期的网络管理中，为网络客户机分配 IP 地址是网络管理员的一项复杂的工作。由于每个客户机都必须拥有一个独立的 IP 地址，以免出现重复的 IP 地址而引起网络冲突，因此，分配 IP 地址对于一个较大的网络来说是一项非常繁杂的工作。

为了解决这一问题，DHCP 服务应运而生。DHCP 被使用在 TCP/IP 通信协议当中，用来暂时指定某一台机器 IP 地址的通信协议。使用 DHCP 时网络上必须有一台 DHCP 服务器，而由其他计算机运行 DHCP 客户端，当 DHCP 客户端发出 ARP 广播包来请求获得动态的 IP 地址时，DHCP 服务器会根据目前已经配置的地址集，给客户机提供一个可以使用的 IP 地址和子网掩码。这样网络管理员不必再为每个客户机逐一设置 IP 地址，并且客户机结束使用得到的 IP 地址后会自动交回 DHCP 服务器。

DHCP 服务器动态分配 IP 地址，不但可省去网络管理员手工分配 IP 地址的工作，而且可确保分配地址不重复。另外，客户机的 IP 地址是在需要时分配，所以提高了 IP 地址的使用率。

8.1.4　WINS 服务器简介

WINS 是由微软公司开发的一种网络名称转换服务，它可以将 NetBIOS 计算机名称转换为对应的 IP 地址。通常 WINS 与 DHCP 一起工作，当使用者向 DHCP 服务器要求一个 IP 地址时，DHCP 服务器所提供的 IP 地址被 WINS 服务器记录下来，使得 WINS 可以动态地维护计算机名称地址与 IP 地址的资料库。

虽然 TCP/IP 主要依靠 4 组特定数字组成的 IP 地址来代表不同的计算机，但是它无法辨别计算机，不能使某台计算机的名称直接代表该 IP 地址。尤其是在使用 DHCP 服务器分配 IP 地址的网络中，TCP/IP 很难建立动态地址与计算机名称之间的对应关系。

WINS 就是用来解决上述问题的。WINS 实质上就是为客户机建立并使用的数据库。当客户机连接到网络上之后，它将在 WINS 服务中注册。在 WINS 服务器中存储了客户系统的 NetBIOS 计算机名称（如 NETOFFICE-1）及其对应的 IP 地址。当网络上另一个为 WINS 服务器所配置的客户试图连接到 NetBIOS 名为"NETOFFICE-1"的计算机时，因为"NETOFFICE-1"已经在 WINS 数据库中注册，所以 WINS 服务器就能在数据库中成功地找到其名称并找出计算机的 IP 地址，然后将该信息传递给最初发出请求的网络客户，网络客户利用 IP 地址连接到"NETOFFICE-1ICE-1"的计算机。

8.1.5　DNS 服务器简介

在庞大的 Internet 中，每台计算机（无论是服务器还是客户机）都有一个自己的计算机名称。通过这个容易识别的名称，网络用户之间可以很容易地进行互相访问，并且客户机可以与存储有信息资源的服务器建立连接。不过，网络中的计算机之间并不是通过大家都熟悉的计算机名称建立连接的，而是通过每台计算机各自独立的 IP 地址来完成的。因为，计算机硬件只能识别二进制的 IP 地址。为了向用户提供一种直观的主机标识符，TCP/IP 提供了 DNS 服务。

DNS 服务器负责的工作便是将主机名连同域名转换为 IP 地址。该项功能对于实现网络连接可谓至关重要。因为当网络上的一台客户机需要访问某台服务器上的资源时，客户机的用户只需要在 IE 窗口中的"地址栏"输入该服务器为大家所熟知的诸如 www.163.com

类型的地址，即可与该服务器进行连接。然而，在网络上的计算机之间实现连接却是通过每台计算机在网络中拥有的唯一的 IP 地址（该地址为数值地址，分为网络地址和主机地址两部分）来完成的，因为计算机硬件只能识别 IP 地址而不能识别其他类型的地址。这样，在用户容易记忆的地址和计算机能够识别的地址之间就必须有一个转换，DNS 服务器便充当了这个转换角色。虽然所有连接到 Internet 上的网络系统都采用了 DNS 地址解析的方法，但是域名服务有一个缺点，就是所有存储在 DNS 数据库中的数据都是静态的，不能自动更新。这意味着，当有新主机添加到网络上时，管理员必须把主机 DNS 名称和对应的 IP 地址也添加到数据库中。对于较大的网络系统来说这样做是很难的。不过值得欣慰的是，Windows 系统通过将 DNS 和 WINS 集成解决了这个问题。当 DNS 服务器不能解析客户计算机的地址请求时，它将该请求传递给 WINS。如果 WINS 具有相关信息，就将地址解析并把消息传递回 DNS 服务器，DNS 服务器再将该信息传递回执行连接请求的客户。

在 Internet 中有很多域名服务器来完成将计算机名转换为对应 IP 地址的工作，以便实现网络中计算机的连接。可见，DNS 服务器在 Internet 中起着重要作用。

8.1.6　文件服务器简介

文件服务器可以作为网络资源的中心位置，以供用户存储文件并通过网络与其他用户共享文件。当用户需要重要文件（比如项目计划）时，他们可以访问文件服务器上的文件，而不必在各自独立的计算机之间传送文件。如果网络用户需要对相同文件和可以通过网络访问的应用程序设置访问权限的话，最好的方法就是将该计算机配置为文件服务器。

8.1.7　打印服务器简介

打印机共享是将网络中的打印机设置为共享，以供拥有该使用权限的用户使用。共享打印机通常就成为了网络打印机，在使用网络打印机时，用户可以不必考虑打印机所处的位置，也不必考虑自己从何处上网。通过在服务器上创建打印机共享，用户可将服务器配置成打印服务器。Windows 系统均能对其他服务器和客户机提供打印服务。

Windows 系统能区分打印机和打印设备。打印机是处理打印作业的子程序软件，打印设备是输出打印作业到要打印的介质的实际硬件。这是一个重要的区别，而且是人们在学习 Windows 服务器技术时容易混淆的一个概念。

当从 Windows 应用程序"打印"到打印机时，打印服务器就会处理相关应用程序的操作，并把打印作业的详细数据发送到打印机。打印机提取打印作业，包括数据传输、数据翻译、目的端口、输出类型、打印计划和打印作业队列，然后打印服务器提取打印机输出，并把打印作业发送到打印设备。打印服务器是处理打印作业并与打印设备进行通信的计算机。常常把打印机叫做逻辑打印机，以便和物理打印机相区别。

8.1.8　邮件服务器简介

E-mail 可以称得上是 Internet 和 Intranet 中比较典型的应用之一。将计算机配置为邮件服务器后，可以为用户提供电子邮件传送和检索服务。电子邮件服务包括可提供电子邮件检索的 POP3 服务，可提供电子邮件传送的 SMTP 服务。电子邮件服务使用 POP3 服务来存储和管理邮件服务器上的电子邮件账户。将该计算机配置为邮件服务器后，用户可以连接到邮件服务器并使用支持 POP3 协议（例如 Microsoft Outlook）的电子邮件客户端将电子邮件检索到其本地计算机上。

8.1.9　流媒体服务器简介

Windows 流媒体服务（Windows Media Services）主要用于将音频和视频内容通过 Internet 或 Intranet 分发给客户端。客户端可以是使用播放机（如 Windows Media Player）重放内容的计算机或设备，也可以是运行"Windows Media Services"的计算机（称为 Windows Media 服务器），它们代理、缓存或重新分发内容。另外，客户端还可以是用 Windows Media 软件开发工具包 SDK 开发的自定义应用程序。如果希望该计算机将音频和视频内容流提供给客户端和其他 Windows Media 服务器，那么必须将该计算机配置为流式媒体服务器。Windows Media 在中小型网络中使用比较广泛。

8.1.10　路由与远程访问服务器简介

路由和远程访问服务（Routing and Remote Access Service，RRAS）提供多协议路由服务，包括局域网到局域网、局域网到广域网、虚拟专用网（VPN）及网络地址转换（NAT）。

通过在服务器上配置"路由和远程访问服务"，可以将远程用户或移动办公人员连接到单位的网络上，远程用户可以像使用单位的计算机一样开展工作。用户运行远程访问软件，并初始化到"远程访问服务器"上的连接。这里的"远程访问服务器"就是运行"路由和远程访问服务"的计算机，它始终负责验证用户和服务会话，直到用户或网络管理员将其终止为止。那些在一般情况下适用于局域网连接用户的所有服务（包括文件和打印共享、Web 服务器访问和消息）均可以通过远程访问连接来启用。

远程访问客户端使用标准工具来访问资源。例如，在运行"路由和远程访问服务"的服务器上，客户端可以使用"Windows 资源管理器"来进行驱动器连接，并连接到打印机上。连接是持久的，在远程会话期间，用户不需要重新连接到网络资源上。运行"路由和远程访问服务"的服务器可以提供两个不同类型的远程访问连接，即拨号网络和虚拟专用网。

8.1.11　终端服务器简介

WTS（Windows 终端服务器）是 Windows 系统的服务组件。WTS 客户端和服务器建立会话后，即可在服务器上属于自己的会话中运行相应的桌面和应用程序。在客户端的屏幕上可以显示跟普通计算机桌面或应用程序窗口基本一样的界面。在 WTS 客户端运行服务器上的应用程序的时候，该应用程序的进程实际是在服务器上运行的。当用户在 WTS 客户端使用键盘和鼠标操作时，这些按键操作和鼠标移动将通过连接线缆被送回到服务器，以实现和服务器的交流。在 WTS 客户端上运行会话感觉好像应用程序是本地的，用户就像在计算机上工作一样，对所有应用程序的响应速度通常都不错，只是在需要传递较大数据（如视频、图像等）时候响应速度会稍差一些。

安装有 WTS 并正在运行 WTS 的 Windows 服务器管理客户机会话的所有方面。当用户登录到 WTS 服务器时，该用户如果通过验证，会话就成功建立了。WTS 服务器控制用户对网络资源和应用程序的访问。每个用户的配置文件都被存储在 WTS 服务器上，并且系统管理员能够控制用户环境的各个方面。

8.2 网络服务器的故障诊断

网络服务器的故障诊断与排除能够显示一个网络管理员的技术和经验，是网络维护和故障诊断中一个比较难以把握的环节。下面，以 Windows 系统平台下的 Web 服务器最容易出现的故障为例，介绍在对各种网络服务器进行故障诊断与排除时应该遵循的一般步骤。

8.2.1 Web 服务器没有响应

1. 检查是否启用了网络连接

在桌面上用鼠标右键单击"网上邻居"图标，在弹出的快捷菜单中执行"属性"命令，打开"网络连接"窗口。然后在网络连接状态列表中检查用于 Web 服务器访问的本地连接是否为已经连接，如图 8.1 所示。

2. 检查 services 是否正在运行

在键盘上同时按下 **Ctrl+Alt+Delete** 组合键，在弹出的"**Windows 任务管理器**"对话框中单击"进程"选项卡，在进程列表中检查是否有 services.exe 映像名称存在，如图 8.2 所示。

图 8.1 检查网络连接状态

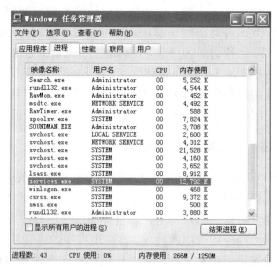

图 8.2 查看进程表

3. 重新启动 IIS 服务

执行"开始→管理工具→Internet 信息服务（IIS）管理"命令，打开"Internet 信息服务（IIS）管理器"控制台窗口。在左侧窗格中用鼠标右键单击服务器名称，在弹出的快捷菜单中选择"所有任务"选项，执行"重新启动 IIS"命令，如图 8.3 所示。

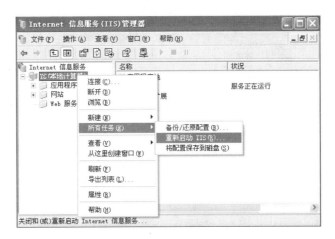

图 8.3　重新启动 IIS

4. 检查启动类型是否设置为"自动"

在桌面上用鼠标右键单击"我的电脑"图标，在弹出的快捷菜单中执行"管理"命令，打开"计算机管理"控制台窗口。然后展开"服务和应用程序"目录，单击选中"服务"选项。在右窗格的服务列表中找到"World Wide Web Publishing Service"选项，检查其"启动类型"是否显示为"自动"，以及"状态"列表中是否显示为"已启动"，如图 8.4 所示。

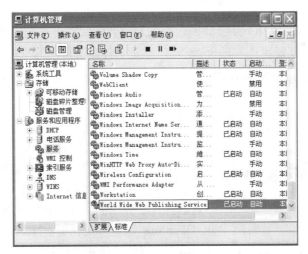

图 8.4　检查 WWW 发布服务的工作状态

8.2.2　用户无法访问 Web 服务器

1. 检查是否安装了 WINS 服务器

执行"开始→控制面板→添加或删除程序"命令，在打开的"Windows 组件向导"对话框中双击"组件"列表中的"网络服务"选项。在打开的"网络服务"对话框中确认选中了"Windows Internet 名称服务（WINS）"复选框并进行了配置，而且已经在网络中工作，如图 8.5 所示。

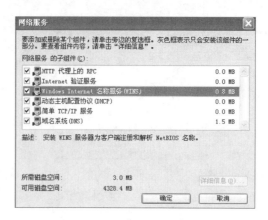

图 8.5　检查 WINS 服务的状态

2. 检查是否安装了 DNS 服务器

执行"开始→控制面板→添加或删除程序"命令，在打开的"添加或删除程序"窗口中单击左侧的"添加或删除 Windows 组件"按钮，然后在打开的"Windows 组件向导"对话框中双击"组件"列表中的"网络服务"选项，确认已经选中了"域名系统（DNS）选项"，并且 DNS 服务器已经连接在网络中工作。

3. 测试网络连接

使用 Web 浏览器（如 IE）从不同的客户机和位置测试网络连接，可以由此确定问题是出自某个网段位置，还是出自 Internet 连接，或是某台无法访问的特定客户机。

8.2.3　无法访问 Web 服务器的内容

1. 检查 Web 服务器上的身份验证和加密级别

执行"开始→管理工具→Internet 信息服务（IIS）管理器"命令，打开"Internet 信息服务（IIS）管理器"控制台窗口。在左窗格中依次展开 IIS 服务器和网站文件夹，用鼠标右键单击相关的 Web 站点名称，在弹出的快捷菜单中执行"属性"命令，打开"WebSite 属性"对话框。单击"目录安全性"选项卡，单击"身份验证和访问控制"区域的"编辑"按钮。在打开的"身份验证方法"对话框中确认是否在服务器上设置了正确的身份验证和加密设置，如图 8.6 所示。

2. 检查 Web 共享权限

图 8.6　确认身份验证和加密设置

执行"开始→管理工具→Internet 信息服务（IIS）管理器"命令，打开"Internet 信息服务（IIS）管理器"控制台窗口。在左窗格中依次展开 IIS 服务器和网站文件夹，用鼠标右键单击相关的 Web 站点名称，在弹出的快捷菜单中执行"属性"命令，打开"WebSite 属性"对话框。单击"主目录"选项卡，在"主目录"选项卡中确认是否设置了适当的客户机访问权限，如"读取"、"写入"、"目录浏览"权限及"执行权限"项目中的"只是脚本"和"脚本和可执行文件权限"，如图 8.7 所示。

3. 检查 NTFS 文件系统的权限

在"Internet 信息服务（IIS）管理器"左窗格中依次展开 IIS 服务器和网站文件夹，用鼠标右键单击相关的 Web 站点名称，在弹出的快捷菜单中执行"权限"命令，打开站点所在的文件夹属性对话框，然后检查用户是否有正确的权限。

了解 Web 权限和 NTFS 权限之间的差别是非常重要的。与 NTFS 权限不同，Web 权限将应用于所有访问 Web 站点的用户。而 NTFS 权限只应用于具有 Windows 账号的特定用户或用户组，如图 8.8 所示。

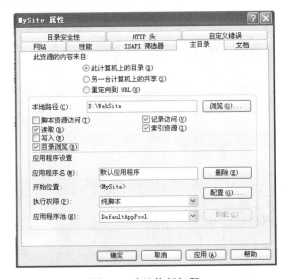

图 8.7　确认执行权限

图 8.8　检查 NTFS 权限

4. 确认未将 IP 地址和域名设置为"拒绝访问"

在"Internet 信息服务（IIS）管理器"左窗格中依次展开 IIS 服务器和网站文件夹，用鼠标右键单击相关的 Web 站点名称，在弹出的快捷菜单中执行"属性"命令，打开"WebSite 属性"对话框。单击"目录安全性"选项卡，再单击"IP 地址和域名限制"区域的"编辑"按钮，在打开的"IP 地址和域名限制"对话框中确认"默认情况下，所有计算机都被："未被设置为拒绝访问，如图 8.9 所示。

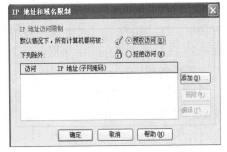

图 8.9　确认 IP 地址和域名限制

5. 检查根文件夹和所有文件是否在且完好无损

执行"开始→管理工具→Internet 信息服务（IIS）管理器"命令，打开"Internet 信息服务（IIS）管理器"控制台窗口。在左窗格中依次展开 IIS 服务器和网站文件夹，用鼠标右键单击相关的 Web 站点名称，在右窗格中确认 Web 站点文件夹完好无损，并包含 Web 站点的所有必要的.html 文件。例如，确认其中是否列出了默认文档（通常情况下为 Default.htm 或 Index.htm），如图 8.10 所示。

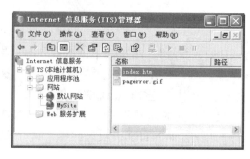

图 8.10　检查 Web 站点文件夹的完整性

8.3　网络服务器故障排除与日常维护

8.3.1　Web 服务故障排除与日常维护

1. IIS 服务启动失败

某单位的一台 Windows 服务器，安装了 IIS 组件。在一次手动启动 Web 服务的时候出现错误提示"地址被占用，启动失败！"从而无法启动 IIS。

一般而言，导致 IIS 启动失败的原因大概包括以下两种。

1）IIS 完整性遭到破坏，一些运行 IIS 必需的程序文件损坏。

2）计算机内存校验错误导致故障发生。

根据上述故障原因分析，可以通过重新安装 IIS 组件和重新启动 IIS 来解决。

IIS 组件完整性遭到破坏是造成 IIS 无法启动的常见原因，此类故障解决起来比较简单，只需要重新安装 IIS 即可。重新安装 IIS 的具体步骤如下所述。

1）执行"开始→控制面板→添加或删除程序"命令，打开"添加或删除程序"对话框。

2）在对话框左侧单击"添加/删除 Windows 组件"按钮，打开"Windows 组件向导"对话框。在"组件"列表中找到并用鼠标双击"应用程序服务器"选项，如图 8.11 所示。

3）在打开的"应用程序服务器"对话框中取消选择"Internet 信息服务（IIS）"复选框，并在随后弹出的提示框中单击"确定"按钮，如图 8.12 所示。

4）接着选取"Internet 信息服务（IIS）"复选框，并依次单击"确定→下一步"按钮，安装程序开始配置组件。最后单击"完成"按钮结束配置。

一般而言，很多软件故障可以通过重新启动的方法加以解决。在本例中，可以在不重新启动计算机的情况下重新启动 IIS 服务。经过重新启动 IIS 服务，很多问题一般都可以排除。这是因为重新启动 IIS 服务可以强迫系统重新配置 IIS 进程的内存空间，因此由于内存校验错误引起的故障可以得到快速解决。重新启动 IIS 的具体步骤如下所述。

1）执行"开始→管理工具→Internet 信息服务（IIS）管理器"命令，打开"Internet

信息服务（IIS）管理器"窗口。

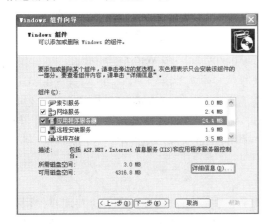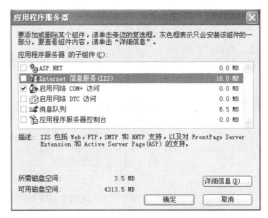

图 8.11 "Windows 组件向导"对话框　　　图 8.12 "应用程序服务器"对话框

2）在"Internet 信息服务（IIS）管理器"窗口的左窗格中用鼠标右键单击"YS（本地计算机）"选项，在弹出的快捷菜单中执行"所有任务→重新启动 IIS"命令，如图 8.13 所示。

3）在打开的"停止/启动/重启动 IIS"对话框中，确保"您想让 IIS 做什么"下拉菜单中已经选定"重新启动 YS 的 Internet 服务"选项，并单击"确定"按钮，如图 8.14 所示。

图 8.13 "Internet 信息服务（IIS）管理器"窗口　图 8.14 "停止/启动/重启动"对话框

4）在打开的"正在关闭"对话框中会以倒计时的方式显示重新启动 IIS 的进度。如果进度条长时间没有反应，可以单击"立即结束"按钮，重复上述操作，如图 8.15 所示。

5）依次关闭"停止/启动/重启动 IIS"对话框和"Internet 信息服务（IIS）管理器"窗口。

2. Web 服务启动失败

图 8.15 "正在关闭"对话框

某单位的小型局域网采用 Windows Server 自带的 IIS 为内网的客户机提供服务，后改用第三方服务器软件 Apache 提供 Web 服务。但考虑到维护的便利性，决定再次启用 IIS 提供 Web 服务。但是在启用网站服务的时候，会出现"另一个程序正在使用此文件，进程

无法访问"的提示。

很明显，造成 IIS 不能提供 Web 服务的原因就是因为安装并启用了 Apache 服务器软件，导致了服务冲突。解决这个问题的方法比较简单，只需停止 Apache 提供的 Web 服务即可。

图 8.16　停止 Apache 服务

具体解决方法介绍如下。

执行"开始→程序→Apache HTTP Server 2.0.55→Control Apache Server→Stop"命令，即可停止 Apache 提供的 Web 服务，如图 8.16 所示。

3．网站无法进行匿名访问

某公司在其内部网络中使用 IIS 提供 Web 服务。在经过一些设置之后，发现在使用 IE 浏览器访问网站主页时要求键入用户名和密码，而网站提供的内容对访问者并没有身份限制，完全没有必要进行身份验证。

一般而言，我们在访问网站时是不需要提供用户账号和密码的，然而这并不代表服务器没有对访问者进行身份验证。实际上服务器仍然在使用网站上某个特定的账户对所有访问者进行身份验证，只是对于访问者是透明的，这就是所谓的匿名访问。匿名访问的原理是使用网站上的某个特定账户。使用匿名访问时，该账户必须存在，拥有合法的密码，尚未过期，而且未被删除，其余的标准安全机制也在进行，如账户的 ACL 或指定登录时间等。

具体解决方法介绍如下。

可以首先确定是否已经启用匿名访问方式，并检查用于匿名访问的账户是否合法。

1）执行"开始→管理工具→Internet 信息服务（IIS）管理器"命令，打开"Internet 信息服务（IIS）管理器"控制台窗口。

2）在窗格中依次展开"YS（本地计算机）→网站"目录，然后用鼠标右键单击网站名称，在快捷菜单中执行"属性"命令，打开"MySite 属性"对话框，如图 8.17 所示。

3）单击"目录安全性"选项卡，在"目录安全性"选项卡的"身份验证和访问控制"区域单击"编辑"按钮，打开"身份验证方法"对话框，如图 8.18 所示。

图 8.17　"MySite 属性"对话框

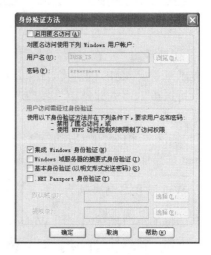

图 8.18　"身份验证方法"对话框

4）确保"启用匿名访问"复选框处于选中状态。然后单击"浏览"按钮，在打开的"选择用户"对话框中依次单击"高级→立即查找"按钮。在"搜索结果"列表框中单击选中"IUER_YS"选项，并连续单击"确定"按钮，如图 8.19 所示。

4. ASP 程序出错后不能给出提示信息

某公司在局域网内部使用 IIS 为员工提供 Web 服务，在一次排除软件故障的过程中调整了 IIS 中的某些参数，导致不能显示 ASP 程序出错信息。

根据故障描述，可以初步推断是由于 IIS 的"自定义错误信息"设置错误导致故障的发生。

图 8.19　"选择用户"对话框

具体解决方法介绍如下。

1）执行"开始→管理工具→Internet 信息服务（IIS）管理器"命令，打开"Internet 信息服务（IIS）管理器"控制台窗口。

图 8.20　选中"500；100"选项

2）在左窗格中依次展开"YS（本地计算机）→网站"目录，然后用鼠标右键单击网站名称（在本例中为 MySite），在打开的快捷菜单中执行"属性"命令，打开"MySite 属性"对话框。

3）单击"自定义错误"选项卡，在"自定义错误"选项卡的"HTTP 错误列表"中单击选中"500；100"选项，并单击"设为默认值"，如图 8.20 所示。

5. IIS 不支持 Perl 类型脚本

某公司的内部 Web 服务器基于 IIS 6.0 搭建，现在准备让 IIS 支持 PHP 和 Perl 程序的运行，可是这些脚本程序无法正常运行。

由于在默认情况下 IIS 仅支持运行 ASP 程序脚本，而没有对 PHP 和 Perl 程序的解释功能，因此要想运行这些类型的程序，必须得安装相应的解释程序。

其实在 Windows 系统的资源工具包中提供了 Perl 的解释程序 ActivePerl。

具体解决方法介绍如下。

1）执行下载得到的文件 ActivePerl-5.8.4.810-MSWin32-x86.msi，按照默认设置完成安装过程，如图 8.21 所示。

2）执行"开始→管理工具→Internet 信息服务（IIS）管理器"命令，打开"Internet 信息服务（IIS）管理器"控制台窗口。

3）在左窗格中单击选中"Web 服务扩展"选项，然后在右窗格中用鼠标右键单击"Perl CGI Extention"选项，在弹出的快捷菜单中执行"允许"命令。重复操作将"Perl ISAPI Extention"也设置为"允许"，如图 8.22 所示。

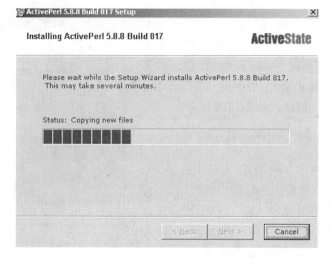

图 8.21　安装 ActivePerl

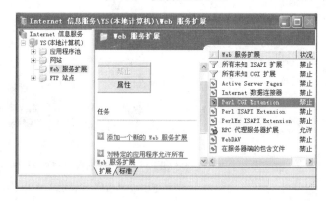

图 8.22　设置 Web 服务扩展

6. 无法打开 ASP 程序

某服务器使用 IIS 6.0 向用户提供 Web 服务。最近在该服务器中搭建了一个用 ASP 语言编写的论坛，但无法在客户机访问该论坛，总是提示"无法显示该页"，可是 Windows 系统自带的 IIS 5.0 却可以正常访问。

这种故障是由 IIS 6.0 默认的安全设置造成的。为增强服务器的安全性，IIS 6.0 默认禁止 ASP 程序运行，而 IIS 5.0 则默认允许 ASP 程序运行。可以手动允许 IIS 6.0 支持 ASP 程序，另外，为了保证 ASP 程序的正常运行，还需要添加 IIS 默认启用的文档内容。

具体解决方法介绍如下。

1）执行"开始→管理工具→Internet 信息服务（IIS）管理器"命令，打开"Internet 信息服务（IIS）管理器"控制台窗口。

2）在控制台左窗格中单击选中"Web 服务扩展"选项，然后在右窗格中用鼠标右键单击"Active Server Pages"选项，并在弹出的快捷菜单中执行"允许"命令，如图 8.23 所示。

3）在左窗格中展开"网站"目录，用鼠标右键单击提供论坛服务的站点名称（在本例中为"BBS"），并在弹出的快捷菜单中执行"属性"命令，打开"BBS 属性"对话框。然后在"文档"选项卡中单击"添加"按钮，并在打开的"添加内容页"对话框中键入默认内容页的名称，如图 8.24 所示。

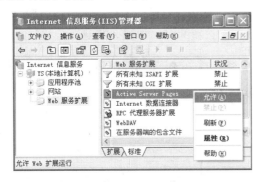
图 8.23 手动启动 ASP 程序支持

图 8.24 键入默认内容页名称

4）依次单击"确定"按钮，并把"Internet 信息服务（IIS）管理器"控制台窗口关闭即可。这时，已经可以访问用 ASP 程序编写的论坛了。

7. Internet 客户机无法访问已经发布的 Web 服务器

某公司的 Web 服务器安装了 ISA（Internet Security and Acceleration）Server，并且配置为从 Intranet 中的 Web 服务器向 Internet 发布 Web 内容。但是在配置 ISA Server 发布 Web 内容之后，Internet 上的客户机却无法访问已发布的 Web 内容。

如果在服务器中安装了 IIS 就会发生此情况，因为在默认情况下，IIS 在所有计算机接口的 TCP 端口 80 上侦听传入的请求。但是，一个端口上同时只允许一个服务侦听，当服务器重新启动时，IIS 在 ISA Server 之前先绑定到端口 80，这样，传入的所有请求都由 IIS（而非 ISA Server）处理。由于 ISA Server 未收到传入的请求，这些请求也就不会被代理到目标 Web 服务器，因此导致内容请求失败。

可以通过下述方法解决该问题。

1）如果将 Web 站点直接寄宿在 ISA Server 上，则必须确保 IIS 服务器没有在 ISA Server 的外部 IP 上绑定。另外，必须将所有 Web 站点绑定到 ISA Server 的内部 IP，在这些 IP 中，可以使用 80 端口。具体方法为打开"Internet 信息服务（IIS）管理器"窗口，然后打开要发布的 Web 站点的属性，将 IP 地址从"所有未分配"更改为 ISA Server 的内部 IP 地址。不过，此步骤并未从公用 IP 取消端口绑定，如图 8.25 所示。

2）如果没有使用 IIS 将 Web 站点直接寄宿在 ISA Server 上，则直接禁用 IIS 即可，这样可以防止 IIS 在 ISA Server 之前绑定到端口 80 和端口 443。禁用 IIS 的具体方法为执行

图 8.25 更改网站 IP 地址

"开始→管理工具→服务"命令，打开"服务"窗口，如图 8.26 所示。

3）然后在"服务"窗口的服务列表中双击"World Wide Web Publishing Service"选项，在打开的"World Wide Web Publishing Service 的属性"对话框中单击"启动类型"右侧的下拉列表框，选中"禁用"选项并单击"确定"按钮即可，如图 8.27 所示。

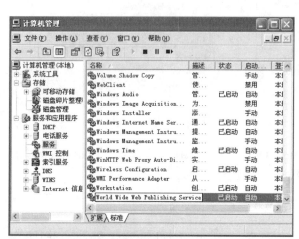

图 8.26 "服务"窗口

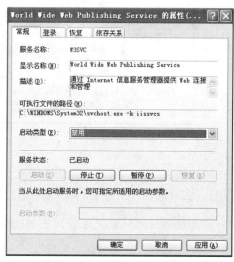

图 8.27 禁用 WWW 发布服务

8. 交换机内置 Web 服务器导致局域网 Web 服务故障

某公司局域网环境为服务器 HP LH3，运行 Windows 服务器操作系统，通过 IIS 5.0 提供内部 Web 服务。手动分配 IP 地址，服务器 IP 地址为 198.88.188.1，子网掩码为 255.255.255.0；客户机运行 IP 地址范围为 198.88.188.2～198.88.188.100，子网掩码均为 255.255.255.0。各部门的计算机通过双绞线连至集线器，各个集线器再通过交换机（3COM 的 Super Stack II Switch 1100；3C16950）连至服务器。

现在出现的故障是客户机开机登录域（域名为"Moon"）时顺利通过验证，但是使用浏览器在地址栏中键入 http://198.88.188.1/试图浏览局域网 Web 服务器网页时，则要求输入用户名和密码（实际设定的 Web 服务是允许匿名访问的），验证域却成了 Device，输入合法的用户口令、超级用户口令及 Web 站点管理者口令均无法通过验证，但是使用命令 ping 198.88.188.1，却顺利得到应答。

初步估计是 Web 服务器的用户访问权限被改动，但是经过检查，无论设置成匿名访问还是基本验证，故障依然，从而排除了这一判断。

查看服务器事件日志，发现有一条信息"系统检测到网络中 IP 地址 198.88.188.1 与网络硬件地址 00:90:04:E2:28:78 有冲突，本机接口已经禁用，网络操作随时有中断的可能"。这明显说明网络上某台设备的 IP 地址与服务器的 IP 地址有冲突。把服务器从交换机上断开，在局域网中一台 IP 地址为 198.88.188.2 的客户机上执行命令 ping 198.88.188.1 得到回应，说明网上确实有一台与服务器 IP 地址一样的设备。

执行命令 nbtstat –a 198.88.188.1，却返回 host not found。ping 命令能够执行说明两台设备能够通过 TCP/IP 协议通信，因为在客户机中安装网卡时必须在网络标识中输入计算机名和工作组名，假如这台与服务器 IP 地址冲突的设备是客户机，用 nbtstat 命令应该返回计算机名和工作组名。据此判断，与服务器 IP 地址冲突的设备不是客户机，由此想到，交换机也可以设定 IP 地址，因此判断可能是交换机 IP 地址与服务器有冲突。

断开交换机上多余的网线，只留服务器与 IP 地址为 198.88.188.2 的客户机，故障现象依然存在。断开服务器，只留 IP 地址为 198.88.188.2 的客户机连至交换机上。执行 ping 198.88.188.1，依然得到回应，最终确定冲突就发生在交换机上。

查阅交换机有关资料，得知交换机在 IP 地址设置方面有如下说明："Each device on your network must have a unique IP address．Allows you to enter a unique IP address for the switch. Note: If you change the IP address of the switch you can no longer access the web interface unless you enter the new IP address in the location field of your browser."原来，为了管理和配置参数的方便，交换机上运行着一个 Web 服务，提供了一个 Web 管理界面。用户可以通过浏览器来设置交换机的参数，但是这个 Web 服务器却不能匿名访问。

网络中的每台设备都必须拥有唯一的 IP 地址，当交换机的 IP 地址被设置成为 198.88.188.1 后，局域网 Web 服务器因为 IP 地址冲突而终止了服务。在浏览器地址栏中键入 http：//198.88.188.1 访问的其实是交换机上的 Web 服务。

要排除这个故障，只要避免局域网 Web 服务器与交换机的 IP 地址重复即可。改变交换机的 IP 地址有以下两种方法。

1）利用交换机提供的 Web 管理界面，在客户机的浏览器地址栏中键入 http://198.88.188.1/，并键入系统默认的用户名"admin"。不需要键入口令，进入系统后在"IP setup"界面中可以更改交换机的 IP 地址、子网掩码和默认路由等。

2）利用"超级终端"程序登录交换机，建立连接后，利用系统默认口令登录即可根据系统菜单修改 IP 配置。

8.3.2　DNS 服务故障排除与维护

1. 创建多个域名

某公司局域网的服务器基于 Windows Server，并搭建了 DNS 服务器。现在准备建立若干个域名，使它们分别应用在 HTTP 浏览、FTP 登录、论坛访问和 E-mail 收发等方面。如何在 DNS 服务器中实现这一设想呢？

严格意义上这并不算是故障，而是 DNS 服务器的一种基本功能，只因其应用的广泛性而在这里提及。实现这一设想的实质就是提供域名和 IP 地址的映射工作，而该域名究竟用什么，并不是由 DNS 服务器决定的，而由其对应的 IP 地址所绑定的相关服务器（HTTP、FTP 或 E-mail 等）来决定。

具体解决方法介绍如下。

1）执行"开始→管理工具→DNS"命令，打开"DNS"控制台窗口。用鼠标右键单击左窗格中的"正向查找区域"选项，在弹出的快捷菜单中执行"新建区域"命令，打开"新建区域向导"，并单击"下一步"按钮。

2）在"区域类型"选项卡中保持默认选项"主要区域"的选中状态，单击"下一步"按钮。接着在"区域名称"选项卡中键入合适的区域名称，如"com"。依次单击"下一步

→完成"按钮完成设置，如图 8.28 所示。

3）展开并选中刚才新建的"com"区域，在弹出的快捷菜单中执行"新建域"命令，打开"新建 DNS 域"对话框。在该对话框中键入一个合适的域名，如"cqcet"，并单击"确定"按钮，如图 8.29 所示。

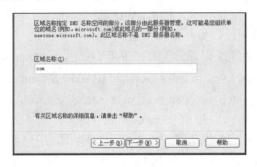

图 8.28 键入区域名称　　　　　　　　　　图 8.29 键入域名

4）依次展开"com"区域的"cqcet"域，用鼠标右键单击"cqcet"域，在弹出的快捷菜单中执行"新建主机"命令，打开"新建主机"对话框。在"名称"文本框中键入一个能反映该域名主要用途的主机名称，如"ftp"；在"IP 地址"文本框键入 FTP 服务器绑定的 IP 地址，如"10.115.223.1"，并依次单击"添加主机→确定"按钮，如图 8.30 所示。

5）接着在"新建主机"对话框中键入另一个主机名称，如"bbs"；在 IP 地址栏中键入提供 BBS 服务的主机 IP 地址，如"10.115.223.10"，并依次单击"添加主机→确定"按钮。重复这一步骤添加其他用途的主机名称，如图 8.31 所示。

图 8.30 键入主机名称和 IP 地址　　　　　图 8.31 重复添加主机

2. 小区宽带无法打开网页

某小区用户采用小区宽带方式接入 Internet，为每个用户节点分配有固定的 IP 地址。现在某居民的计算机可以使用 QQ，并且只能使用 IP 地址浏览网页，而小区内其他居民可以正常上网。

既然网络内的其他计算机可以正常访问 Internet，就表明整个网络的 Internet 链路没有问题，宽带路由的设置也没有问题。能够通过 IP 地址访问网站，并且能够使用 QQ，就表明该计算机与 Internet 链路也没有问题。再加上可以通过 IP 地址访问，而无法通过域名访问，表明故障计算机的 DNS 解析有问题，也就是说，无法将域名解析为 IP 地址。很明显，该故障是由客户机"TCP/IP"设置中"DNS"服务器设置错误造成的。

1）在客户计算机的桌面上用鼠标右键单击"网上邻居"，在弹出的快捷菜单中执行"属性"命令，打开"网络连接"窗口。

2）用鼠标右键单击"本地连接"图标，执行"属性"命令，在打开的"本地连接属性"对话框中双击"Internet 协议（TCP/IP）"选项，打开"Internet 协议（TCP/IP）属性"对话框。在"首选 DNS 服务器"文本框中键入网络中心指定的 DNS 服务器地址，并依次单击"确定"按钮，如图 8.32 所示。

故障的解决非常简单，只需在"Internet 协议（TCP/IP）属性"对话框中选中"使用下面的 DNS 服务器地址"选项，并正确键入 ISP 提供的 DNS 服务器的

图 8.32　指定 DNS 地址

IP 地址即可。尽管有些宽带路由器可以自动分配 IP 地址信息（包括 IP 地址、子网掩码、默认网关和 DNS 服务器），然而，从故障现象来看，路由器的 DHCP 功能并未被激活，因此，IP 地址信息需要用户以手工方式键入。

8.3.3　DHCP 服务故障排除与维护

1. 客户机无法从 DHCP 服务器中获得 IP 地址

某公司局域网搭建有 DHCP 服务器，为客户机自动分配 IP 地址。其 IP 地址分配范围为 10.115.223.1～10.115.223.50，并需要在激活的登录界面中键入用户名和密码。可是在上网高峰时，客户机无法获得 IP 地址信息，并且登录界面也无法激活。IP 地址显示为"169.254.X.X"无法上网。

访问高峰时计算机所获得的"169.254.X.X"地址是由于无法从 DHCP 服务器获得 IP 地址（联系不上 DHCP 服务器，或者 DHCP 服务器没有 IP 地址可供分配），而由计算机自动分配的 IP 地址（APIPA）。由于 DHCP 服务器的 IP 地址池有限，当可用 IP 地址分配完毕，将不再可能获取 IP 地址。也就是说，如果没有网络管理员的配合，将没有合法的解决方案，此时可行的方式就是不断刷新。

可以为 DHCP 服务器的地址池添加足够的 IP 地址来解决此问题。

1）执行"开始→管理工具→DHCP"命令，打开"DHCP"控制台窗口。

2）在"DHCP"控制台窗口左窗格目录树中展开服务器，用鼠标右键单击"作用域 IP"，在弹出的快捷菜单中执行"属性"命令，打开"作用域 DHCP 属

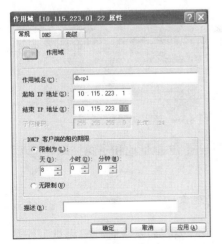

图 8.33　扩大 IP 地址范围

性"对话框。在"结束 IP 地址"文本框中键入"10.115.223.100"，扩大地址范围，如图 8.33 所示。

2. "找不到 DHCP 服务器"的提示

某公司的内部网络基于 Windows Server 的域管理模式，并使用 DHCP 服务器为客户机自动分配 IP 地址。最近由于网络升级，新搭建了一台 DHCP 服务器，并停用了原来的 DHCP 服务器，可是在启动 DHCP 服务的时候出现"找不到 DHCP 服务器"的提示。

在低版本 Windows 系统中，DHCP 服务器的架设并不需要授权。也就是说，如果网络中架设了另外一台不同的 DHCP 服务器，它的 DHCP 服务也会起作用，这样显然不利于网络安全。而高版本的 Windows 系统则改进了这方面的功能，一台服务器即使启用了 DHCP 服务，如果得不到活动目录服务器的认证，DHCP 服务也不能启动，并且会出现"找不到 DHCP 服务器"的提示。具体解决方法介绍如下。

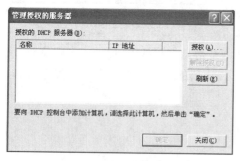

图 8.34 "管理授权的服务器"对话框

1）以管理员身份登录准备授权的 DHCP 服务器，执行"开始→管理工具→DHCP"命令，打开"DHCP"控制台窗口。

2）在控制台窗口左窗格中用鼠标右键单击根节点 DHCP，在弹出的快捷菜单中执行"管理授权的服务器"命令，打开"管理授权的服务器"对话框，如图 8.34 所示。

3）在"管理授权的服务器"对话框中单击"授权（A）"按钮，在打开的"授权 DHCP 服务器"对话框中键入已经安装活动目录的服务器或 IP 地址，并依次单击"确定"按钮，如图 8.35 所示。

4）如果 DHCP 服务器和 AD 服务器工作正常，并且网络连接没有问题，则会提示授权成功。如果网络有故障，或者输错了计算机名或 IP 地址，就会出现"DHCP"对话框，提示"DHCP 无法访问 Windows Active Directory"。检查 Active Directory 服务器和网络连接，重新授权，如图 8.36 所示。

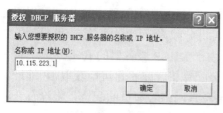

图 8.35 键入 DHCP 服务器地址

图 8.36 错误提示

5）通过授权以后，DHCP 服务即可生效。然后重新设置 IP 地址池和子网掩码等选项，DHCP 服务开始正常工作。

3. 无盘工作站启动到 DHCP 时出现得不到 IP 地址的现象

某学校计算机教室采用无盘系统，在服务器端经过某些调整后发现有一些无盘工作站启动至 DHCP 服务时出现无法获取 IP 地址现象。

造成这一故障的原因很多，比如说服务器 DHCP 配置错误，或在网络中存在其他的 DHCP 服务器。

具体解决方法是，重新正确配置 DHCP 服务，当确定无误后，再禁用 Wingate 或 SyGate 等工具的 DHCP 服务。

8.3.4　VPN 服务故障排除与维护

1. 套接字错误信息 "host name lookup for 'CATV' failed"

某公司在外地设有办事处，该办事处通过虚拟专用网与总部相连。现想让该办事处的网络接入到公司总部的 Intranet，但是由于办事处连接在另外的子网上，因此远程网络上的客户机遇到了套接字（Socket）错误信息 "host name lookup for 'CATV' failed"，其中 CATV 为公司总部的 Intranet 服务器。

该错误信息表明远程网络上的客户机使用的域名系统服务器在其 DNS 表中没有 Intranet 服务器 CATV 的 IP 地址。如果远程客户机需要从 Intranet 上得到 DNS 服务，就会出现这种问题。

要解决这个问题，应当为自己的内部 IP 地址空间提供自己的 DNS 服务。

1）在客户机上执行"开始→命令提示符"命令，打开"命令提示符"窗口。

2）在"命令提示符"窗口中键入 "ipconfig /all" 命令并单击回车键，在返回的信息中找到 "DNS Servers" 选项，所列出的地址就是客户机当前使用的 DNS 服务器地址，如图 8.37 所示。

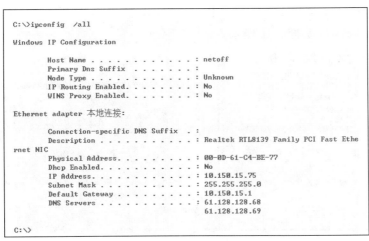

图 8.37　DNS 地址

3）很明显，这里的 DNS 服务器地址是 Internet 上的 DNS 服务器地址，而不是公司总部 Intranet 的 VPN 服务器地址。可以试着使用 Intranet 服务器的 IP 地址代替主机名 CATV 跟远程服务器进行连接，这样可以查看 VPN 客户机能否很好地在远程局域网之间传输 IP 数据包。如果能正常工作的话，这时所需要的是名称服务，可以使用客户机上的静态"主机"文件提供名称服务，直到使 DNS 服务器运行。

2. 内部虚拟专用网无法访问外地虚拟专用网

某公司内部局域网中使用一台服务器作为 ICS 主机，实现 Internet 连接共享，所有客户机均自动获取 IP 地址信息。由于特殊应用，需要在该服务器上做虚拟专用网来连接到外地的虚拟专用网服务器上，并且还要启用虚拟专用网连接的共享（对于内网），使所有的客户机都能通过虚拟专用网访问外地的虚拟专用网服务器。可是当启用虚拟专用网共享后，虚拟专用网可以正常使用，但所有的客户机不能访问 Internet，并且在安装 SyGate 后，Internet 可以访问，但虚拟专用网中的 Outlook（基于 MS Exchange 方式）不能用。

首先，服务器同时做 ICS 主机和虚拟专用网服务器是不恰当的。当在服务器上创建虚拟专用网连接时，启用了虚拟专用网连接的共享，而在创建这个共享的时候，原来的 Internet 连接共享被去掉，从而导致客户机不能连接 Internet。

其次，Exchange Server 与远程的虚拟专用网服务器安装在同一台计算机上，不能使用 VPN 中的 Outlook，初步估计是 Sygate 的问题。

具体解决方法介绍如下。

1）在 Windows Server 服务器上安装 WinGate，而不使用 Windows Server 自身的 "Internet 连接共享"。在创建虚拟专用网连接时，启用 "允许其他网络用户通过此计算机的 Internet 连接" 和 "在我的网络上的计算机尝试访问 Internet 时建立一个拨号连接" 复选框，并选择正确的局域网网卡，如图 8.38 所示。

2）正确设置客户机 IE。打开 "Internet 属性" 对话框并切换至 "连接" 选项卡，单击 "局域网设置" 按钮，打开 "局域网（LAN）设置" 对话框。选择 "代理服务器" 区域的 "为局域网使用代理服务器" 复选框，并分别键入 Windows Server 服务器的 IP 地址和 WinGate 默认的代理端口号 80，如图 8.39 所示。

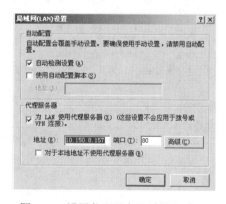

图 8.38　起用 VPN 的 "连接共享"　　　　图 8.39　设置代理服务器地址和端口

3）在服务器上正确设置 WinGate。在服务器端运行 WinGate 程序组中的 GateKeeper，输入管理员用户名和密码登录至管理界面，如图 8.40 所示。

接着单击 "Users" 选项卡。在左窗格中双击 "Assumed users" 选项，打开 "Assumed users" 对话框，然后切换至 "By IP Address" 选项卡，如图 8.41 所示。

在 "By IP Address" 选项卡中单击 "Add" 按钮，打开 "Location" 对话框。在 "If a user connects from IP address" 文本框中键入客户机的 IP 地址，并在 "Then assume it" 下拉框中

选中"Guest"选项，单击"OK"按钮，如图 8.42 所示。

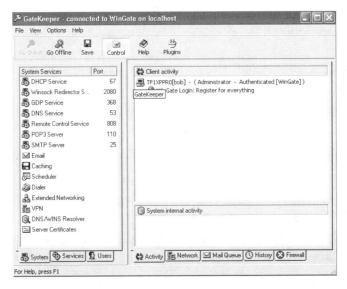

图 8.40 GateKeeper 管理界面

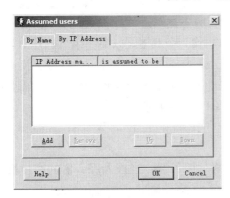

图 8.41 "By IP Address"选项卡

图 8.42 键入 IP 地址

重复此步骤，把所有的客户机 IP 地址添加完毕即可。

8.3.5 Windows 流媒体服务故障排除与维护

1. Windows Media Services 故障中与基本网络连接有关的问题的故障排除

虽然 Windows Media Encoder、Windows Media Server 和 Windows Media Player 位于同一个子网时，Windows Media Services 能够正确运行，但是如果包括一个或多个路由器跃点，则可能发生与网络相关的问题。

具体解决方法介绍如下。

1）启动实时广播的 Windows Media Encoder 会话（即使它只是基准音调），这样就能知道何时有信号。例如，使用类似 http://encoder:8080 的 URL。

2）在运行 Windows Media Encoder 的计算机上，使用 Windows Media Player 和第 1）步的 URL（例如 http://encoder:8080）连接到音频流，这样可以确认在没有任何网络硬件的情况下，Windows Media Encoder 是否能正常运行。

3）如果一切正常，则转到 Windows Media Encoder 所在子网中的另一台计算上，并尝试连接 http://encoder:8080。如果运行正常，说明 Windows Media Encoder 按预期的方式发出音频流。

4）在 Windows Media Server 上启动 Windows Media Player 的会话，并尝试连接到 Windows Media Player。如果 Windows Media Server 与 Windows Media Encoder 不在同一个子网中，若连接失败，说明某些规则不允许音频流进入服务器（如防火墙的端口 8080 被阻止）。

5）如果第 4）步成功，则验证 Windows Media Server 的配置是正确的。为此，打开 Windows Media Administrator，设置"单路广播发布"指向 http://encoder:8080。如果发生名称解析问题，需要将 NetBIOS 名称更改为 Windows Media Encoder 的 IP 地址。

6）如果经过验证发现 Windows Media Server 的配置正确，则尝试从服务器上的客户机连接到服务器的音频流。先执行这一步，可以先确定服务器与客户机之间是否存在问题。

7）如果第 6）步执行成功，则在服务器所在子网中的另一台计算机上尝试连接到服务器的音频流，它有助于确定服务器运行是否正常。

8）如果第 7）步执行成功，则在另一个子网中的某个客户机上尝试连接到服务器。如果第 6）步执行成功，而这一步未执行成功，说明服务器与最终用户之间存在网络问题。

如果服务器与客户机之间存在交换机，确保将它设为全双工，以免在客户机发出重新发送的请求时出现数据包冲突。在某些类型的交换机上，自动的双工设置可能导致交换机用半双工，需要强制交换机使用全双工。另外，还需要确保防火墙打开了正确的端口。需要注意的是，某些端口需要双向打开，某些情况需要对 TCP 和 UDP 使用相同的端口。

8.3.6 Windows 终端服务故障排除与维护

某公司在其 Windows Server 服务器中搭建了终端服务器，当连入服务器的客户机达到一定数量的时候，运行速度就会明显减慢。

作为实用法则，运行有 WTS 的 Windows Server 需要使用 2GB 以上的内存进行基本运作。每附加一个普通用户，就要增加 4～8MB 内存，高级用户则需要配置较大的内存。客户机负载也直接与 WTS 服务器的计算功能成比例地增加。从单核的处理器到双核处理器，系统可以使能力增加一倍。

在与网络客户机通信方面，WTS 使用远程桌面协议 RDP。这个协议被优化以降低网络通信量，并且支持通过电话线的传输速率最低为 28.8Kb/s 的拨号连接。28.8Kb/s 传输速度是普通的远程访问服务速度。但是无论如何，都建议使用高性能的网络接口卡。

由上述故障原因可以看出，安装较大容量的内存和更换更高频率的 CPU 是解决此问题的首选方案。

小　结

本章首先介绍了 Windows 服务器操作系统所提供的常用网络服务；接着以 Web 服务器为例使读者理解和领会在网络服务器进行故障诊断与排除的过程中所应该遵守的一般步

骤，最后通过大量的实例，向读者介绍了在网络使用和管理过程中，可能会遇到的各种网络服务器的故障诊断与排除方法。

思考与练习

一、填空题

1. 在目前的局域网或 Internet 中，_____可谓是最流行，也是最重要的服务。

2. Web 服务基于_____模型实现，信息发布平台所在的计算机称为_____，而信息的获取者或发布者称为_____。

3. 要想远程更新 Web 网站，必须在 Web 服务器中_____服务器。

4. DHCP 服务器的主要作用是_____。

5. _____由 Micorsoft 公司开发的一种网络名称转换服务，它可以将 NetBIOS 计算机名称转换为其对应的 IP 地址。

6. 电子邮件服务包括可提供电子邮件检索的_____服务，可提供电子邮件传送的_____服务。

7. Windows 流媒体服务（Windows Media Services）主要用于将音频和视频内容通过_____发给客户机。

8. _____提供多协议路由服务，包括局域网到局域网、局域网到广域网、虚拟专用网及网络地址转换。

二、简答题

1. 简述 Windows 提供终端服务的目的。

2. 简述 DHCP 服务器的作用和工作过程。

3. 在 Windows 服务器操作系统里面打印机和打印设备有什么区别与联系？

4. 列举两个 Web 服务器故障实例，并简述解决的办法。

5. 在使用 DHCP 服务器自动为客户机分配 IP 地址的网络里面，可能会出现客户机无法从 DHCP 服务器中获得 IP 的情况。请分析造成这种现象的可能原因，并简述解决的方法。

6. 简述 Windows 服务器操作系统中路由和远程访问组件的功能。

7. 在进行 DNS 的故障诊断与排除中，经常用到的一个命令是什么？试举例说明其用法。

8. 一般情况下，导致 IIS 启动失败的原因主要有哪两种，如何解决？

◆ **实　训**

项目　UrlScan 的安装、使用与删除

:: 实训目的

1）了解 UrlScan 的作用。

2）掌握 UrlScan 的安装与删除。

∷ 实训环境

每人一台计算机，能连接到 Internet，安装有 Windows 服务器操作系统，并安装了 IIS 组件。

∷ 实训内容与步骤

UrlScan 工具可使 Web 服务器只响应合法的要求，借此来保护 Web 服务器。某公司网络管理员准备在其管理的 Windows 服务器上安装 UrlScan 工具，然而 Url Scan 工具集成在 IIS Lockdown 工具中。只有从 IIS Lockdown 安装包中提取 UrlScan 安装组件，才可以在不安装 IIS Lockdown 的前提下安装 UrlScan 工具。

1. IIS Lockdown 2.1 的安装程序包的下载与保存

下载 IIS Lockdown 2.1 的安装程序包 IISLockd.exe 文件，并将其保存到系统目录（即 "system32" 目录）中，如图 8.43 所示。

2. 从 IISLockd.exe 中提取并安装 UrlScan.exe

1）执行 "开始→程序→附件→命令提示符" 命令，打开 "命令提示符" 窗口。然后键入命令行 "iislockd.exe　/q　/c　/t:f:\lockdown" 并按回车键，将程序包释放至 "f:\lockdown" 文件夹中，如图 8.44 所示。

图 8.43　下载 IIS Lockdown 2.1

图 8.44　释放程序包

2）在 "f:\lockdown" 文件夹中找到 UrlScan.exe 文件，执行此文件。

3）重启 IIS，使 UrlScan 工具生效。

4）验证 UrlScan 工具是否已经正常工作。执行 "开始→程序→管理工具→Internet 信息服务（IIS）管理器" 命令，在打开的 "Internet 信息服务（IIS）管理器" 控制台窗口中用鼠标右键单击服务器名称（在本例中为 "cqet-inform"），在弹出的快捷菜单中执行 "属性" 命令，打开 "cqet-inform 属性" 对话框，如图 8.45 所示。

5）在 "cqet-inform 属性" 对话框中单击 "编辑" 按钮，打开 "cqet-inform 的 WWW

服务主属性"对话框。接着单击"ISAPI 筛选器"选项卡，在"ISAPI 筛选器"选项卡中单
击"UrlScan"选项，即可看到该工具已经成功安装，如图 8.46 所示。

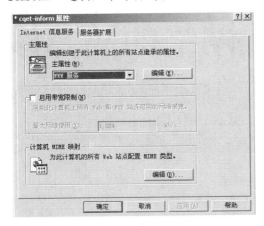

图 8.45　cqet-inform 属性

图 8.46　cqet-inform 的 WWW 服务主属性

3. 使用 UrlScan 限制请求大小

可以使用 UrlScan 作为另一道防线，甚至在请求到达 ASP.NET 之前用来抵御拒绝服务
攻击。可以通过对 MaxAllowedContentLength、MaxUrl 和 MaxQueryString 属性设置限制来
达到这一目的。具体步骤如下。

1）用记事本或其他文本编辑程序打开 C:\WINNT\system32\inetsrv\urlscan 下的
urlscan.ini 文件。

2）将下列配置添加到 UrlScan.ini 中。

　　　　[RequestLimits]
　　　　MaxAllowedContentLength=2000000000
　　　　MaxUrl=16384
　　　　MaxQueryString=4096

此段落中的条目对到达服务器的允许的请求部分的长度进行限制。

3）保存退出，然后重新启动 IIS 服务器。

4. 删除 UrlScan

如果要删除 UrlScan，可以使用 Internet 服务提供商中的"Web 服务器属性"对话框中
的 ISAPI 筛选器页手动删除 UrlScan，具体步骤如下。

1）打开 IIS "Web 服务器属性"对话框，然后切换到"ISAPI 筛选器"。

2）选中筛选器 UrlScan 后，单击"删除"按钮。

3）单击"确定"按钮，即删除了 UrlScan。

第9章

无线网络的故障诊断

学习指导

学习目标 ☞　掌握无线网络及无线局域网的概念及组成。

掌握无线网络的传输介质及其传输技术。

掌握无线网络及无线局域网的故障诊断、排除方法。

要点内容 ☞　无线网络及无线局域网的概念、组成设备、应用。

无线网络及无线局域网的实现技术。

无线网络及无线局域网的故障诊断及排除方法。

无线网络及无线局域网的日常维护方法。

学前要求 ☞　对计算机网络有一定的了解，或者已经学习过计算机局域网。

了解计算机网络中关于无线网络的基本知识。

9.1　无线网络概述

9.1.1　无线网络概述

无线网络是利用无线电波而非线缆来实现计算机设备数据传送的系统。它是一种灵巧的数据传输系统，是从有线网络系统自然延伸出来的技术，使用无线射频（RF）技术通过电波收发数据，减少使用电线连接。未来的发展，使得用户不管是在办公室、家里、学校、还是在旅途中，都需要始终同其他人保持联系以获取所需的信息。最新的无线技术的应用使得高性能、低价格的无线网络应用成为可能，这将为大中小型企业、校园网络、交易市场、仓库、港口、建筑群网络桥接和野外勘测实验等网络应用带来新的便利，如图 9.1 所示。

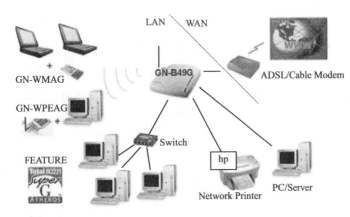

图 9.1　中小型无线网络

9.1.2　无线网络标准

无线局域网产品最早在市场上出现大约是 1990 年，1997 年 IEEE 802.11 无线局域网标准的制定是无线网络技术发展的一个里程碑。802.11 标准除了集成无线局域网的优点及各种不同性能外，还使得各种不同厂商的无线产品得以互连。802.11 标准的颁布使得无线局域网在各种有移动要求的环境中被广泛接受，这些应用包括教育医疗仓库电力等不同行业。

作为全球公认的局域网权威 IEEE 802 工作组，其建立的标准在过去 20 年内在局域网领域内独领风骚，这些协议包括了 802.3 Ethernet 协议、802.5 Token Ring 协议、802.3U 100Base-T 快速以太网协议。1997 年，经过了 7 年的工作以后，IEEE 发布了 802.11 协议，这也是在无线局域网领域内的第一个国际上被认可的协议。1999 年 9 月他们又提出了 802.11b High Rate 协议用来对 802.11 协议进行补充，在 802.11 的 1Mb/s 和 2Mb/s 速率下又增加了 5.5Mb/s 和 11Mb/s 两个新的网络吞吐速率。2000 年 8 月，IEEE 802.11a 协议推出无线通信速率，可以在 6Mb/s、9Mb/s、12Mb/s、24Mb/s、36Mb/s、48Mb/s 和 54Mb/s 间根据通信质量进行调整。现阶段，遵照 IEEE 802.11b 的无线局域网完全进入实用阶段。利用 802.11b，移动用户能够获得同 Ethernet 一样性能的网络吞吐率、可用性，这个基于标准的技术使得管理员可以根据环境选择合适的局域网技术来构造自己的网络，满足他们的商业用户和其他用户的需求。

和其他 IEEE 802 标准一样，802.11 协议主要工作在 ISO 协议的最低两层上，也就是物理层和数据链路层，如图 9.2 所示。任何局域网的应用程序、网络操作系统或者像 TCP/IP Novell NetWare 都能够在 802.11 协议上兼容运行，就像它们运行在 802.3 Ethernet 上一样。

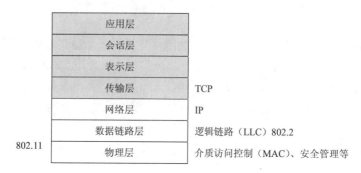

图 9.2 802.11 协议在 OSI 模型中的位置

802.11b 的基本结构特性和服务都在 802.11 标准中进行了定义，802.11b 协议主要在物理层上进行了一些改动，加入了高速数字传输的特性和连接的稳定性。

对于数据的安全性，802.11 提供了 OSI 模型数据链路层的访问控制功能和加密机制，这种加密机制称为 WEP，这就使得无线的网络具有和有线网络相同的安全性。对于访问控制来说，SSID 又称为 WLAN 服务区域编号，可以在任何接入点中根据自己的要求进行预置，需要访问的无线客户端必须知道该参数才能加入网络，另外还在接入点中规定了访问控制列表来限制能够访问接入点的客户，只有列在访问控制列表中的 MAC 地址的客户端才可以访问接入点。

对于数据加密标准提供的加密方式，使用的是 RSA 数据加密中的 40 位 RC4 的 PRNG 公钥算法，所有在终端和接入点发送和接收的数据都使用密钥进行了加密。另外当加密使用时，接入点将发布一个加密，发起数据报给所有连接范围内的客户机，客户机必须发回使用正确密钥进行处理的数据报，随后才能获得网络的连接。除了在数据链路层工作外，802.11b 无线网络还可以支持其他 802 局域网的安全访问控制标准。例如，网络操作系统的注册行为或加密方式 IPSec 和其他应用层的加密，这些高层的加密技术可以实现包含无线网络和有线网络的端对端安全网络。在最新的 802.11b 和 802.11a 协议标准中，开始推荐采用 802.1x 安全协议实现每用户每会晤的动态密钥分发，更增加了无线数据传输的安全性。

9.1.3 无线网络分类

无线网络类型与有线网络一样，无线网络可根据数据发送的距离分为几种不同类型。

1. WWAN

WWAN（无线广域网络）技术可使用户通过远程公共网络或专用网络建立无线网络连接。通过使用无线服务提供商所维护的若干天线基站或卫星系统，这些连接可以覆盖广大的地理区域，如许多城市或者国家(地区)。目前的 WWAN 技术为大家所知的是第二代(2G)系统和第三代（3G）系统。主要的 2G 系统包括全球数字移动电话系统（GSM）、多址代码分区访问（CDMA）和 3G 的 WCDMA、CDMA2000、TD-SCDMA。

2. WMAN

WMAN（无线城区网络）技术使用户可以在主要城市区域的多个场所之间创建无线连接，而不必花费高昂的费用铺设光缆、电缆和租赁线路。此外，如果有线网络的主要租赁线路不能使用时，WMAN 可以用作有线网络的备用网络。WMAN 既可以使用无线电波，也可以使用红外光波来传送数据。尽管现正使用各种不同技术，例如多路多点分布服务（MMDS）和本地多点分布服务（LMDS），IEEE 802.16 宽频无线访问标准工作组仍在开发规范以标准化这些技术的发展。

3. WLAN

WLAN（无线本地网络）技术可以使用户在本地创建无线连接。WLAN 可用于临时办公室或其他线缆安装受限的场所，或者用于增强现有的局域网，使用户可以在不同时间、在办公楼的不同地方工作。WLAN 以两种不同方式运行。在基础 WLAN 中，无线站（具有无线电波网络卡或外置调制解调器的设备）连接无线访问点，其在无线站与现有网络中枢之间起桥梁的作用。对于对等的特殊 WLAN，在有限区域（如会议室）内的几个用户中，如果不需要访问网络资源时，可以不使用访问点而建立临时网络。IEEE 在 1997 年批准了 802.11 WLAN 标准，其指定的数据传输速度为 1～2Mb/s。在新的主要标准 802.11b 中，通过 2.4 GHz 频段进行数据传输的最大速度为 11Mb/s。另一个更新的标准是 802.11a，它指定通过 5 GHz 频段进行数据传输的最大速度为 54Mb/s。

4. WPAN

WPAN（无线个人区域网络）技术使用户为用于 POS（个人操作空间）的设备（如 PDA、移动电话等）创建专用无线通信。POS 是个人周围的空间，10m 以内的距离。目前，两个主要的 WPAN 技术是蓝牙和红外光波。蓝牙是一种替代技术，可以在 30ft 以内使用无线电波传送数据。蓝牙的数据传输可以穿透墙壁、口袋和公文包。蓝牙技术是由蓝牙专门利益组（SIG）引导发展的。该组于 1999 年发布了 1.0 版本的蓝牙规范。然而，要在近距离（1m 以内）连接设备，用户也可以创建红外连接。

为了标准化 WPAN 技术的发展，IEEE 已成立了 802.15 工作组。该工作组正在发展基于 1.0 版本蓝牙规范的 WPAN 标准。该标准草案的主要目标是低复杂性、低能耗、交互性强以及与 802.11 网络兼容。

9.1.4 无线网络技术

无线网络技术范围广泛，包括从允许用户建立远距离无线连接的全球语音和数据网络，到优化为近距离无线连接的红外线和无线电频率技术。通常用于无线网络的设备包括便携式计算机、台式计算机、手持计算机、个人数字设备（PDA）、移动电话、笔式计算机。无线技术用于多种实际用途，例如，手机用户可以使用移动电话访问电子邮件。使用便携式计算机的旅客可以通过安装在机场、车站和其他公共场所的基站连接到 Internet 中。在家中，用户可以连接桌面设备以同步数据和发送文件。

1. 无线通信技术的特性

（1）可靠性

无线通信技术采用抗射频干扰性能理想的天线，能提供强大可靠的无线传输。

（2）低成本

无线通信技术可以避免安装线缆的高昂费用，租用线路的月租费用，以及由于设备需要经常移动而增加和改变相关的费用。

（3）灵活性

由于没有线缆的限制，可以随心所欲的增加工作站或重新配置工作站。

（4）移动性

由于设置允许在任何时间任何地点访问网络数据而不是在指定的地点，所以用户可以在网络中漫游。

（5）快速安装

无需施工许可证不需要开挖沟槽，安装无线网络所需的时间只是安装有线网络的零头。

（6）高吞吐量

无线通信技术可实现 1～11Mb/s、11～54Mb/s 或更高的数据传输速率，可高于 T1、E1 线路速率。

（7）保护用户投资

无线通信技术无线通信技术可实现向未来技术的平滑升级，无需更换设备重复投资。

（8）抗干扰性强

抗干扰是扩频通信的主要特性之一，信号扩频宽度为 100 倍窄带，干扰基本上不起作用；而宽带干扰的强度降低了 100 倍，如要保持原干扰强度，则需加大 100 倍总功率，这实质上是难以实现的。因信号接收需要扩频编码进行相关解扩处理才能得到，所以即使以同类型信号，知道信号的扩频码的情况下，由于不同扩频编码之间的不同的相关性，即使对信号进行干扰，干扰也不起作用。正因为扩频技术抗干扰的特性，美国军方在海湾战争等多处广泛采用扩频无线网桥来连接分布在不同区域的计算机网络。

（9）隐蔽性好

信号在很宽的频带上被扩展而带宽上的功率很小，即信号功率谱密度很低，信号淹没在噪声之中，别人难以发现信号的存在，加之不知扩频编码很难拾取有用信号，而极低的功率谱密度也很少对于其他电信设备构成干扰。

（10）抗多径干扰

在无线通信中抗多径问题一直是难以解决的问题，利用扩频编码之间的相关特性，在接收端可以用相关技术从多径信号中提取分离出最强的有用信号，也可把多个路径来的同一码序列的波形相加使之得到加强，从而达到有效的抗多径干扰。

2. 无线网络组网技术

1）室外点对点无线连网方式，如图 9.3 所示。
2）室外点对多点无线连网方式，如图 9.4 所示。
3）室外中继无线连网方式，如图 9.5 所示。

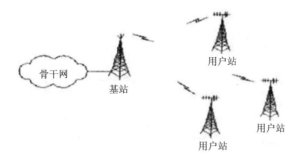

图 9.3 无线网桥点对点接入模式

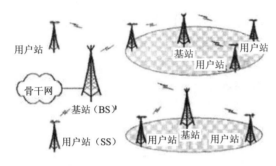

图 9.4 无线网桥点对多点接入模式

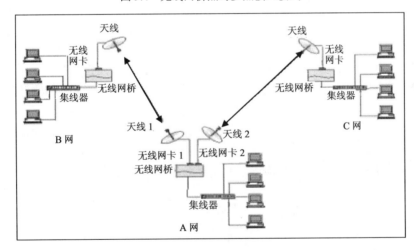

图 9.5 无线中继接入模式

3. 无线技术和有线技术的比较

1）有线通信的开通必须架设电缆或挖掘电缆沟或架设线缆，而架设无线链路则无需架线、挖沟，线路开通速度快，将所有成本和工程周期统筹考虑无线扩频的投资是相当节省的。

2）一般有线通信的质量会随着线路的扩展而急剧下降，如果中间通过电话转接局，则信号质量下降更快，到四五千米左右已经无法传输高速率数据或者会产生很高的误码率，速率级别明显降低；而对于无线扩频通信方式，50km 内几乎没有影响，一般可提供从 64Kb/s～2Mb/s 的通信速率，误码率小于 10^{-10}。

3）有线通信受地势影响不能任意铺设，而无线通信覆盖范围大几乎不受地理环境限制。

4）有线通信铺设时需挖沟架线，成本投入较大且电缆数量固定，通信容量有限，而无线扩频则可以随时架设，随时增加链路，安装扩容方便。

5）有线通信除电信部门外，其他公司的通信系统没有在城区挖沟铺设电缆的权力，而无线通信方式则可根据客户需求灵活订制专网。

6）有线链路的维护需沿线路检查，出现故障时一般很难及时找出故障点，而无线扩频通信只需维护扩频电台，出现故障时则能快速找出原因恢复线路正常运行。

7）建设通信线路时一般需要备份，如果主备通道皆为有线线路，往往会存在相关故障点，若一条有线中断，另外一条很可能由于整个电缆被挖断或被破坏、配线架损坏、转接局断电等原因同时中断；如果有线通信线路利用无线扩频进行备份，当有线线路中断时，则将通信链路切换到无线链路上仍可保证通信线路的畅通。

综上所述，无线扩频通信在可靠性、可用性和抗毁性等很多方面超出了传统的有线通信方式，尤其在一些特殊的地理环境下更是体现出了其优越性。当然，无论是选择有线还是无线通信手段，都应根据具体情况因地制宜。

9.1.5 无线网络的传输介质

采用无线传输介质连网具有不需铺设传输线、允许数字设备在一定范围内移动等优点而大量应用于便携式计算机的入网中。目前常用的有微波、红外线、蓝牙和激光。

1. 微波

微波是指其频率为 300～300GHz 的电波，微波通信是用微波作为载波信号，用被传输的模拟信号或数字信号来调制该载波信号，它可用于传输模拟信号又可传输数字信号。由于微波段的频率很高故信道的容量很大，另一方面由于微波能穿透电离层而不反射到地面，因此其传播距离受到限制一般为 50km，但可以通过地面微波中继站或卫星通信来延长其通信距离。卫星通信的最大特点是通信远，通信费用与通信无关，同时具有频带宽、容量大、信号所受到的干扰小、通信稳定的特点，但卫星通信的延时大，如图 9.6 所示。

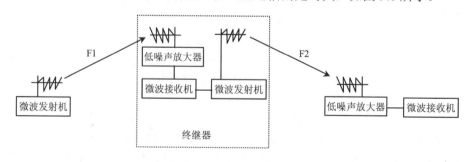

图 9.6 微波网络通信模式

2. 红外线

红外线（Infrared Rays）也是一种光线，由于它的波长比红色光（750nm）还长，超出了人眼可以识别的（可见光）范围，所以我们看不见它，又称为红外热辐射（Infrared

Radiation），通常把波长为 0.75～1000μm 的光都称为红外线。

利用红外线来传输信号，在收、发端分接有红外线的发送器和接收器，但二者必须在可视范围内，中间不允许有障碍物。红外线信道有一定的带宽，当传输速率为 100Kb/s 时，通信距离可大于 16km；传输速率为 1.5Mb/s 时，其通信距离则降为 1.6km。红外线有很强的方向性，很难被窃听、插入和干扰，但缺点是传输距离有限，易受环境的干扰，如雨、雾等。

3. 蓝牙

蓝牙技术是一种无线数据与语音通信的开放性全球规范，它以低成本的近距离无线连接为基础，为固定与移动设备通信环境建立一个特别连接，其程序写在一个 9mm×9mm 的微芯片中。例如，如果把蓝牙技术引入到移动电话和膝上型电脑中，就可以去掉移动电话与膝上型电脑之间的令人讨厌的连接电缆，而通过无线使其建立通信。打印机、PDA、台式计算机、传真机、键盘、游戏纵杆以及所有其他的数字设备都可以成为蓝牙系统的一部分。除此之外，蓝牙无线技术还为已存在的数字网络和外设提供通用接口，以组建一个远离固定网络的个人特别连接设备群。

蓝牙工作在全球通用的 2.4GHz ISM（即工业、科学、医学）频段。蓝牙的数据传输速率为 1Mb/s。时分双工传输方案被用来实现全双工传输。ISM 频带是对所有无线电系统都开放的频带，因此使用其中的某个频段都会遇到不可预测的干扰源。为此，蓝牙特别设计了快速确认和跳频方案以确保链路稳定。通过扩展频谱技术，可以成百倍地扩展跳频带宽，使用跳频技术使干扰可能的影响变成很小。

与其他工作在相同频段的系统相比，蓝牙跳频更快，数据包更短，这使蓝牙比其他系统都更稳定。FEC（Forward Error Correction，前向纠错）的使用抑制了长距离链路的随机噪音。二进制调频（FM）技术的跳频收发器可以用来抑制干扰和防止衰落。

蓝牙基带协议是电路交换与分组交换的结合。在被保留的时隙中可以传输同步数据包，每个数据包以不同的频率发送。一个数据包名义上占用一个时隙，但实际上可以扩展到占用 5 个时隙。蓝牙可以支持异步数据信道、多达三个的同时进行的同步话音信道，还可以用一个信道同时传送异步数据和同步话音，每个话音信道支持 64Kb/s 同步话音链路。异步信道可以支持一端最大速率为 72.1Kb/s 而另一端速率为 57.6Kb/s 的不对称连接，也可以支持 43.2Kb/s 的对称连接。

4. 激光

激光通信是利用激光束来传输信号，即将激光束调制成光脉冲以传输数据，它与红外线一样不能传输模拟信号。激光通信必须配置一对激光收发器，且安装在视线范围内。激光具有高度的方向性，因而很难被窃听、插入数据和进行干扰。但缺点是传输距离有限，易受环境的干扰，如雨、雾等。

9.1.6 无线网络的实际应用

通过无线网络接口卡和接入网桥，可以非常快捷地实现室外局域网连接，特别适合在教育、医疗、办公室居民小区、制造行业、仓储、零售商店及电力乡镇等室外远程网络建设方面的要求，无线网络技术为客户接入网络提供了一种可靠的价格合理的解决方案。下面的一些应用展示了无线组网解决方案，描述了使用有线网络时，在系统成本太高、安装困难以及无法提供足够的灵活性等因素下无线网络是如何发挥其作用的。

1. 室外的应用

室外是一个范围非常宽的概念，港口、建筑工地以及大都市的市区都包括在这个范围之内，一般的公司希望无线网络可以实现两个或多个建筑物间的局域网连接，提供高速互连网络接入以及实现移动获得网络服务等功能。由于无线产品具有很高的接收灵活度、延迟扩散特性以及 11/22Mb/s 的数据传输率等特点，使得它在室外应用中具有非常卓越的表现，并可以实现快速的网络安装，可以使用它来完全替代有线网络系统。下面我们给出了一些无线组网技术在室外应用的例子。

（1）固定无线网络连接

在都市中实现有线局域网的费用是非常昂贵的，为了在被公路分隔开的两座建筑物之间布线，用户必须进行勘测、挖掘管道、重新铺路或租用每月付费的通信线路等工作。而使用无线技术网，无论建筑物是只隔一条街道还是距离几千米远，都可以在几个小时之内以很低的成本实现 11/22/54Mb/s 的网络连接。

（2）建筑物网络

在建筑物网络环境下可以使用无线组网方案，在大学中可以实现学生宿舍方便地接入互连网络；市政管理部门可以通过无线技术将它管理的学校或消防中心与中央管理部门连接在一起。

（3）移动无线网络

乘坐交通工具的人或交通工具本身经常需要连续的存取网络数据；到机场取货物和包裹的工作人员在车上使用终端设备通过网络来获得诸如航班信息或大门开关等信息；在军事演习中，命令通信以及后勤保障车辆移动非常频繁；市内公共汽车公司利用车上的终端设备来实现和调度人员之间进行的行车路线和发车时间等信息的交换。以上这些应用都可以用无线组网来解决。

2. 教育行业的应用

在教育方面，使用无线局域网可以实现城域网接入宽带互连网络，提供灵活性的教室配置以及移动获取网络服务等功能。某些具有历史意义的建筑物内布线可能非常困难，在大型空旷的建筑物比如体育场馆内可能存在很大的回波效应，无线技术因其具有传输距离远、可以在建筑物之间或建筑物内施工困难的环境下灵活使用的特点，令它在教育网络实施方面具有很强的优势，成为构建未来教育网络的必然选择。

（1）Internet 接入

利用无线技术可以实现将多个地点的计算机与中心计算机设备实现快速地连接，中心设备则与互连网络提供商 ISP 连接，这样可以为整个校园提供价格合理的宽带互连网络接入，也就是可以为校园提供远程学习的机会。实现这种应用的另外一个方法是为每个建筑物都铺设电缆来用于互连网络接入，但无线局域网在总体价格及灵活性上更有优势。

（2）为学生和员工提供移动网络服务

学校为学生和员工提供了像图书馆和数据中心等类似的服务设施，但是人们为了使用它们，不得不整天在它们之间奔波。如果使用了配置有无线网卡的便携式终端的话，学生就可以在学校的任何时间、任何地点来使用这些校园提供的服务设施。

（3）灵活的教室配置

一间教室今天可能用于软件培训而另一天它又被用来上课，同时该教室中的计算机可能需要被拿到另外的教室中用于课程的教学。无线技术可以很容易的实现这些频繁移动的计算机之间的互连利用，它也可以很快地将一个教室变成一个临时测试中心或一周只使用一次的教室。

3. 医疗行业的应用

医生和护士需要在何时何地存取医疗数据以便作出决策是无法进行预测的，同时移动又是他们的最大特点。强大、可靠的无线技术在医疗系统的应用中取得了巨大的成功，能够控制成本以及增加室内设备的灵活性。

在下列医疗领域的应用中无线组网技术可以用来提供必要的网络连接。

（1）多座建筑物互连

采用无线技术可以将医院内所有的建筑物都连接在一起，并使他们能够对主计算机中的数据进行访问。例如，如果药剂师希望了解一个病人是否有药物过敏反应，他们可以使用连接无线产品的计算机快速地访问主机的医药记录，而此时他们则可能正位于距离该建筑物有一定距离的另外一座建筑物内。

（2）移动护理中心

采用无线技术可以帮助那些在医院中漫游同时又需要存取网络数据的医生和护士取得数据，由于电子医疗系统变得越来越普遍，无线技术的应用可以为这些系统提供更容易的访问方式，同时减少丢失或错误理解病人信息的事件发生，它还能够减少笔记工作来提高工作人员的工作效率。一个医院可以利用无线组网技术来创建一个流动护理站，它是由医疗设备和局域网工作站所构成的，它可以改善数据收集的效率，同时可以使护士有更多的时间来护理病人。

4. 制造业和仓储业的应用

在制造和仓储行业，无线局域网可用于库存控制，快速对网络部件进行重新配置以及移动访问网络信息等方面。工厂和仓库宽阔开放的空间和零乱的布置对于有线设备来说是非常苛刻的运行环境，在这种环境下更加可以体现无线射频技术的优越性能，它所具有的移动灵活和可靠性可以给用户带来很大方便。

（1）库存控制

利用无线系统，库存管理人员可以了解到客户订购产品的包装和发运情况，可以在数据库中检查订货信息或库存情况信息，这样可以减少库存管理员的打印和日常的手工报表填写工作，可以相应地减少发生错误的概率并保证库存信息的精确性。

（2）灵活的重新配置

当制造商重新设计和改装厂房时，对于无线系统只要简单的将终端设备移到它们的相应位置就可以完成网络的重新配置。由于不需要重复布线，同时也不需要花费很多的时间，这样就有效地降低了成本。

5. 零售行业和服务业的应用

使用无线设备可以在商店内快速地对现金收款机和计算机进行重新布置，在任何需要的地方增加 POS 终端和用于库存控制的条码扫描器。无线技术的发展使得无线网络既可以在大型百货商店内使用，又可以在电器商店内使用（这里通常存在很大的电磁干扰）。无线设备的灵活性和可靠性可以给用户带来很大的方便。

（1）自动服务设施

如果用户发现汽车前部发出噪声，在汽车维修中心，机械师可以和他一起坐在汽车内检查汽车并将症状通过位于前座的终端输入诊断计算机中，甚至可以顺便检查一下零部件的库存情况和维修车位是否空闲。

（2）用于现金收款的 POS 终端

如果零售商希望在室外停车场或临时帐篷中举行户外销售的话，他们可以使用无线设备将现金收款机很快捷方便地与网络连接起来，职员们可以使用手持终端设备在很大的范围内活动，可以很方便地进行一对一的服务。无线技术的灵活性和可移动性能够在最大程度上方便顾客，即便是在固定的 POS 终端，无线网络也能给它们的使用带来方便。

（3）固定无线连接

在主要高速公路的出口，大家可能希望找到加油站以及便利商店或餐厅等服务场所，利用无线设备可以与上述场所连接在一起；另外还可以将紧急求援车辆与在高速公路上发生故障的车辆取得联系，帮助他们脱困；此外，用无线网络来实现高速公路收费站之间的通信也是个不错的主意，这能很容易地解决问题同时降低成本。

6. 办公环境的应用

工作场地发生了许多变化，办公室经理感到头疼的一个问题是如何为临时工作人员或临时工作空间实现网络服务。这些工作人员包括那些每天都要到很多地方工作的人员以及那些没有固定工作地点的人员，无线技术能够为这些工作人员提供他们所需要的移动性而不管他们的移动范围是在一个建筑物内还是要覆盖整个建筑物。

（1）活动办公室

利用无线设备可以使人们在办公室的任何地方获得网络连接，他们特别适合于那些没有固定办公桌而又需要永久网络连接的工作人员。这些人员包括大部分时间在办公室以外的销售和服务人员，另外还有那些到分支办公室工作几天或者在家办公的职员，无线技术能使这些临时工作人员在他们所到的任何办公空间建立局域网连接。

（2）移动笔记本用户

一些工作人员的职责是在建筑物内或者建筑物之间到处移动，他们可能是携带便携式计算机的电话修理人员或者物理设备管理人员以及建筑物维修人员等，另外还有一些会计，这样的公共场所需要网络接入，而无线技术所提供的增强的移动性可以使这些工作人员更有效率。

7. 电力系统乡镇变电所连网的应用

因电力系统广大的乡镇变电所分布较分散，与县市电力局相距较远，且由于地势复杂多样，如果采用公司架设光纤，虽然速率可以达到 2Mb/s 甚至更快，但由于一次性投资较大，且后期维护成本较高及架线或埋线需通过许多部门审批，一般县级电力公司难以承受；如果采用租用电信通道，虽然一次投入网络互连设备成本不高，但是由于长期租用通道费用太高，加之一般电信到乡镇速率低于 2Mb/s，无法满足电力系统日益增长的业务需要，这种方法同样不太合适。由于无线网络技术选择了当今最先进的扩频微波无线连网技术，其稳定可靠、速率高、距离远、保密性好、投资低、工期短、维护方便等特点已被电力系统所认可。通过在需要连接的点架设必要的设备即刻可以实现通信，其一次性投资并不很大。根据距离远近及环境恶劣状况至少可以实现 2～11Mb/s 的可调通信速率，可以在此之上实现内部办公自动化软件、系统内部 VOIP 电话以及变电站远程网络视频监控系统等各种应用。

9.2　无线网络的故障诊断

9.2.1　无线网络设备

1. 无线 AP

无线 AP（Access Point，无线访问节点、会话点或存取桥接器）是一个包含很广的名称，它不仅包含单纯性无线接入点（无线 AP），也同样是无线路由器（含无线网关、无线网桥）等类设备的统称。

一般还是只将所称呼的无线 AP 理解为单纯性无线 AP，以示和无线路由器加以区分。它主要是提供无线工作站对有线局域网和从有线局域网对无线工作站的访问，在访问接入点覆盖范围内的无线工作站可以通过它进行相互通信。单纯性无线 AP 就是一个无线的交换机，仅仅是提供一个无线信号发射的功能。单纯性无线 AP 的工作原理是将网络信号通过双绞线传送过来，经过 AP 产品的编译将电信号转换成为无线电信号发送出来，形成无线网的覆盖。根据不同的功率，其可以实现不同程度、不同范围的网络覆盖，一般无线 AP 的最大覆盖距离可达 300m。多数单纯性无线 AP 本身不具备路由功能，包括 DNS、DHCP、Firewall 在内的服务器功能都必须有独立的路由或是计算机来完成。目前大多数的无线 AP 都支持多用户（30～100 台电脑）接入、数据加密、多速率发送等功能，在家庭、办公室内，一个无线 AP 便可实现所有电脑的无线接入。

单纯性无线 AP 亦可对装有无线网卡的电脑做必要的控制和管理。单纯性无线 AP 即可以通过 10Base-T（WAN）端口与内置路由功能的 ADSL Modem 或 Cable Modem（CM）直接相连，也可以在使用时通过交换机/集线器、宽带路由器再接入有线网络。

无线 AP 跟无线路由器类似，按照协议标准本身来说，IEEE 802.11b 和 IEEE 802.11g 的覆盖范围是室内 100m、室外 300m。这个数值仅是理论值，在实际应用中，会碰到各种障碍物，其中玻璃、木板、石膏墙对无线信号的影响最小，而混凝土墙壁和铁对无线信号的屏蔽最大。所以，通常实际使用范围是室内 30m、室外 100m。因此，作为无线网络中重要的环节，无线接入点、无线网关的作用其实就类似于我们常用的有线网络中的集线器。它在那些需要大量 AP 来进行大面积覆盖的公司使用得比较多，所有 AP 通过以太网连接起来并连到独立的无线局域网防火墙。

2. 无线路由器

无线路由器就是带有无线覆盖功能的路由器，它主要应用于用户上网和无线覆盖。市场上流行的无线路由器一般都支持专线 xDSL、专线 Cable、动态 xDSL 和 PPTP 四种接入方式。它还具有其他一些网络管理的功能，如 DHCP 服务、NAT 防火墙及 MAC 地址过滤等功能。

无线路由器（Wireless Router）好比将单纯性无线 AP 和宽带路由器合二为一的扩展型产品，它不仅具备单纯性无线 AP 所有功能，如支持 DHCP 客户端、VPN、防火墙及 WEP 加密等，而且还包括了网络地址转换（NAT）功能，可支持局域网用户的网络连接共享，可实现家庭无线网络中的 Internet 连接共享，实现 ADSL 和小区宽带的无线共享接入。

无线路由器可以与所有以太网接的 ADSL Modem 或 Cable Modem 直接相连，也可以在使用时通过交换机/集线器、宽带路由器等局域网方式再接入。其内置有简单的虚拟拨号软件，可以存储用户的账号和密码，可以实现为拨号接入 Internet 的 ADSL、CM 等提供自动拨号功能，而无需手动拨号或占用一台计算机做服务器使用。此外，无线路由器一般还具备相对完善的安全防护功能。

此外，大多数无线路由器还包括一个 4 端口的交换机，可以连接 n 台使用有线网卡的电脑，从而实现有线和无线网络的顺利过渡。目前有接入为 11Mb/s、54Mb/s 和 108Mb/s 的无线路由器产品。无线路由器将多种设备合而为一，亦比较适合初次建网的用户，其集成化的功能可以使用户只用一个设备而满足所有的有线和无线网络需求。

3. 无线网卡

无线网卡是无线网络的终端设备，是无线局域网的无线覆盖下通过无线连接网络进行上网使用的无线终端设备。具体来说，无线网卡就是使你的计算机可以利用无线来上网的一个装置。但是有了无线网卡，还需要一个可以连接的无线网络，如果在家里或者所在地有无线路由器或者无线 AP 的覆盖，就可以通过无线网卡以无线的方式连接无线网络上网。

无线网卡按无线标准可分为 IEEE 802.11b、IEEE 802.11a 和 IEEE 802.11g。

在频段上来说，IEEE 802.11a 标准为 5.8GHz 频段，IEEE 802.11b、IEEE 802.11g 标准为 2.4GHz 频段。从传输速率上来说，IEEE 802.11b 使用了 DSSS（直接序列扩频）或 CCK（补码键控调制），传输速率为 11Mb/s，而 IEEE 802.11g 和 IEEE 802.11a 使用相同的 OFDM（正交频分复用调制）技术，使其传输速率大约是 IEEE 802.11b 的 5 倍，也就是 54Mb/s。从兼容上来说，IEEE 802.11a 不兼容 IEEE 802.11b，但是可以兼容 IEEE 802.11g，而 IEEE 802.11g 和 IEEE 802.11b 两种标准可以相互兼容使用，但在使用时仍需注意，IEEE 802.11g 的设备在 IEEE 802.11b 的网络环境下只能使用 IEEE 802.11b 标准，其数据数率只能达到 11Mb/s。

无线网卡按照接口的不同可以分为多种：台式机专用的 PCI 接口无线网卡、笔记本电脑专用的 PCMICA 接口网卡，还有一种是 USB 无线网卡，这种网卡不管是台式机用户还是笔记本用户，只要安装了驱动程序，都可以使用。在选择时要注意的一点就是，只有采用 USB 2.0 接口的无线网卡才能满足 IEEE 802.11g 或 IEEE 802.11g+的需求，以上三种网卡分别如图 9.7～图 9.9 所示。

除此以外，还有笔记本电脑中应用比较广泛的 MINI-PCI 无线网卡。MINI-PCI 为内置型无线网卡，迅驰机型和非迅驰的无线网卡标配机型均使用这种无线网卡，如图 9.10 所示，其优点是无需占用 PC 卡或 USB 插槽，并且免去了随时身携一张 PC 卡或 USB 卡的麻烦。

图 9.7　PCI 接口无线网卡

图 9.8　PCMICA 接口网卡

图 9.9　USB 无线网卡

图 9.10　MINI-PCI 无线网卡

4. 蓝牙

蓝牙是一种短距的无线通信技术，电子装置彼此可以通过蓝牙而连接起来，传统的电线在这里就毫无用武之地了。通过芯片上的无线接收器，配有蓝牙技术的电子产品能够在 10m 的距离内彼此相通，传输速度可以达到 10Mb/s。

以前红外线接口的传输技术需要电子装置在视线之内，而现在有了蓝牙技术，这样的麻烦也可以免除了。不过蓝牙产品致命的缺陷是任何蓝牙产品都离不开蓝牙芯片，蓝牙模块较难生产，蓝牙难于全面测试。这三点是制约蓝牙产品发展的瓶颈，而 IEEE 802.11b 协议的崛起又抢走了蓝牙的大量客户。

5. 红外适配器

目前市场上许多手机、掌上电脑等产品都有和计算机进行数据交换的功能，除了使用常规的有线连接之外，比较常用的是红外线连接技术。如果设备上原本就有红外线连接装置的话，那么只要经过简单的设置就可以使用了。

不过一些老的计算机上并没有设计红外接口，非但如此，一些新近推出的低端笔记本电脑上也没有预设红外数据传输，这就使红外传输受到了限制。要解决这个问题，其实完全可以通过红外适配器来实现。当安装红外适配器后，用户的计算机便可以和其他具有红外线传输功能的设备进行数据交换了。不过由于红外线自身的特性，其无线工作距离只有 2～3m 左右，传输角度也只有 30°。常见红外适配器如图 9.11 所示。

IrDA 是红外数据组织 Infrared Data Association 的简称，目前广泛采用的 IrDA 红外连接技术就是由该组织提出的。到目前为止，全球采用 IrDA 技术的设备超过了 5000 万部。IrDA 是一种利用红外线进行点对点通信的技术，其相应的硬件和软件技术比较成熟。

在通信速度方面，目前 IrDA1.1 的最高速度标准为 4Mb/s，同时在点对点通信时要求接口对准角度不能超过 30°。不过尽管 IrDA 技术免去了线缆，但使用起来仍然有许多不便，不仅通信距离短，而且还要求必须在视线上直接对准，中间不能有任何阻挡。另外，IrDA 技术只限于在两个设备之间进行连接，不能同时连接多个设备。

6. 无线网桥

无线网桥是为使用无线微波进行远距离数据传输的点对点网间互连而设计的。它是一种在链路层实现局域网互连的存储转发设备，可用于固定数字设备与其他固定数字设备之间的远距离（可达 20km）、高速（可达 11Mb/s）无线组网。无线网桥有三种工作方式：点对点、点对多点和中继连接，特别适用于城市中的远距离高层建筑之间的网络连接。常见无线网桥如图 9.12 所示。

图 9.11　红外适配器

图 9.12　无线网桥

从作用上来理解无线网桥，它可以用于连接两个或多个独立的网络段，这些独立的网络段通常位于不同的建筑内，相距几百米到几十千米。同时，根据协议不同，无线网桥又可以分为 2.4GHz 频段的 IEEE 802.11b 或 IEEE 802.11g 以及采用 5.8GHz 频段的 IEEE 802.11a 无线网桥。

在无高大障碍（山峰或建筑）的条件下，对速组网和野外作业的临时组网，其作用距离取决于环境和天线，可实现 7km 的点对点微波互连。一对 27dbi 的定向天线可以实现 10km 的点对点微波互连。12dbi 的定向天线可以实现 2km 的点对点微波互连。一对只实现到链路层功能的无线网桥是透明网桥，而具有路由等网络层功能、在网络 24dbi 的定向天线可以实现异种网络互连的设备叫无线路由器，也可作为第三层网桥使用。

无线网桥通常用于室外，主要用于连接两个网络。使用无线网桥不可能只使用一个，必需两个以上，而 AP 可以单独使用。无线网桥功率大，传输距离远（最大可达约 50km），抗干扰能力强等，不自带天线，一般配备抛物面天线实现长距离的点对点连接。

7. 无线天线

当计算机与无线 AP 或其他计算机相距较远时，随着信号的减弱传输速率明显下降，或者根本无法实现与 AP 或其他计算机之间通信，此时就必须借助于无线天线对所接收或发送的信号进行增益（放大）。

（1）无线天线概念

无线设备本身的天线都有一定距离的限制，当超出这个限制的距离，就要通过这些外接天线来增强无线信号，达到延伸传输距离的目的。这里面要涉及到两个概念。

1）频率范围。它是指天线工作的频段。这个参数决定了它适用于哪个无线标准的无线设备。比如 IEEE 802.11a 标准的无线设备就需要频率范围在 5GHz 的天线来匹配，所以在购买天线时一定要认准这个参数对应相应的产品。

2）增益值。此参数表示天线功率放大倍数，数值越大表示信号的放大倍数就越大，也就是说当增益数值越大，信号越强，传输质量就越好。

（2）无线天线分类

无线天线有多种类型，不过常见的有两种：一种是室内天线，优点是方便灵活，缺点是增益小，传输距离短；另一种是室外天线，其类型比较多，一种是锅状的定向天线，一种是棒状的全向天线，室外天线的优点是传输距离远，比较适合远距离传输。

1）室内无线天线。①全向天线，室内全向天线适合于无线路由、AP 这样的需要广泛覆盖信号的设备上，他可以将信号均匀分布在中心点周围 360°全方位区域，适用于链接点距离较近、分布角度范围大、且数量较多的情况，如图 9.13 所示。②定向天线，室内定向天线适用于室内，它因为能量聚集能力最强，信号的方向指向性也极好。在使用的时候应该使得它的指向方向与接收设备的角度方位相当集中，如图 9.14 所示。

图 9.13　室内全向天线　　　　图 9.14　室内定向天线

2）室外无线天线。①全向天线，室外的全向天线也会将信号均匀分布在中心点周围 360°全方位区域，要架在较高的地方，适用于连接点距离较近、分布角度范围大且数量较多的情况，如图 9.15 所示。②定向天线，室外的定向天线的能量聚集能力最强，信号的方向指向性极好。同样因为是在室外，所以也应架在较高的地方。当远程连接点数量较少，或者角度方位相当集中时，采用定向天线是最为有效的方案，如图 9.16 所示。③扇面天线，扇面天线具有能量定向聚集功能，可以有效地进行水平 180°、120°、90°范围内的覆盖，因此如果远程连接点在某一角度范围内比较集中时，可以采用扇面天线，如图 9.17 所示。④组合天线，上述三种天线各具一定的特性，因此在实际项目中，经常会出现组合使用的情况，例如利用多幅扇面天线，或者扇面天线和定向天线相结合使用，如图 9.18 所示。

图 9.15　室外全向天线　　　　图 9.16　14dbi 室外壁挂定向天线 TL-ANT2414A

图 9.17　扇面天线

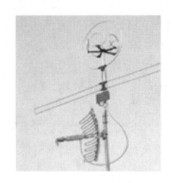

图 9.18　组合天线

9.2.2　无线网络拓扑

　　无线网络的拓扑结构可分为三种：无中心的分布对等方式、有中心的集中控制方式以及上述方式的混合方式。

　　在分布式对等方式下，无线网中的任意两站之间可以直接通信，无需中心转接站，这时 MAC 控制功能由各站分布管理。这种方式同 IEEE 802.3 局域网类似，网上的站共享一个无线通道，通常使用 CSMA/CA 作为 MAC 协议。这种方式的特点是结构简单，易维护。由于采用分布控制方式，某一分站的故障不会影响整个网络的运行。

　　在集中控制方式情况下，无线网中设置一个中心控制站，主要完成 MAC 控制及信道的分配等功能。网络中的其他站在该中心的协调下与其他各站通信。由于对信道资源分配、MAC 控制采用集中控制的方式，这样使信道利用率大大提高，网络的吞吐性能优于分布式对等方式。当然引入中心站也使得无线网的结构复杂。但目前的无线产品都把这些复杂的功能作成透明的，无需用户干预，如图 9.19 和图 9.20 所示。第三种方式则是前两种方式的组合，即分布式与集中式的混合方式。在这种方式下，网络中的任意两站均可直接通信，而中心控制站完成部分无线信道资源的控制。

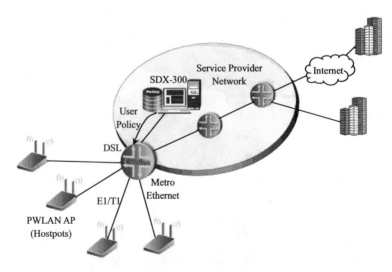

图 9.19　小型园区无线网络拓扑结构

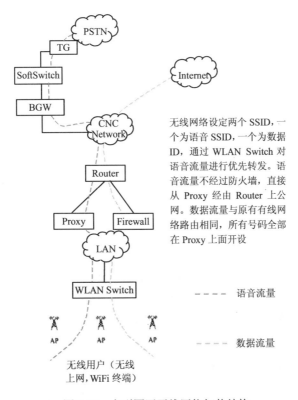

无线网络设定两个 SSID，一个为语音 SSID，一个为数据 ID，通过 WLAN Switch 对语音流量进行优先转发。语音流量不经过防火墙，直接从 Proxy 经由 Router 上公网。数据流量与原有有线网络路由相同，所有号码全部在 Proxy 上面开设

图 9.20　大型园区无线网络拓扑结构

9.2.3　无线网络常见通信故障

在多数情况下，无线设备连接故障是由于使用不当引起的。通常表现有连接困难、通信速度慢和掉线等故障，其故障原因一般分为三个。

1）环境因素：AP 与网卡间的距离过长；AP 与网卡间有障碍物影响，比如室内复杂环境，墙壁、家具的影响。

2）人为因素：工作在 2.4GHz 频段的微波设备，如微波炉；网络线缆、天线线缆接触故障；定向天线特性等影响。

3）设备因素：如设备过热，缓存过小等。

如果无线网络出现了问题，其具体原因可能是来自各个方面。当试图解决这一问题时，可能会涉及硬件厂商以及网络配置等诸多因素。

当一个无线网络发生问题时，应该首先从几个关键问题入手进行排错。一些硬件的问题会导致网络错误，同时错误的配置也会导致网络不能正常工作。在基本的无线网络中一些排错的方法和技巧包括以下几个方面。

1. 是否属于硬件问题

当无线网络出现问题时，如果只是个别终端无法连接，那很有可能是众多接入点中的某个点出现了故障。一般来说，通过查看有网络问题的客户机的物理位置，就能大致判断出问题所在。

而当所有终端无法连接时，问题可能来自多方面。比如网络中只有一个接入点，那这个接入点可能就有硬件问题或配置有错误。另外，也有可能是外界干扰过大，或是无线接入点与有线网络间的连接出现了问题等。

2. 接入点的可连接性如何

要确定无法连接网络问题的原因，还可以检测一下各终端设备能否正常连接无线接入点。简单的检测方法就是 ping 无线接入点的 IP 地址，如果无线接入点没有响应，有可能是计算机与无线接入点间的无线连接出了问题，或者是无线接入点本身出现了故障。要确定到底是什么问题，可以尝试从无线客户端 ping 无线接入点的 IP 地址，如果成功，说明刚才那台计算机的网络连接部分可能出现了问题，比如网线损坏等。

3. 设备的配置是否错误

无线网络设备本身的质量一般还是可以信任的，因此问题根源一般来自设备的配置上，而不是硬件本身。例如，可以通过网线直接 ping 到无线接入点，而不能通过无线方式 ping 到它，那么基本可以认定无线接入点的故障只是暂时的信号不够、频道偏离等。检查配置的方向可以是服务区标识符（SSID）、设备之间的 WEP 密钥匹配等方面。

4. 多个接入点是否不在客户列表内

一般无线接入点都带有客户列表，只有列表中的终端客户才可以访问它，因此这也有可能是网络问题的根源。因为这个列表记录了所有可以访问接入点的无线终端的 MAC 地址，而通常情况下这个功能又是没被激活的，当将其激活后，如果此列表中没有保存任何 MAC 地址，就会出现无法连接的情况。

综上所述，无线网络最常见的故障就是无线建立连接及无线设备故障，而造成这类故障的原因又多来自软件配置上。因此在无线网络的故障排查过程中，应本着"先软后硬"的原则，耐心仔细地进行。

9.2.4 故障实例及分析解决

【例1】 AP 与 PCI 台式机无线网卡组合，300m² 办公室环境，AP 位于独立单间机房内部，最远网卡通信距离约 30m，在 AP 的覆盖范围内。最远距离时网卡连接正常后（连接速率稳定在 5.5～11Mb/s）固定 AP 位置。施工结束后发现有多个连接盲点。

分析解决：盲点设备区域网卡安置在落地的台式机上，网卡与 AP 间有操作员、PC 设备、办公桌柜用具以及机房墙壁阻隔导致通信连接故障。考虑到室内无吊顶，AP 无外接天线接口，所以不适合使用外接天线。在不增加成本、不破坏室内美观的条件下，可以把 AP 挂在机房墙壁外，并最大限度提高安装高度，调整好终端位置后就可解决有盲点的问题。

【例2】 AP 与 AP 桥接通信组合，通信距离约 150m，两 AP 都在室内，无建筑阻隔，通信速率最高 2Mb/s，经常发生连接失败的故障。

分析解决：这样的距离基本接近 AP 桥接的最远距离，架设外接增益天线是最好的解决方案。考虑到成本因素，可以使用另一种方案：两 AP 安装至室外墙壁，利用两墙壁作为反射物增强前方辐射波，在 AP 与墙面间以铝塑板做盆状容器保护，既美观又解决了防水、防晒难题，还起到了很好的反射作用。处理后的连接速率最高达到 11Mb/s，掉线现象不会再出现。

【例 3】　AP 与笔记本电脑无线网卡组合，直线通信距离 20m，终端处在地下室位置，AP 位于与地下室建筑物呈直角的三楼，故障现象是连接时好时坏，连接速率在最高 11Mb/s 至无信号之间波动。

分析解决：通信距离不长，但墙与地的隔离作用影响了通信质量，环境移动物体（车辆）因素变化导致复杂折射/反射，信号强度变化巨大。我们可以采取以下方案稳定信号：增加网卡外置天线；调整 AP 天线角度，使天线辐射角度垂直于地下室笔记本电脑网卡；在 AP 天线的后端增加反射铝塑板。这样处理后连接速率应该就能稳定起来。

【例 4】　AP 与笔记本电脑无线网卡再与 PCI 台式机无线网卡家用组合，这是一个典型的家用无线局域网应用。用户反映，即使网卡与 AP 同在一个房间之内，两机 ADSL 拨号（带路由功能）掉线现象也十分频繁。

分析解决：试着使用 USB 或局域网连接路由器和计算机机，如果发现拨号连接稳定，长时间工作不掉线，就可判断故障可能来自于无线设备。进行改善 AP 电源质量、散热等多种尝试均未见明显效果，则可判断掉线现象为 AP 缓存过小引起的。处理办法是更换 AP 或限制传输速率。考虑成本，使用限速方案。设置 AP 最高连接速率 2Mb/s 后，故障明显减少，也基本满足两机同时上网需要。

【例 5】　某无线网络更换使用室外平板增益天线后，网络终端无信号。

分析解决：正常情况下，使用外接增益天线后网络会增加连接距离，网络终端无信号，有可能是定向天线的方向性故障。调整方向、垂直角度后，故障便会消失。

小知识

通常远距离连接的无线网络一般会选用增益很高、方向性很强的八木天线、栅格天线、抛面天线、背射天线。而某些平板天线经特殊设计后也具有很强的方向性以及定向增益，这类天线的方向性在使用中容易被忽视。

【例 6】　外接天线使用一段时间后连接无信号。

分析解决：天线使用一段时间后出现连接故障，常见原因是接口接触不良。检查接口是否做好防水处理，如果发生锈蚀的情况，可用玻璃胶做外部防水涂覆处理。另外，也有可能是被雷击的特殊情况，对于这种情况一般很难维修，应该及时更换设备。

9.3　无线局域网的故障排除与日常维护

9.3.1　无线局域网的概念

无线局域网是计算机网络与无线通信技术相结合的产物。它利用射频技术，取代旧式的双绞铜线构成局域网络，提供传统有线局域网的所有功能，网络所需的基础设施不需再埋在地下或隐藏在墙里，也能够随需移动或变化。这使得无线局域网络能利用简单的存取构架让用户透过它，达到"信息随身化、便利走天下"的理想境界。无线局域网是 20 世纪90 年代计算机与无线通信技术相结合的产物，它使用无线信道来接入网络，为通信的移动

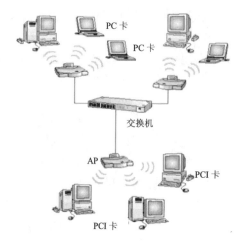

图 9.21　局域网拓扑结构

化、个人化和多媒体应用提供了潜在的手段，并成为宽带接入的有效手段之一。

无线局域网的拓扑结构也可归结为两类：无中心或对等式（Peer to Peer）拓扑和有中心（Hub-Based）拓扑，如图 9.21 所示。

1. 无中心拓扑

无中心拓扑的网络要求网中任意两个站点均可直接通信。采用这种拓扑结构的网络一般是用公用广播信道，各站点都可竞争公用信道，而信道接入控制（MAC）协议大多采用 CSMA（载波监测多址接入）类型的多址接入协议。

这种结构的优点是网络抗毁性好、建网容易、且费用较低。但当网中用户数（站点数）过多时，信道竞争成为限制网络性能的重要因素。并且为了满足任意两个站点可直接通信，网络中站点布局受环境限制较大。因此，这种拓扑结构适用于用户相对较少的工作群网络规模。

2. 有中心拓扑

在中心拓扑结构中，要求一个无线站点充当中心站，所有站点对网络的访问均由其控制。这样，当网络业务量增大时，网络吞吐性能及网络时延性能的下降并不剧烈。由于每个站点只需在中心站覆盖范围之内就可与其他站点通信，故网络中站点布局受环境限制亦小。此外，中心站为接入有线主干网提供了一个逻辑接入点。

有中心网络拓扑结构的弱点是抗毁性差，中心点的故障容易导致整个网络瘫痪，并且中心站点的引入增加了网络成本。

在实际应用中，无线网往往与有线主干网络结合起来使用。这时，中心站点充当无线网与有线主干网的转接器。

9.3.2　无线局域网的故障诊断

基于 IEEE 802.11 标准的无线局域网逐渐进入主流网络，针对无线局域网络的故障诊断和安全保障变得与有线网络一样重要。

支持多种模式的分析仪可以扫描所有 802.11 频段，包括 2.4GHz 和 5GHz 频段中的所有通道，并以图形化的形式显示，从这些图表中可以查看配置是否合理、SNR 信噪比是多少、可以利用的带宽有多少及其他相关问题。如果某个 AP 流量突出，可能是因为有很多客户机正在通过这个 AP 上网；另一方面，也可能是某种特别的应用或协议正在大量占用带宽。技术人员携带无线分析仪可以搜索"发送流量最多者"，快速判断是否有 MP3 下载、BT 下载等应用，这些在无线网络中是需要禁止的应用。

1. RF 信号故障

不同于有线网络，无线网络的性能会随 AP 和客户机的位置变化和环境变化而受到影响。当一个客户机漫游到 RF 信号很弱的地方，可能会造成无线网的盲区。这些盲区会对一些应用带来影响，如基于无线网的 VoIP 应用。

2. 故障诊断步骤

当用户遇到无线连接故障，通常是寻求 IT 支持人员的帮助。技术人员使用测试仪可以从客户机位置成功登录无线网络，那么问题可能在于客户机设备的配置或权限。如果测试仪不能连接到服务器，问题可能在无线或有线网络的物理层方面。另外，没有足够的带宽、请求排队超时、冲突干扰等也可能是故障的根源。

网络管理员使用无线测试仪从故障位置扫描无线网络环境可以测量信号强度和 AP 的性能。在被动模式下，测试仪的无线网卡只接收信号，不发送数据。如果 RF 质量可以满足要求，那么管理员可以用客户机模式登录无线网进行测试，如登录测试、ping 和吞吐量测试。

3. 支持安全测试

前面提到，无线网是动态的，部署完成后，有时因为人为的错误，有时因为增加无线网接入覆盖范围而带入一些未授权的设备。很多时候，因为无线网是在三维空间里提供接入服务，所以未授权的 AP 可能会连接进来。另外，也可能是由于设计错误导致这个结果。

4. 网络审查

从安全的角度来看，70%的恶意攻击是通过 AP 或客户机的错误配置造成的安全漏洞引起的。无线测试工具可以帮助企业定期地审查 AP 和客户机的配置，查看这些配置是否符合公司安全策略。

研究机构推荐企业定期地检查设备配置，如果企业选择 WPA 网络，那么 PEAP 是一种有效的授权方式，管理员需要确认所有的 AP 都配置为 PEAP。对无线网络进行周期性地现场勘测是必要的，网络管理员可以使用手持工具，分析 RF 信号质量，查看性能有没有下降。

9.3.3 无线局域网的常见故障及排除方法

无线局域网是计算机网络与无线通信技术相结合的产物。它具有传统局域网无法比拟的灵活性。无线局域网的通信范围不受环境条件的限制，网络的传输范围大大拓宽，最大传输范围可达到几十公里。虽然无线网络优势重重，但发生故障也是在所难免，那么在实际的故障排查中是否有规律可循呢？

1. 硬件排错

当只有一个接入点以及一个无线客户机出现连接问题时，我们可能会很快的找出有问题的客户机。但是当网络非常大时，找出问题的所在可能就不是那么容易了。

在大型的无线网络环境中，如果有些客户无法连接网络，而另一些客户却没有任何问题，那么很有可能是众多接入点中的某个出现了故障。一般来说，通过查看有网络问题的客户机的物理位置，能大概判断出是哪个接入点出现问题。

当所有客户都无法连接网络时，问题可能来自多方面。如果网络只使用了一个接入点，那么这个接入点可能有硬件问题或者配置有错误。另外，也有可能是由于无线电干扰过于强烈，或者是无线接入点与有线网络间的连接出现了问题。

2. 检查接入点的可连接性

要确定无法连接网络问题的原因，首先需要检测一下网络环境中的计算机是否能正常连接无线接入点。简单的检测方法是在有线网络中的一台计算机中打开命令行模式，然后ping 无线接入点的 IP 地址，如果无线接入点响应了这个 ping 命令，那么证明有线网络中的计算机可以正常连接到无线接入点。如果无线接入点没有响应，有可能是计算机与无线接入点间的无线连接出现问题，或者是无线接入点本身出现了故障。要确定到底是什么问题，可以尝试从无线客户端 ping 无线接入点的 IP 地址，如果成功，说明刚才那台计算机的网络连接部分可能出现了问题，如网线损坏。

如果无线客户端无法 ping 到无线接入点，那么证明无线接入点本身工作异常。可以将其重新启动，等待大约 5 分钟后再通过有线网络中的计算机和无线客户端利用 ping 命令查看它的连接性。

如果从这两方面 ping 无线接入点依然没有响应，那么证明无线接入点已经损坏或者配置错误。此时可以将这个可能损坏了的无线接入点通过一段可用的网线连接到一个正常工作的网络，还需要检查它的 TCP/IP 配置。之后，再次在有线网络客户端 ping 这个无线接入点，如果依然失败，则表示这个无线接入点已经损坏。这时就应该更换新的无线接入点了。

3. 配置问题

无线网络设备本身的质量一般还是可以信任的，因此问题的根源一般来自设备的配置上，而不是硬件本身。

4. 测试信号强度

如果可以通过网线直接 ping 到无线接入点，而不能通过无线方式 ping 到它，那么基本可以认定无线接入点的故障只是暂时的。如果经过调试，问题还没有解决，那么可以检测一下接入点的信号强度。虽然对于大多数网络管理员来说，还没有一个标准的测量无线信号强度的方法，但是大多数无线网卡厂商都会在网卡上包含某种测量信号强度的机制。

5. 改变频道

如果经过测试发现信号强度很弱，但是最近又没有做过搬移改动，那么可以试着改变无线接入点的频道，并通过一台无线终端来检验信号是否有所加强。在所有的无线终端上修改连接频道是一项不小的工程，因此首先应该在一台无线终端上测试，证明确实有效后才可以大面积实施。有时候无线网络的故障可能由于某个员工挂断手机或者关闭微波炉而突然好转。

6. 检验 SSID

不久前，笔者带着笔记本电脑去朋友家工作。由于朋友家也采用了无线网络，因此笔者决定连接到他的网络。等笔者回到家后，并没有再用这台笔记本电脑。过了两周，当再打开笔记本电脑时，发现它无法连接到无线网络了。很快笔者就找到了问题的根源：忘记重新将服务区标识符（Service Set Identifier，SSID）修改回自己的网络标识了。如果 SSID 没有正确的指定网络，那么计算机根本不会 ping 到无线接入点，它会忽略无线接入点的存在，按给定的 SSID 来搜索对应的接入点。

7. 检验 WEP 密钥

检查 WEP 加密设置。如果 WEP 设置错误，那么用户无法从无线终端 ping 到无线接入点。不同厂商的无线网卡和接入点需要指定不同的 WEP 密钥。例如，有的无线网卡需要输入十六进制格式的密钥，而另一些则需要输入十进制的密钥。同样，有些厂商采用的是 40 位和 64 位加密，而另一些厂商则只支持 128 位加密方式。

要让 WEP 正常工作，所有的无线客户端和接入点都必须正确匹配。很多时候，虽然无线客户端看上去已经正确的配置了 WEP，但是依然无法和无线接入点通信。面对这种情况时，一般要将无线接入点恢复到出厂状态，然后重新输入 WEP 配置信息，并启动 WEP 功能。

8. WEP 配置问题

到现在为止，最常见的与配置有关的问题就是有关使用 WEP 协议。而且 WEP 带来的问题也相当棘手，因为由于 WEP 不匹配所产生的问题显现的症状和很多严重的问题非常相似。例如，如果 WEP 配置错误，那么无线客户端将无法从无线网络的 DHCP 服务器那里获得 IP 地址（就算是无线接入点自带 DHCP 功能也不行）。如果无线客户端使用了静态 IP 地址，那么它也无法 ping 到无线接入点的 IP 地址，这经常会让人误以为网络没有连接。

判断到底是 WEP 配置错误还是网络硬件故障，基本技巧是利用无线网卡驱动和操作系统内置的诊断功能。例如，用户的一个笔记本电脑采用 Windows 系统，并配备了 Linksys 的无线网卡。当用户将鼠标移动到系统任务栏的无线网络图标时，会有网络连接信息摘要浮现出来。从其上看，网络连接相当正常。当连接频道和 SSID 设置正确后，就算 WEP 设置错误，也可以连接到无线接入点。此时，从任务栏会看到连接信号的强度为零。不论 WEP 是否设置正确，Linksys 网卡都会显示出连接信号强度，由此也可以知道网络确实是已经连接上了，虽然有可能无法 ping 到无线接入点。如果右键单击任务栏中的无线网络图标，并在弹出菜单中选择查看可用的无线网络命令，之后会看到无线网络连接对话框。这个对话框会显示出当前频道内的全部无线网络的 SSID 号，包括没有连接上的网络。因此，如果无线网络号在列表中，但是看起来不能正常连接，那么可以放心，自己的网络连接并没有什么问题，问题是出在配置上。

> **注意**
>
> 无线网络连接对话框还提供了一个可以输入 WEP 密钥的区域，当试图连接某个无线网络时，可以输入该网络的 WEP 密钥。曾经有很多次，笔者无法正确地连接到目的网络，都是通过在这个区域手动输入 WEP 密钥而获得成功的。一般在这里输入 WEP 密钥后，网络会马上连接成功。

9. DHCP 配置问题

另一个无法成功的访问无线网络的原因可能是 DHCP 配置错误。网络中的 DHCP 服务器可以说是能否正常使用无线网络的一个关键因素。

很多新款的无线接入点都自带 DHCP 服务器功能。一般来说，这些 DHCP 服务器都会将 192.168.0.X 这个地址段分配给无线客户端，而且 DHCP 接入点也不会接受不是自己分配的 IP 地址的连接请求。这意味着具有静态 IP 地址的无线客户端或者从其他 DHCP 服务器获取 IP 地址的客户端有可能无法正常连接到这个接入点。

第一次安装了带有 DHCP 服务的无线接入点时，用户允许它为无线终端分配 IP 地址。然而网络的 IP 地址段是 147.100.X.Y，这意味着虽然无线客户端可以连接到无线接入点并得到一个 IP 地址，但笔记本电脑将无法与有线网络内的其他计算机通信，因为它们属于不同的地址段。

对于这种情况，有以下两种解决方法。

1）禁用接入点的 DHCP 服务，并让无线客户端从网络内标准的 DHCP 服务器处获取 IP 地址。

2）修改 DHCP 服务的地址范围，使它适用于现有的网络。这两种方法都是可行的，不过具体还要看无线接入点的固件功能。很多无线接入点都允许采用其中一种方法，而能够支持这两种方法的无线接入点很少。

10. 多个接入点的问题

设想一下假如有两个无线接入点同时按照默认方式工作。在这种情况下，每个接入点都会为无线客户端分配一个 192.168.0.X 的 IP 地址。由此产生的问题是，两个无线接入点并不能区分哪个 IP 是自己分配的，哪个又是另一个接入点分配的。因此网络中会产生 IP 地址冲突的问题。要解决这个问题，应该在每个接入点上设定不同的 IP 地址分配范围，以防止地址重叠。

11. 客户列表问题

有些接入点带有客户列表，只有列表中的终端客户才可以访问接入点，因此这也有可能是网络问题的根源。这个列表记录了所有可以访问接入点的无线终端的 MAC 地址，从安全的角度来说，它可以防止那些未经认证的用户连接到网络，通常这个功能是不被激活的。但是，如果用户不小心激活了客户列表，这时由于列表中并没有保存任何 MAC 地址，因此不管其他的如何设置，所有的无线客户端都无法连接到这个接入点了。

9.3.4　无线局域网的日常维护

作为无线局域网的日常维护，需要做一些计划和结构方面的设计，这样才能保证无线局域网的正常运行。这里就确保建立一个环境良好的无线局域网络所进行的必要维护方案进行简单的介绍。

1. 设备布局和信号管理

无线 AP 和无线网络接口天线的布局是获得好的结果的关键。使用无线网络信号强度测量工具（通常和无线网络接口卡附带的软件和驱动程序绑在一起，在笔记本电脑或手持计算机上安装此类工具后，能够方便的对无线网络信号强度进行测量）确保被批准的用户能够访问和使用无线网络。这些也被用来排查性能问题，NetStumbler 是一款用来做此项工作的免费程序。

2. 设备安装和配置

管理无线网络涉及为数众多的网络识别和地址分配问题。多数 WAP 包含安装和配置的大致文档，但并不是它们中的所有都提及更改默认配置（当可能时，进行更强的安全设置）通常能够带来最好的安全效果。这些设置包括选择设置识别器（SSID），关闭 SSID 的广播，打开任何种类的加密模式（强度越高越好），这样会使无线网络能够更好地应用。

3. 流量监控和分析

将网络协议分析仪或嗅探器和无线网络接口协同工作，用来控制和测量网络的流量、每种网络流量的特征及辨认有害的访问尝试并进行阻止。一些专门的商业工具，如 AiroPeek 通常被用来进行此项工作，但是一个开放源代码的产品，如 Ethereal 同样能够在许多无线网络接口中运行，并且能够获取足够的信息。由于开放源码产品的免费特性，使用此类工具能够带来低成本。

4. 故障检修

这些在所有的网络上都会发生，不过在无线网络使用中尤其重要。当移动用户将笔记本电脑接入网络时，管理员需要很快的学习辨认"盲点"。在盲点中，无线网络的覆盖是欠佳的或不可用的（需要添加更多的 WAP 才能解决），这就需要管理员能够处理典型的接入和存取问题。

5. 构造正确的无线网络连接

根据无线网络流量广播的自然特性，即使硬件在本地防火墙的附近，当用户访问网络资源时，WAP 和无线网络接口都必须作为防火墙外部的设备，以使它们能够访问。这意味着需要将 WAP 作为 DMZ，在允许访问内部网络和其资源之前，通过防火墙路由无线网络的流量，并且使用 VPN 连接两个无线网络用户和他们的网络。阻止外部人士访问网络是非常重要的，因为 Windows 默认情况下，总是登录进入它找到的第一个无线网络，因此配置工作站登录进入正确的网络同样重要。

6. 渗入测试/漏洞评估

对无线网络来说，通过检测确保外部人士不能在用户不想让他们接入的地方接入用户的无线网络。执行规则的非法进入尝试、驾驶攻击（War-driving）和开战标记（War-chalking）测试，找到和修补网络中潜在的安全问题。定期审计是必需的，同样，不是很频繁但足够规模的渗入测试也是了解和阻止外部人士的好方法。

7. 使用额外的身份验证

提及到其内建的加密和身份验证机制时，无线网络的 IEEE 802.11 协议和服务是相当的脆弱。许多专家推荐在可能时添加基本的外部验证。这将需要无线网络用户使用多种身份验证手段，即除了典型的账户/密码识别之外，还需要涉及硬件令牌验证。它同样意味着可能采用像思科的轻量级扩展验证协议（Lightweight Extensible Authentication Protocol，LEAP），这个协议能够加强身份验证的强度，并为无线网络通信加入另外一层的加密（它和多数高级 IEEE 802.1x 协议的身份验证能够很好的进行协同工作）。

8. 使用无线网络管理工具

AirMagnet、Chantry Beaconworks 和 AirWave 之类的工具，能够扩展无线网络管理控制台的能力，并且能够提供有价值的诸如流量监控、个性化等实用的功能。如果预算允许，那么购买它们并投入使用还是非常值得的。当公司打算采用基于策略的管理手段时，这类工具尤其有用。

小　　结

无线网络是利用无线电波而非线缆来实现计算机设备数据传送的系统。在无线网络的工作过程中出现的故障因素有环境因素、人为因素和设备因素。在基本的无线网络中一些排错的方法和技巧：①是否属于硬件问题；②接入点的可连接性如何；③设备的配置是否错误；④多个接入点是否在客户列表内。

无线局域网是计算机网络与无线通信技术相结合的产物。它具有传统局域网无法比拟的灵活性。无线局域网的通信范围不受环境条件的限制，网络的传输范围大大拓宽，最大传输范围可达到几十千米。虽然无线局域网络优势很多，但发生故障也是在所难免，在实际的故障排查中，无线局域网络最常见的故障就是无法建立连接，而造成这类故障的原因，又多来自软件配置上。因此，在无线局域网络的故障排查过程中，应本着"先软后硬"的原则，耐心仔细地进行。

思考与练习

一、选择题

1. 下面可以作为无线网络介质的是（　　）。
　　A. 双绞线　　　　　B. 铜缆　　　　　C. 红外线　　　　　D. 光纤
2. 无线网络使用的协议是（　　）。
　　A. IEEE 802.3　　　B. IEEE 802.4　　　C. IEEE 802.5　　　D. IEEE 802.11
3. 下列不是无线网络设备的是（　　）。
　　A. 蓝牙适配器　　　B. 红外适配器　　　C. PCI 网卡　　　D. 天线

4. 不是常见无线网络的故障因素的是（　　）。

    A. 环境因素　　　　　B. 人为因素　　　　　C. 机械因素　　　　　D. 设备因素

5. 无线网络最常见的故障是（　　）。

    A. 天线故障　　　　　　　　　　　　　B. 无线建立连接及无线设备故障

    C. 无线配置故障　　　　　　　　　　　D. 无线网卡

6. 无线网络故障排除的原则是（　　）。

    A. 先软后硬　　　　　　　　　　　　　B. 先硬后软

    C. 先天线后网卡　　　　　　　　　　　D. 先人为后设备

7. 最常见的与配置有关的问题就是（　　）协议。

    A. HTTP　　　　　　　B. WEP　　　　　　　C. DHCP　　　　　　　D. FTP

8. 排查性能问题时，（　　）是一款用来做此项工作的免费程序。

    A. NetStumbler　　　　B. X-SAN　　　　　　C. SpDevelop　　　　　D. SXBandMaster

9. 下列不是无线局域网故障排查方法的是（　　）。

    A. 硬件排错　　　　　　　　　　　　　B. 检查接入点的可连接性

    C. 测试信号强度　　　　　　　　　　　D. 观察法

10. 管理员故障检修时，需要很快的学习辨认（　　）。

    A. 盲点　　　　　　　B. 无线 AP　　　　　C. 无线网卡　　　　　D. MAC 地址

二、填空题

1. 无线局域网的拓扑结构可归结为两类：_____和_____。

2. 无线局域网是_____与_____相结合的产物。

3. 如果经过测试发现信号强度很弱，但是最近又没有做过搬移改动，那么可以试着改变_____并通过一台无线终端检验信号是否有所加强。

4. _____服务器都会将 192.168.0.X 这个地址段分配给无线客户端。

5. _____记录了所有可以访问接入点的无线终端的 MAC 地址。

三、简答题

1. 什么是无线网络？

2. 无线网络的组成部件有哪些？

3. 简述无线网络的故障诊断及排除方法。

4. 简述无线局域网络的故障诊断及排除方法。

5. 列举无线局域网络的日常管理维护方案。

◆ **实　训** _____

项目　建立 Windows 环境下的对等无线网连接

:: 实训目的

掌握在 Windows 环境下配置无线对等网。

:: 实训环境

每人一台计算机，并装有 Windows 操作系统，配有无线网卡。

:: 实训原理

对等无线网络主要用于两台或者多台计算机之间文件的互传，因为没有了无线接入点（AP），信号的强弱会直接影响到文件传输速度。所以，计算机之间的距离和摆放位置也要适当调整。

> **注意**
>
> 在配置客户机网络参数之前，需要正确安装好无线网卡驱动程序，并调整好客户机和无线路由器间的位置，保证所有客户机都在信号覆盖范围之内。安装、配置 TCP/IP 协议。

:: 实训内容与步骤

Windows 系统提供了对无线网络的良好支持，可直接在"网络连接"窗口中进行设置，而无需安装无线网络客户端。所谓"无线网络客户端"，就是一种在操作系统不支持无线网络技术的时候，专门用来帮助连接上网的软件。下面，来看看具体的步骤。

1）在控制面板中打开如图 9.22 所示"网络连接"窗口。

2）右键单击"无线网络连接"图标，在快捷菜单中执行"属性"命令，显示如图 9.23 所示的"无线网络连接属性"对话框。

图 9.22 "网络连接"窗口

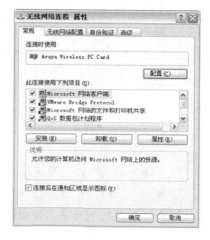

图 9.23 "无线网络连接属性"对话框

3）选择"无线网络配置"选项卡，如图 9.24 所示，并选择"用 Windows 来配置我的无线网络配置"复选框，启用自动无线网络配置。

4）单击"高级"按钮，打开如图 9.25 所示的"高级"对话框。

5）选择"仅计算机到计算机（特定）"选项，实现计算机之间的连接。若既直接连接至计算机，又保留连接至接入点的功能，可选择"任何可用的网络（首选访问点）"选项。需要注意的是，在首选访问点无线网络中，如果有可用网络，通常会首先尝试连接到访问点无线网络。如果访问点网络不可用，则尝试连接到对等无线网络。例如，如果工作时在访问点无线网络中使用笔记本电脑，然后将笔记本电脑带回家使用计算机到计算机家庭网络，自动无线网络配置将会根据需要更改无线网络设置，这样无需用户进行任何设置就可以直接连接到家庭网络。

图 9.24 "无线网络配置"选项卡

图 9.25 "高级"对话框

6）依次单击"关闭"和"确定"按钮，建立计算机之间的无线连接，显示如图 9.26 所示提示信息，提示无线网络连接已经连接成功。

由于 Windows 系统可以自动为计算机分配 IP 地址，也就是说，即使没有为无线网卡设置 IP 地址，而且网络中没有 DHCP 服务器时，计算机将自动从地址段中获得一个 IP 地址，并实现彼此之间的通信，从而共享文件夹和打印机。但是，如果想实现网络的所有功能，则应当为每个网卡都分配一个 IP 地址，尤其是对小型网络而言。

图 9.26 连接成功

注意

也许会觉得安装肯定不成问题。但是还是要注意，由于产品生产厂商不同，无线网卡的品质自然有高低之分。在对等无线网络连接的时候，品质不太好的网卡会出现信号强弱过分依赖角度的问题。

Intranet维护综合实训

学习目标 ☞ 了解 Intranet 的基本概念和技术特点。

了解 Intranet、Internet 和局域网三者的区别与联系。

掌握简单 Intranet 的构建方法。

掌握网络性能测试与优化的常用方法和工具。

掌握 Intranet 常见网络故障的诊断与排除。

要点内容 ☞ Intranet 基本概念与技术特点。

Intranet、Internet 和局域网三者的区别与联系。

Intranet 网络的构建。

Intranet 性能测试与优化。

Intranet 常见故障诊断与维护。

学前要求 ☞ 熟悉计算机网络基本原理。

了解网络规划与设计。

了解网络硬件设备的性能和选购。

10.1　Intranet 介绍

Intranet 通称为企业内连网，又称企业内部网，虽然它并非只用于企业，但却被简称为"企业网"。Intranet 由于在其局域网内部采用了 Internet 技术而得名。因此，Intranet 可以定义为由私人、公司或企业等利用 Internet 技术及其通信标准和工具建立的内部 TCP/IP 信息网络。

10.1.1　Intranet 的技术特点

通常的 Intranet 都连入了 Internet，另外一些 Intranet 虽然没有连入 Internet，但是却使用了 Internet 的通信标准、工具和技术。例如，某公司组建的内部网络与 Internet 一样使用了 TCP/IP 协议，安装了 Web 服务器，用于内部员工发布公司业务通信、销售图表及其他公共文档。公司员工使用 Web 浏览器可以访问其他员工发布的信息，因此，这样的网络也称为 Intranet。Intranet 的基本技术特点除了与 Internet 类似的三点之外，还有以下几个方面。

1）Intranet 是把 Internet 技术应用于企业内部管理的网络。

2）Intranet 提供了 6 项基于 Internet 标准的服务：文件共享、目录查询服务、打印共享管理、用户管理、电子邮件和网络管理。

3）Intranet 具备了 Internet 的开放性和灵活性，它在服务于内部的同时，又可以对外开放部分信息。

10.1.2　Intranet 与 Internet 的关系

随着 Internet/Intranet 的广泛使用，计算机"网络化"和"信息化"是当今企事业单位发展的总趋势。由于企事业单位的经营、生产和运作方式的改变，网络技术迅速普及并飞速发展，随之而来的是 Web 技术的出现和发展。

1. Intranet 与 Internet 的联系

1）Intranet 是利用 Internet 技术组建的企业内部网络，Intranet 要与 Internet 互连才能更好地发挥作用，真正成为开放的计算机信息网络。Intranet 所使用的主要技术与 Internet 一致，它使用的 WWW、电子邮件、FTP 和 TELNET 等都与 Internet 一致，这是 Intranet 和 Intranet 的主要共同之处。

2）Intranet 采用统一的基于 WWW 浏览器的技术来开发客户端软件，因此，Intranet 用户使用的用户界面与 Internet 普通用户使用的界面、软件都是相同的。因而，Intranet 用户可以方便地访问 Internet 上提供的各种服务和资源；同时 Internet 用户也可以方便地访问 Intranet 上的允许访问的各种资源。

总之，二者使用了相同的技术和应用方式，Intranet 只有通过与 Internet 互连才能更加充分地发挥自身的作用。

2. Intranet 与 Internet 的区别

Intranet 与 Internet 的区别主要表现在以下几个方面：

1）Intranet 是属于某个企事业单位部门自己组建的内部计算机信息网络，而 Internet 是一种面向全世界用户开放的不属于任何部门所有的公共信息网络，这是两者在功能上的主要区别之一。

2）Internet 允许任何人从任何一个站点访问其中的资源，而 Intranet 上的内部保密信息则必须严格地进行保护。为此，Intranet 一般通过防火墙与 Internet 相连。

3）Intranet 内部的信息分为两类：一类是企业内部的保密信息；另一类是向社会公众开放的企业产品广告等信息。前一类信息不允许任何外部用户访问，而后一类信息则希望社会上广大用户尽可能多地访问。

10.1.3 局域网与 Intranet 的关系

1. 局域网与 Intranet 的联系

局域网与 Intranet 的联系主要表现在以下几个方面：

1）局域网和 Intranet 都是企业内部的私有网络。局域网通常是指没有和 Internet 相连的、以普通方式工作的企业内部私有网络；而 Intranet 是一种可以根据自身需要选择与 Internet 相连还是断开，并且以 Internet 方式工作的企业内部私有网络。

2）网络内部的组成与结构类似。两种网络的内部网络的物理结构类似，两种网络组建时都遵循局域网的设计规则和实施方法。

3）网络内部的基本网络服务类似。两种网络中所能提供的 6 项标准服务基本相同。例如，均有文件共享、目录服务、打印共享管理、用户管理、电子邮件服务和网络管理等服务。

2. 局域网与 Intranet 的区别

局域网与 Intranet 的区别主要表现在以下几个方面。

1）共享信息的性质不同。传统局域网中的信息均为企业内部的信息，而 Intranet 内的信息分为两类：一类是企业内部的保密信息；另一类是向社会公众开放的企业产品广告等公用信息。

2）安全性能的要求不同。局域网中的资源共享一般局限在网络内部，而 Intranet 中的共享资源一般允许外部的有条件访问，因此，内部网络通常通过"防火墙"与 Internet 相连。两种网络对安全性能的要求不同。

3）使用的技术要求不同。局域网可以仅使用局域网许可的标准构建，而并不要求一定使用 Internet 技术构建；而 Intranet 一般使用与 Internet 相同的技术构建，例如，Intranet 也会提供与 Internet 类似的多项基于标准的基本服务，如信息浏览（WWW）和电子邮件（E-mail）等。

4）具有的功能不同。局域网通常只是一个局部的互连网络，只要主机能够互相通信并连接到一起，就可以称为局域网，而 Intranet 对功能的要求则要强得多。

3. 局域网逐步发展成为 Intranet 的原因

目前，由于信息共享、信息交流和通信协作的需要，越来越多的局域网需要与外界相连而成为 Intranet，其主要原因如下：

1）企业内部需要与外界互相沟通，例如，企业内部信息的一部分，如产品广告和销售信息等，将允许外部计算机的随时访问。

2）企业内部的信息网络已经从 C/S 结构向 B/S 结构转向，即企业内部与外部将会以相同的浏览器工作方式进行信息的浏览和查询。

3）多个 Intranet 需要联合经营，并以 Extranet（企业外连网）方式工作，实现有限的资源共享。

10.2　Intranet 组网实训

中小型 Intranet 的功能跟其他类型的网络有区别，一般有如下几点需求：

1）明确的权限限制。

2）私有空间的设置。

3）公用空间的设置。

4）打印机及数据等可以共享。

5）有专用的数据库服务器。

在知道了企业局域网的需求后，就可以着手企业局域网的组建了，本节主要讲述 Intranet 物理网络的构建。

10.2.1　硬件准备与组网方案

企业规模不同，网络结构就有很大的不同。相对于其他行业网络的组建，企业网络组建的预算一般情况下要高于其他行业。

1. 基本的企业网络结构设计

一个基本的企业网络结构，一般是在企业网络主干上放置一台主干交换机，企业的各种服务直接连接到主干交换机上。接着，由下一层交换机扩充网络交换端口，负责与所有工作站的连接。整个网络再通过路由器或 ADSL Modem 等连接到 Internet 上。

2. 基本的构成件的要求

对于中小型企业，为了保证局域网具有较高的性能，一般在硬件的速率、稳定性、安全性等方面均有严格的控制。例如，准备使用 100 Base-TX 星型网络时，就绝不能出现低于这个速率的硬件存在，否则整体网络将会受到影响。基于这个原则，这里推荐以下硬件组建企业局域网。

（1）中心节点——交换机

交换机能为网络上的数据分配通道，实现点对点的数据传输。因此使用交换机作为中心节点时，即使网络状态再繁忙，节点之间的数据交换也能保证十分通畅地进行。交换机主要应用于大中型网络，以及对网络性能要求比较高的场合。所以，在企业局域网中推荐使用它。

（2）拓扑结构

推荐使用 100Base-TX 星型以太网络。在设计网络结构时，要考虑其成本、扩充性、安装维护是否方便等。综合这些因素，建议选择组成、维护简单的以太网。鉴于各工作站独立工作及协同工作的双重要求，工作站计算机间的连接采用星型拓扑结构。

（3）网卡与网线

100Mb/s 的 PCI 网卡，采用 R-J45 插头和超 5 类双绞线与交换机连接。这样，可以保证网络的传输速率达到 100Mb/s。

在网络建设中，布线可以说是真正的一次性投资，人们很难以追加投资的方式来提高它的性能。布线系统的性能在很大程度上决定了网络的使用性能，所以布线系统的规划应该以目前所能达到的尽可能高的性能为标准。

（4）服务器

在服务器的硬件准备上，应当注意网络操作系统、容量和速度方面的要求；在硬盘的选择上，要充分考虑到现有和未来数据的容量存储需求，例如，准备在服务器上为 10 个员工每人分配 10GB 的空间，那么硬盘的容量就至少需要 120GB。对于一些有条件、在规模上也的确需要专业企业服务器的企业来说，则可以考虑使用 HP ProliantML150 等服务器，这类服务器最大的特点就是可以较好地解决数据访问的瓶颈问题。在经费允许的情况下为服务器配备一台高性能的 UPS，可以为服务器带来很大的益处，例如，在硬盘的数据保护和数据的紧急保存上，有时就远远超出 UPS 本身的价值了。

（5）ADSL 宽带接入设备

ADSL 用户端接入需要的设备有网卡、滤波分离器（信号分离器）、ADSL Modem 和电话线。

3. TCP/IP 方案设计

Intranet 是 Internet 技术在企业内部或某一单位内部的实现，它的基本通信协议是 TCP/IP 协议，其中 TCP 使得内部网的数据可以有序、可靠地传输，IP 使内部网中的各个子网互连起来。

在企业中，网络分布在几栋建筑物内是企业网络组建经常遇到的问题，企业网络显得分散，给网络的组建和管理带来了一定的难度。

假设某个企业在两栋楼中分别有数十台计算机，通常我们应为两栋楼分别分配一个子网，也就是说，让两个子网来组成一个企业局域网。在组建这种类型的企业局域网时，首先应掌握以下几个方面的知识。

（1）确定内部网 IP 地址的类型

大家都知道，IP 地址由 32 位二进制数字组成，8 位为一组，共有 4 组，中间用"."隔开。每个 IP 地址有两部分，即网络标识和主机标识，由于这两种标识长度不同，使得 IP 地址分为 5 类，常用的有 A、B、C 三类。

为使 IP 地址反映内部网的特点，我们给其中每段都赋予了实际意义。第 1、2 段用来区分网络号，比如这里我们选择 192.168，这也是几乎所有局域网都选用的网络号；第 3 段区分不同地址位置的子网，如甲楼选 1（即 192.168.1.*），乙楼选 2（即 192.168.2.*）。这样当内部网进行扩展时，有新的子网加入时，其 IP 地址的规划就显得很容易实现了。

（2）客户机 IP 地址的分配

内部网中的每一台计算机都是以 IP 地址标识网络位置的，因此在组建局域网之前就要为所有的设备，如服务器、工作站等分配好一个 IP 地址，其中客户机的 IP 地址分配由于数量较大，所以分配方法就要灵活运用。

通常，可以使用两种方式安排客户机的 IP 地址：一种是通过 DHCP 服务器来动态分配；另一种是根据部门位置分配静态 IP。

为了管理简单，推荐尽量采用动态 IP 分配的形式。如果一定要分配静态 IP，具体规划时就应该考虑使主机标识能够体现出内网中客户机的某些特征，如所属的行政单位或所在具体物理位置等。比如财务科的 IP 地址是 192.168.1.*，研发部的 IP 地址是 192.168.2.*，售后部的 IP 地址是 192.168.3.*。

10.2.2　组建 Windows Server 局域网

可以构建两种类型的网络，对等式网络和主从式网络。对于要求比较高的企业，建议采用主从式组网。在经费允许的情况下，将各种服务由多台独立的服务器来完成最为适宜。这样就可以实现各种服务器之间最大程度的独立性。下面就讲述这种基于"域"的，采用 Windows Server 操作系统的，主从式结构的多机局域网的组建过程。

主从式局域网的组建过程就是在多台主机组成的物理网络中，安装活动目录使一台主机成为域控制器，并在安装过程中创建域，然后再将其他工作站加入到该域，并使工作站登录到该域的操作过程。整个操作过程可以是由服务器端和客户端分别进行设置。

1. 服务器端的设置

在主从式网络中必须有一台安装了 Windows Server 的计算机充当域控制器。域控制器是安装了活动目录（Active Directory）的计算机，主要负责管理用户对网络资源的各种访问权限，包括登录网络、账户的身份验证以及访问目录和共享资源等。在服务器上安装 Active Directory 活动目录服务器的步骤如下。

1）执行系统菜单命令"开始→程序→管理工具→管理您的服务器"，打开如图 10.1 所示的"配置您的服务器向导"对话框。

2）在"配置您的服务器向导"的下一个对话框中，可以看到域控制器没有配置，选中该项角色，连续单击"下一步"按钮，可以启动 Active Directory 安装向导，如图 10.2 所示。

图 10.1　"配置您的服务器向导"对话框　　　　图 10.2　Active Directory 安装向导

3）打开如图 10.3 所示的"域控制器类型"对话框，选择"新的域控制器"单选框，单击"下一步"按钮。

4）打开如图 10.4 所示的"创建一个新域"对话框，选择"在新林中的域"单选框，然后单击"下一步"按钮。

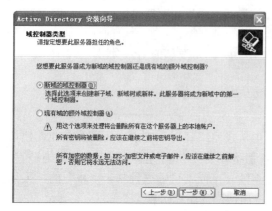
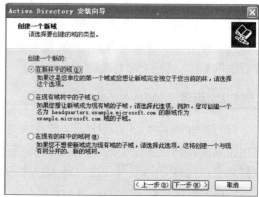

图 10.3 "域控制器类型"对话框　　　　　　图 10.4 "创建一个新域"对话框

5）打开如图 10.5 所示的"新的域名"对话框，在"新域的 DNS 全名"文本框中为新域指定一个域名，如"cqcet.com"，单击"下一步"按钮。

6）等待一段时间，打开如图 10.6 所示的"NetBIOS 域名"对话框，在"域 NetBIOS 名"文本框中输入一个 NetBIOS 名称，如"CQCET"，单击"下一步"按钮。

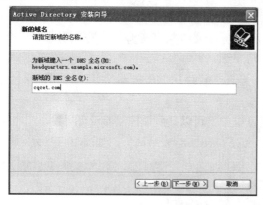
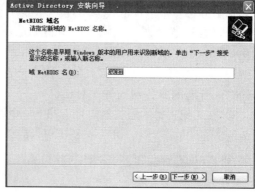

图 10.5 "新的域名"对话框　　　　　　图 10.6 "NetBIOS 域名"对话框

7）打开如图 10.7 所示的"数据库和日志文件"对话框，可以按默认路径设定，单击"下一步"按钮。

8）打开如图 10.8 所示的"共享的系统卷"对话框，在"文件夹位置"文本框中指定作为系统卷共享的文件夹位置，单击"下一步"按钮。

9）弹出如图 10.9 所示的"DNS 注册诊断"对话框（1），单击"下一步"按钮。

10）打开如图 10.10 所示的"DNS 注册诊断"对话框（2），选择"在这台计算机上安装并配置 DNS 服务器，并将这台 DNS 服务器设为这台计算机的首选 DNS 服务器"单选按钮，单击"下一步"按钮。

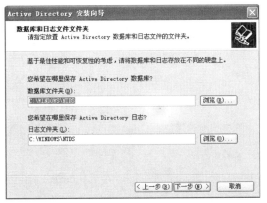

图 10.7　"数据库和日志文件位置"对话框

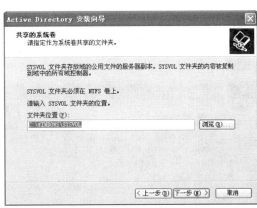

图 10.8　"共享的系统卷"对话框

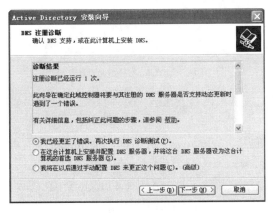

图 10.9　"DNS 注册诊断"对话框（1）

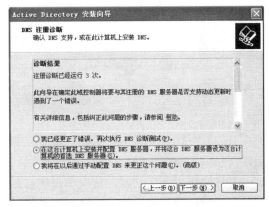

图 10.10　"注册诊断 DNS"对话框（2）

11）打开如图 10.11 所示的"权限"对话框，设置"只与 Windows Server 操作系统相兼容的权限"为用户和组对象的默认权限，单击"下一步"按钮。

12）打开如图 10.12 所示的"目录服务还原模式的管理员密码"对话框，在"密码"和"确认密码"文本框中输入管理员密码，单击"下一步"按钮。

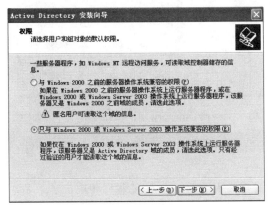

图 10.11　"权限"对话框

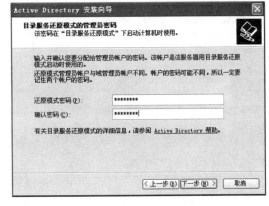

图 10.12　"目录服务还原模式的管理员密码"对话框

13）打开如图 10.13 所示的"摘要"对话框，显示服务器配置过程中设置的所有信息，单击"下一步"按钮。

14）打开如图 10.14 所示的"正在配置 Active Directory"对话框，系统将根据您的选择配置 Active Directory。

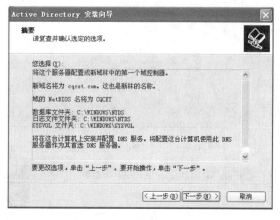

图 10.13 "摘要"对话框

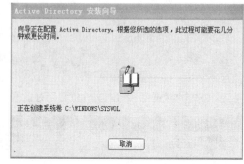

图 10.14 正在配置 Active Directory

15）经过几分钟运行，完成配置，显示"完成 Active Directory 安装向导"对话框，显示配置信息，单击"完成"按钮。

16）打开如图 10.15 所示的"是否立即重新启动 Windows"对话框，单击"立即重新启动"按钮，重新启动计算机。

17）主机重新启动后，依次单击"开始→程序→管理工具→Active Directory 用户和计算机"，打开"Active Directory 用户和计算机"对话框，如图 10.16 所示。

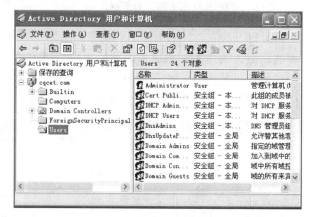

图 10.15 "是否重新启动 Windows"对话框　　图 10.16 "Active Directory 用户和计算机"对话框

18）依次展开"cqcet.com"，用鼠标右键单击"user"，在弹出的菜单中选择"新建→用户"，如图 10.17 所示。

19）在"新建对象"对话框中，根据需要输入员工的姓名、英文缩写和用户登录名，然后单击"下一步"按钮，如图 10.18 所示。

20）在出现的密码设置对话框中输入密码并选择合适的选项，单击"下一步"按钮，然后在出现的对话框中检查前面有关用户账号的设置信息，检查无误后，单击"完成"按钮，完成一个员工账号的创建。

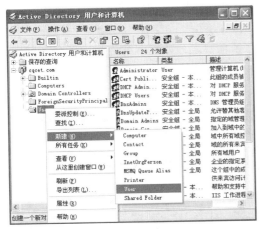

图 10.17 单击 "user"

图 10.18 创建新用户

重复上述操作，可以给公司的所有需要访问网络资源的员工每人创建一个域账号。

2．工作站的设置

以 Windows 客户端操作系统为例，加入 Windows Server 域时，应该做如下设置：

1）用鼠标右键单击 "我的电脑" 图标，在弹出的快捷菜单中执行 "属性" 命令。

2）在打开的 "系统属性" 对话框中切换到 "计算机名" 选项卡，如图 10.19 所示，修改并确认计算机名与要加入域的计算机名是一致的。

3）单击 "网络 ID" 按钮，在出现的 "网络标识向导" 中，单击 "下一步" 按钮进入 "如何使用本计算机?" 对话框。

4）然后选择 "本机是商业网络的一部分，用它连接到其他工作着的计算机" 项，如图 10.20 所示，并单击 "下一步" 按钮继续。

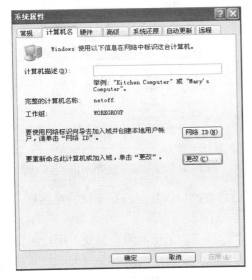

图 10.19 "系统属性" 对话框

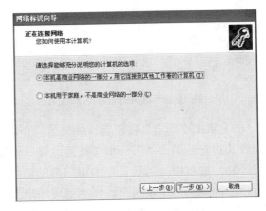

图 10.20 如何使用本计算机

5）接着需要确定使用的网络类型，这里也有两个选项："公司使用带有域的网络"和"公司使用没有域的网络"，这里选择"公司使用带有域的网络"，如图 10.21 所示，单击"下一步"按钮。

6）出现的对话框中提示必须获得有关域和账户信息之后才能继续进行操作。单击"下一步"按钮，接着在图 10.22 所示的对话框中输入要登录域的用户名、密码和域名，单击"下一步"按钮。

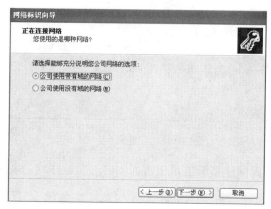

图 10.21　选择网络类型

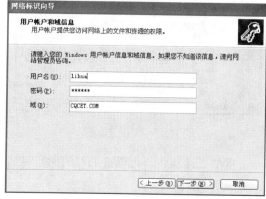

图 10.22　输入用户号、密码和域名

7）如图 10.23 所示对话框，输入要登录域的计算机名和相应的域名，单击"下一步"按钮。

8）输入域控制器的系统管理员账号"administrator"和密码，在"域"中输入设定好的域名称，如图 10.24 所示。

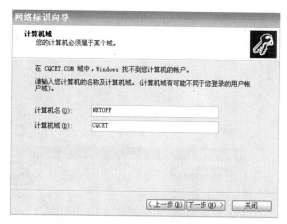

图 10.23　输入计算机名和域名

图 10.24　输入域管理员的用户名和密码

9）单击"确定"按钮后，如果信息正确，那么将会出现添加用户到本机的对话框。选择默认状态后单击"下一步"按钮继续，如图 10.25 所示。

10）本步中，需要设定本机用户的访问权限，这里提供了标准用户、受限用户和其他用户三种类别。建议用户选择"受限用户"来保障系统的安全，如图 10.26 所示。

11）单击"完成"按钮后，重新启动计算机后就可以用"lihua"这个账号使 Windows

客户机登录到 Windows Server 的 "cqcet.com" 域中了。

12）稍后，打开 "网络邻居" 对话框，从中应该能够看到自己和其他登录到该域的计算机，表明客户端与服务器之间的主从式网络已经组建完成了。

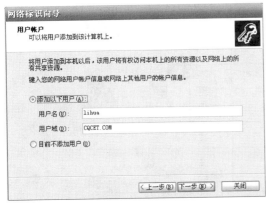

图 10.25　添加用户到本机

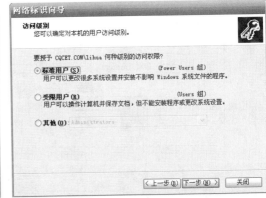

图 10.26　选择用户访问级别

10.2.3　网络接入技术

对于 Intranet，可以采用多种方式接入 Internet。选择性价比合适的 Internet 接入方式是企业局域网投资决策的一个重要的部分。目前适合企业 Internet 接入的方式主要有 ADSL、DDN 等，其中主流的是 ADSL 宽带接入方式。下面简单介绍 ADSL 宽带接入技术。

1. ADSL 简介

ADSL（Asymmetric Digital Subscriber Line）是非对称数字用户线的英文缩写。ADSL 是一种充分利用现有的电话铜质双绞线来开发宽带业务的非对称性的 Internet 接入技术。所谓非对称，就是指用户线的上行（从用户到网络）和下行（从网络到用户）的传输速率不相同。

根据传输线质量、传输距离和线芯规格的不同，ADSL 可支持 1.5～8Mb/s 的下行带宽，16Kb/s～1Mb/s 的上行带宽，最大传输距离可达 5km 左右。由于目前的电话铜双绞线是用 0～4kHz 的低频段来进行话音通信的，但一条铜双绞线的理论带宽有 2Mb/s，大量的高频端带宽被浪费了。ADSL 采用频分多路复用技术和回波消除技术在电话线上实现分隔有效带宽，利用电话线的高频部分（26kHz～2MHz）来进行数字传输，从而产生多路信道，大大增加了可用带宽。经 ADSL Modem 编码后的信号通过电话线传到电话局后再通过一个信号识别/分离器，如果是语音信号就传到电话交换机上，如果是数字信号就接入 Internet。

2. ADSL 的系统结构

ADSL 的结构如图 10.27 所示，它主要由中央交换局端模块和远端模块组成。中央交换局端模块包括在中心位置的 ADSL Modem 和接入多路复合系统，处于中心位置的 ADSL Modem 被称为 ATU-C（ADSL Transmission Unit-Central）。接入多路复合系统中心 Modem 通常被组合成一个接入节点，也被称作 "DSLAM"（DSL Access Multiplexer）。远端模块由用户 ADSL Modem 和滤波器组成，用户端 ADSL Modem 通常被称为 ATU-R（ADSL Transmission Unit-Remote）。

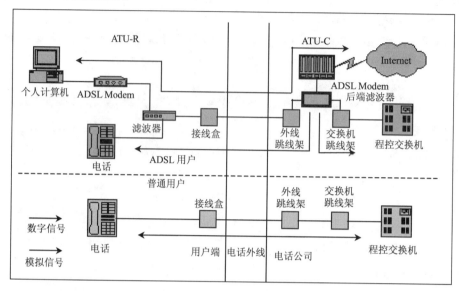

图 10.27 ADSL 的系统结构

3. ADSL 设备的安装与配置

ADSL 的安装包括局端线路调整和用户端设备安装。在局端方面，由服务商将用户原有的电话线中串接入 ADSL 局端设备，只需 2～3 分钟；用户端的 ADSL 安装也非常简易方便，只要将电话线连上滤波器，滤波器与 ADSL Modem 之间用一条两芯电话线连上，ADSL Modem 与计算机的网卡之间用一条交叉网线连通即可完成硬件安装，如图 10.28 所示。

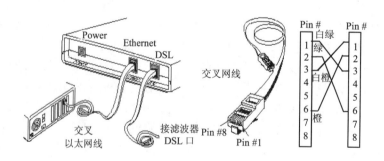

图 10.28 ADSL 终端设备的安装

硬件安装完毕后，再将 TCP/IP 协议中的 IP、DNS 和网关参数项设置好，便完成了全部安装工作，企业局域网接入 Internet 后的结构如图 10.29 所示。ADSL 的使用就更加简易了，由于 ADSL 不需要拨号，一直在线，用户只需接上 ADSL 电源便可以享受高速网上冲浪的服务了，而且可以同时打电话。

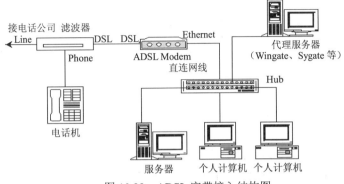

图 10.29　ADSL 宽带接入结构图

10.3　Intranet 性能测试与优化实训

随着网络的迅猛发展，人们对网络的依赖程度进一步增强，对网络的需求和期望也越来越高，而网络的规模在持续扩大，使得保持网络以最高性能运转变得越来越困难。本节将从网络性能的测试与优化两个方面，介绍如何有效地对 Intranet 的性能进行简单测试和管理。

10.3.1　Intranet 网络性能测试

1. 使用命令 tracert 测试网络性能

作为网络的管理员，要善于使用 tracert 命令来获得网络的拓扑结构信息，用 ping 命令来诊断网络的连通性。实践证明，用#ping 命令测试 Intranet 网络性能是行之有效的方法。

在通常情况下，首先通过 tracert 命令来获得网络的拓扑结构信息，然后用#ping 命令诊断 Intranet 网络各节点和排除故障。

在 Windows 环境使用 tracert 命令，而登录到 Linux 系统中，运行 traceroute 命令可以得到同样的路由信息。

1）首先要 TELNET 到邻近的交换机或路由器，然后在 Enable 模式下，用#ping 命令诊断上连网络设备的连通性。在 "Targer IP address" 后面，输入要验证的上连设备接口的 IP 地址，在 "Repeat count" 后输入 10000 次，其他采用默认值即可，则可以看到 10000 个连续而快速的 "！"。在一般情况下，在性能良好的局域网内部，"！" 是连续而快速的，没有断包，Success rate 是 100%。当出现某个断包时，需要检查途经线路的物理连接或途经设备的性能。

举例如下。

```
User Access Verification
Password:
Center>en
Password:
Center#ping
```

```
Protocol [ip]:
Target IP address:172.16.1.254
Repeat count[5]:10000
Datagram size [100]:
Timeout in seconds [2]:
Extended commands [n]:
Sweep range of size [n]:
Type escape sequence to abort.
Sending 10000,100-byte ICMP Echos to172.16.1.254,timeout is 2 seconds:
!!!!!!!!!!!!!!!!!!!!!!!!!!!!!!!!!!!!!!!!!!!!!!!!!!!!!!!!!!!!!!!!!
!!!!!!!!!!!!!!!!!!!!!!!!!!!!!!!!!!!!!!!!!!!!!!!!!!!!!!!!!!!!!!!!!
!!!!!!!!!!!!!
Success rate is 100 percent(10000/10000),round-trip min/avg/max=1/1/8 ms
Center#
```

2）然后用#ping 命令逐级诊断各个上连网络设备接口，直至与企业内部网连接的电信部门的路由器接口。用 ping 命令诊断与电信路由器接口的连通性时，会发现"！"出现的速度明显放缓，偶尔会出现断包现象。一般情况下，个别断包是允许的，这是因为电信线路质量的原因。当采用光纤链路时，10000 个"！"中断包的数量不能超过 5 个，当高于这一数量时，会严重影响企业网络接入 Internet 的性能。需要检查如下地方：两端 Modem 的设置是否匹配；本方路由器接口与电信路由器接口的速率设置是否一样；本方 Modem 接口是否有灰尘。参考事例如下。

```
User Access Verification
Password:
Center>en
Password:
Center#ping
Protocol [ip]:
Target IP address:202.108.42.211
Repeat count[5]:10000
Datagram size [100]:
Timeout in seconds [2]:
Extended commands [n]:
Sweep range of size [n]:
Type escape sequence to abort.
Sending 10000,100-byte ICMP Echos to202.108.42.211,timeout is 2 seconds:
!!!!!!!!!!!!!!!!!!!!!!!!!!!!!!!!!!!!!!!!!!!!!!!!!!!!!!!!!!!!!!!!!
!!!!!!!!!!!!!
Success rate is 100 percent(10000/10000),round-trip min/avg/max=1/1/12 ms
Center#
```

Internet 服务器的操作系统包括 UNIX、NT、Linux 等几大类，面对纷繁复杂的网络状况和种类繁多的测试工具，很难说哪一种工具更适合我们的实际应用。常用的网络检测工具有 ping、tracert、带宽测量工具、流量检测工具和统计分析工具等。

ping 是最简单的网络测试和诊断工具，主要用于测试主机是否可以到达、网络延迟以及丢包率。

tracert 主要用于测量网络上端到端的路由信息。它是随着 Internet 多网关互连的结构而出现的，其目的是跟踪数据包可能经过的每一条线路。

对带宽的测量主要是通过在用户模式诊断工具中实现一种拥塞回避机制的算法，代表软件有 TReno 等。

流量监测的工具包括在线实时监测和离线分析两种，如 Etherman 等。

随着 Internet 络结构的复杂化，为了全面衡量网络运行状况，需要能够对网络状态做更细致、更精确地测量。SNMP 协议的制定为 Internet 测量提供了有力的支持，MRTG 就是基于 SNMP 的典型统计分析工具。

2. 使用 IP 工具软件

有很多网络测试软件，如 ipPulse、PingStar、SuperScan、IP-Tools 等，这里主要介绍 NeoTrace。

NeoTrace 又称"网络侦察兵"，它是一个商业软件，可在 Windows 操作系统中运行，其运行后的主界面如图 10.30 所示。

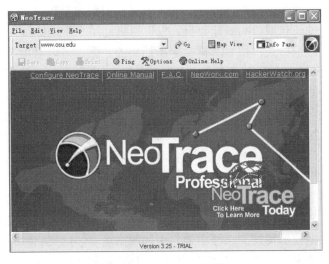

图 10.30　NeoTrace 主界面

NeoTrace 利用图示来告知从自己的计算机连接至网络的某网站所经过的 ISP 速率及 IP 位址。使用者只需输入网址，它便会依连线图示来显示，使用者可打开此网站或将某个 ISP 的传输率打印出来。NeoTrace 一共提供了三种视图方式：Map View、Node View 和 List View。

3. 使用专用的网络测试仪器

对网络连通性的测试还可以借助于一些专用的网络测试工具和仪器，比较有名的是前面已经介绍过的美国 Fluke 公司生产的 Fluke 系列网络测试仪器。

10.3.2　Intranet 网速减慢的故障解决

企业局域网在使用的过程中，网络速度越来越慢的原因比较多，网络维护人员应该具备相应的知识，以便及时、有效地找到问题，解决问题。

1. 硬件故障引起的局域网网速减慢

网线的状况、网线的接头、集线器、网卡以及驱动程序等硬件设备都可能引起企业局域网网速减慢。在大多数情况下，网速的突然减慢都是由于网络硬件故障所引起的。

这时我们首先需要检查网线是否脱落，有无折损断裂；网线接头是否松动，接触不良；集线器的电源是否松动或接口是否沾满了灰尘或杂物，造成堵塞；以及网卡的工作是否正常，IP 地址的设置是不是与别的计算机的设置有了冲突等。

2. DNS 故障引起的局域网网速减慢

基于 Windows 系统的局域网在运行一段时间后，发现整个网络网速变慢，运行公司的信息系统软件和访问公司局域网内主页速度明显降低，访问外网速度也大不如前。在确定传输和硬件没有问题后，用 ping 命令来测试，发现不仅 ping 到内部主页时断时续，ping 路由器的局域网端口也是时断时续。

为了发现故障原因，用 Windows 系统自带的网络监视器，对网络使用的带宽、高峰期使用次数和正在传输的数据帧进行监视，通过监视的数据来分析是否引起了网络堵塞。运行网络监视器，通过捕获窗口的统计数据，发现网络利用率平均维持在 50%以上，并且大都指向了路由器。停止捕获，按 F12 键显示所捕获的数据，可以看出 70%以上的数据帧都是由 DNS 服务发出的。在一个网络上出现那么多的 DNS 数据帧是非常异常的，可以基本上确定故障是由于 DNS 引起的。

仔细检查 DNS 的配置，发现在服务器属性中选定了使用转发器，在列表中输入了另外一个主机 B，即当 DNS 服务器 A 不能对客户端的域名请求进行解析时，其请求都传递给了 B。B 是一台 WWW 服务器，兼做路由服务器，局域网中所有客户端的默认网关都指向该主机，通过该主机与外网进行通信，它并不提供域名解析服务。

当两台服务器都不能对请求主机名进行解析时，就形成了一个死循环，产生大量的网络流量，影响了整个网络的运行速度。由于 WWW 服务器的默认网关是路由器的局域网端口，所以大量的数据帧都转发到该路由器，引起网络堵塞。既然已经找到了故障的原因，就很好解决了。卸掉安装在 B 上的 DNS 服务，关闭 A 的转发功能，网络速度就明显提高了，通信也恢复了正常。

3. 网络拓扑错误引起的局域网网速减慢

在局域网内的客户端、服务器端互相不能访问或者访问速度减慢，而各个客户端和服务器端的配置又都是正常的。

这时我们应该检查一下网络的拓扑结构。首先，检查两个网络设备之间的物理距离。现在企业局域网内大都使用的是 5 类双绞线，而 5 类双绞线的有效距离是 120～150m，最佳距离小于 80m。如果两个网络设备之间的物理距离超过了 120m，而且之间又没有网络中继设备，那么它们之间的网络传输速度就很慢。至于光纤则没有这种问题。

这时我们需要改变网络拓扑结构，缩短两个网络设备之间的物理距离或增加网络中继设备，如集线器或中继器，还可以更换网线，采用超 5 类双绞线或者光纤等。

再统计一下任意两个网络设备之间经过的中继器数量。在 10Mb/s 以太网中不应超过 4 个，在 100Mb/s 快速以太网中不应超过 2 个。

4. 网络电缆引起的局域网网速减慢

有的企业原来使用的是 10Mb/s 的以太网，在升级为 100Mb/s 的以太网后，突然出现网络速度降低或者根本就不能连接的情况。

这主要是由于网线不适应企业局域网的网络需求所造成的。对于 5 类非屏蔽双绞线，用电缆测试仪测试其是否符合对应 100Mb/s 传输速率的 EIA/TIA-TSB67 标准。某些在 10Mb/s 以太网工作正常的网线链路因为近端串扰太大，用在 100Mb/s 以太网就不能正常工作。信号耦合到邻近线对会引起高频信号传输失败。将 UTP 的线对分开甚至会使网络在达到一定流量时瘫痪。当出现这种情况时，我们就需要更换网线。

5. 病毒造成局域网网速降低

现在许多计算机病毒，如"尼姆达"病毒、"爱情后门"病毒、"求职信"病毒及其变种等，都会造成局域网网速降低。如果有一台计算机感染了这些病毒，它们就会通过局域网或 Internet 向别的计算机传播，使整个网络中充斥着病毒文件而导致网络堵塞，增加了服务器或客户端的负荷。这些因素都会造成网络速度的降低。

比如，曾经流行过的"求职信"病毒，使用者只要预览病毒信件，不需执行任何附件，就会受到感染。用户一旦中毒，病毒便会大量寄发邮件给通讯录的收件者，造成服务器和客户端负荷增大，网路引起堵塞，正常的数据帧不能传输，甚至于整个网络瘫痪。

为了防止病毒的干扰，网络维护人员就需要定时查毒杀毒，设置网络防火墙，修补各种漏洞。当有一台计算机中毒时，要将它与网络断开，以防止其感染别的计算机。

10.3.3　Intranet 网络性能优化

网络性能优化就是在网络建设中对网络系统的软硬件进行最优配置，优化网络以及优化连网应用系统的性能，包括对网络以及应用的监测，及时发现网络堵塞或中断情况，全面的故障排除，基于事实的容量规划和有效地分配网络资源等，以保证网络具有最佳的运行质量（包括传输速率、响应时延等）。

如今的网络世界瞬息万变，日益复杂。网络用途越来越广，用户要求越来越高，新的技术汇聚集中，应用系统层出不穷。与此同时，企业要求网络更直接地为创造利润做出贡献，不再仅仅是担任支持的角色。面对这一系列的挑战，IT 工作人员必须充分发挥网络性能，没有一个成功的网络性能解决方案，就无法保证网络服务的质量。有效的网络性能管理方案对充分利用 IT 资源、控制网络运作、最大限度地发挥 IT 工作人员的效能、使网络性能得以最佳提升和优化有着十分重要的意义。

1. 网络性能优化的专业网络管理软件

对于大型企业来说，引进和运用性能管理软件尤其重要。下面介绍一个网络应用性能管理工具 Network Vantage 的用途和特点。

网络应用性能管理系统 Network Vantage 主要针对现有的网络应用资源，实现性能优化管理。它能观测到客户/服务器的应用程序是如何执行的，用户是如何访问应用系统的，网络会话是如何在网络系统中寻径的，应用系统及其他应用通信是如何占用网络资源的。Network Vantage 是以应用为中心的网络性能管理工具，可称为网络系统的透视仪，它可以显示、分析并保存网络应用中的具体应用信息状态及普通网络管理员所提供的信息。

（1）Network Vantage 的主要用途

1）性能优化。通过了解网络应用的通信流量和应用负载，可以适当改变服务器的位置，重新分段并且分布应用计划以优化网络性能；通过配置优化来提高性能（客户、服务器负载均衡）；通过服务水平协议、服务跟踪提高服务质量。

2）服务水平管理。通过提供关键应用要素（反应时间和应用负载）调整被监视应用的性能，并在问题产生之前改正，以达到要求的服务水平。

3）容量设计。通过提供一种机制来存储和报告一段时间内收集的信息，进行跟踪和分析，并对增加的网络容量需求进行重新规划。

4）资源的计算和再利用。通过了解问题所在，信息技术部的各方面成员能对问题进行通力合作并及时采取解决问题的方法。

（2）Network Vantage 的主要功能

利用 Network Vantage 可以发现、测量和记录以下几个方面的内容。

1）应用监视。Network Vantage 自动发现 1500 多种应用和承载应用的网络硬件设备、网络应用流量和流量拓扑结构，对于用户自己开发的应用，提供 15 种定义模式。许多网络问题是由于应用性能的降低、流量的增加或网络层设计的错误而造成的。Network Vantage 可以分析网络性能、运行应用种类、平均反应时间、应用负载及流量等。

2）按会话统计传输负载。Network Vantage 可以提供应用传输流的实时视图和历史视图，显示"会话"级和"事务"级的细节。Network Vantage 将"会话"定义为两个节点间通过一个应用程序进行任何通信；将"事务"定义为最终用户观察到的一个特定事件，包括客户机与服务器之间的请求和回答，如用户登录、数据请求等。Network Vantage 自动为通过网络中每一个连网设备的每一个应用程序生成传输负载图。

3）应用和会话级响应时间。Network Vantage 为客户/服务器应用系统提供包括最大最小、标准差及平均响应时间的信息。通过这些信息，IT 人员可以更准确地调整系统应用水平。

4）事务响应时间。Network Vantage 的事务检查方法准确地测量最终用户观察到的响应时间，Network Vantage 监视任何具有可识别的 TCP Socket 或正在访问关系数据库的应用程序事务的响应时间。Network Vantage 还能识别出运行在同一个服务器上的应用程序，如 Oracle Financial 或用户自己编写的 Oracle 程序，最后 Network Vantage 将 Oracle 和 Sybase 事件分解为多个 SQL 响应时间。

5）服务质量。Network Vantage 能够帮助了解延迟是在何处被引入网络的，瓶颈在哪里，从而解决网络应用的可用性，提高运行性能。

6）趋势分析。记录和整理网络数据是 IT 人员的另一项任务，Network Vantage 能将网络性能数据输出到数据库中，进行详细记录。

7）报表输出。Network Vantage 提供了几十种报表，可以由选择条件加以过滤。Network Vantage 准确详尽的应用信息，使长期趋势分析和报表编制变得既容易又便于管理。

8）安全性及计费支持。用户可以登录到具有相应权限的服务器，并记录其 MAC 地址。可根据各部门所利用的资源来确定费用。

美国 Compuware 软件公司开发的 Network Vantage 是 Vantages 套件产品的一部分，它与 Vantages 的 Server Vantage、Application Vantate 和 Client Vantage 等组成了一套功能完整的网络应用优化管理系统，对广大用户提供网络优化管理的高质量服务。由于该软件系统所含套件数量多且价格比较昂贵，容量也相当大，大多应用在一些大型复杂异构企业网络上。考虑到篇幅有限，这里不再展开。

2. 网络性能优化的工具软件介绍

对于普通网络用户来说，无论是在局域网内部还是通过 Internet 进行数据传输工作，对网络性能的基本要求就是传输速率快，当然也要保证数据传输的安全性。专门制定如上述针对大中型企业的网络优化管理方案是不必要的，可以利用一些网络性能优化工具软件来改善网络结构环境，优化网络传输性能，尤其是优化 Internet 连接速度已成为当前的一个热门话题。下面介绍的几个小软件就是针对网速的。

（1）超级兔子网络优化

它是一个直接提高 Windows 上传和下载速度的软件，非常适用于电话拨号和 ISDN，能直接看到速度显著提升。以下是软件安装好以后运行和设置的图形界面，图 10.31 所示为该软件运行时的主窗口界面。该窗口中有三个超链接按钮，分别为"优化网络"、"恢复原样"和"手工设置"。单击前两个按钮，软件自动对网络性能指标进行最优设置，并可回到设置前的状态。

而单击"手工设置"按钮，则可进入如图 10.32 所示的"网络"对话框。可以根据网络实际的运行状态，对一些选项进行取舍。在选择"使用最大传输单元"、"加速 TCP/IP

图 10.31　超级兔子主界面

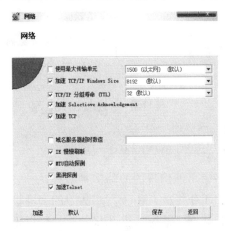

图 10.32　"网络"对话框

Windows Size"、"TCP/IP 分组寿命"和"域名服务器超时数值"的下拉列表选择菜单时，应按网络实际的连接情况进行正确的选择，否则不起作用。网络各项参数选择好以后，可以在以下 4 个按钮中确认方式；"加速"按钮用于实时网络加速；"默认"按钮使设置前的状态仍然有效；"保存"按钮对设置后的参数予以保存；还有一个返回到上一级菜单的"返回"按钮。

当设置好网络参数后返回到"超级兔子网络优化"主窗口界面时，会弹出一个对话框，询问是否使用"ADSL/Cable/Lan"的网络环境，单击"是"按钮，系统给出又一个对话框，提示网络优化已经完成，要重启计算机使设置生效。

（2）终级上网提速 V8.1 绿色版

终级上网提速 V8.1 版是知名的国产网络优化软件，同时也是国内最早几款网络优化软件之一，功能强大，性能出众，其运行后的界面如图 10.33 所示。它支持目前国内所有主流上网接入方式，包括局域网、电话拨号、ISDN、ADSL、卫星连接、手机与笔记本无线上网等；支持所有主流操作系统。最新版本更是进行了细致的优化，新增大量实用功能，在 1M 的 PPPoE 方式接入的 ADSL 上实测，优化前系统下载速度能保持 70~80Kb/s 已很不错了，优化后能轻松稳定达到 100Kb/s，并且解决了 ADSL 浏览网页速度减慢的问题。软件提供了面向初级用户的"自动优化向导"功能，几秒钟就完成优化。同时也提供了面向中高级用户的"手工优化"功能。软件还支持优化数据共享，可以轻松的和网上安装有此软件的用户共享优化成果。

图 10.33　NetSpeedBooster 主界面

10.4　Intranet 故障诊断与维护实训

10.4.1　Intranet 故障的分类与诊断

在网络中可能出现的故障多种多样，往往解决一个复杂的网络故障需要广泛的网络知识与丰富的工作经验。由于网络故障的多样性和复杂性，网络故障的分析与解决方法也不尽相同。若从网络故障的性质来分析，可以把网络故障分为物理故障和逻辑故障。下面分别介绍两类网络故障的诊断与解决方法。

1. 硬件故障

物理故障是指设备或线路而引起的故障，它包括网络设备或线路损坏、端口插头松动或线路受到严重电磁干扰等。

诊断与解决方法如下：

1）线路不通。首先 ping 线路两端的路由器端口，检查两端的端口是否关闭。如果其中一端端口没有响应，则可能是路由器端口故障。如果是近端端口关闭，则检查端口插头是否松动，路由器端口是否处于停止状态；如果是远端端口关闭，则要通知线路对方进行检查。如果线路仍然不通，一种可能是线路中间被切断，另一种可能就是路由器配置出错，可以使用 tracert 命令来诊断。

2）线路突然中断。这时首先用 ping 命令检查线路在网络管理中心这端的端口是否连通，并借鉴线路不通的分析与解决方法。

3）端口插头松动。如果端口插头松动，则插紧，再用 ping 命令检查，如果是连通则故障解决。也有可能是线路远离网络管理中心的那端插头松动，这需要通知对方进行解决。

4）设备插头误接。网络插头都有一些规范，只有搞清双绞线中每根线的颜色和用途，以及设备之间何种情况使用直通或交叉连接等，才能做出符合规范的插头，否则就会导致网络连接出错。若两个路由器直接连接，这时应该让一台路由器的出口连接另一路由器的入口，而这台路由器的入口连接另一路由器的出口才行，这时制作的网线就应该满足这一特性，否则也会导致网络故障。不过像这种网络连接故障显得很隐蔽，要诊断这种故障没有什么特别好的工具，只有依靠经验丰富的网络管理人员了。

5）电磁干扰。布设网线时应尽量远离强电线路与相关设备，以防止电磁干扰。若以前网络可以正常工作，突然出现网络信息失真较大等，需要检查是否有新的干扰源并排除。

6）路由器故障。在线路故障中很多情况都涉及到路由器。一种路由器故障就是自身的配置错误。例如，配置的协议类型不对，配置的端口不对等。这种故障比较少见，但没有什么特别的诊断方法，排除故障与网络管理人员的经验有关。解决路由循环的方法就是重新配置路由器端口的静态路由表或动态路由表。

7）路由器的负载过高。这表现为路由器 CPU 温度太高、CPU 利用率太高及可用内存容量太小等。虽然这种故障不会直接影响网络的连通，但却影响到网络提供服务的质量与速度，而且也容易导致硬件设备的损害。检测这种类型的故障，需要利用 MIB 变量浏览器这种工具。从路由器 MIB 变量中读出有关的数据，通常情况下网络管理系统有专门的管理进程不断地检测路由器的关键数据，并及时给出报警。而解决这种故障，只有对路由器进行升级、扩充内存并改善设备所在的机房环境等。

8）网卡故障。网卡常见的故障有与其他硬件的 IRQ、I/O 地址或 DMA 等冲突，若发生冲突，则在"控制面板→系统→设备管理"中检查原因，并更改网卡的 IRQ 或 I/O 地址等。在多块网卡安装时，一定要为它们设置不同的 IRQ 值和 I/O 地址。

2. 逻辑故障

逻辑故障是指设备的配置等软件引起的故障，它包括路由器端口参数设定有误，或路由器路由配置错误，以至于路由循环或找不到远端地址，或者是子网掩码设置错误，或者是服务器配置有误等。

诊断与解决方法如下：

1）配置错误。当发现网络中某条线路故障，且该线路没有流量，但又可以 ping 通线路两端的端口时，很可能是路由配置错误导致了死循环。诊断该故障可以用 tracert 工具，可以发现在 tracert 结果中某一段之后，两个 IP 地址循环出现。这时就是线路远端把端口路由又指向了线路的近端，导致 IP 包在该线路上来回反复传递。这时需要更改远端路由器的端口配置，将路由设置为正确配置。

2）进程或端口被关闭。路由器的 SNMP 进程意外关闭或死掉，这时网络管理系统将不能从路由器中采集到任何数据，因此网络管理系统失去了对该路由器的控制。还有就是线路中断，没有流量，这时用 ping 发现线路近端的端口 ping 不通，这时检查发现该端口处于停止状态。这时只需重新启动该端口就可以恢复线路的连通了。

3）服务器配置。服务器故障常见的现象就是配置不当。例如，服务器配置的 IP 地址与其他主机冲突，或 IP 地址根本就不在子网范围内。还有一些服务的设置故障。例如，E-mail 服务器设置不当导致不能收发 E-mail，或者域名服务器设置不当将导致不能解析域名。

4）主机安全配置。主机没有控制其上的 Finger、RPC 和 Rlogin 等服务，恶意攻击者可以通过这些进程的正常服务或漏洞攻击该主机，甚至得到该主机的超级用户权限等。另外，不适当的共享本机硬盘等，将导致恶意攻击者非法利用该主机的资源。一般可以通过监视主机的流量、扫描主机端口和服务来防止可能的漏洞。

10.4.2 Intranet 常见故障分析与排除

通过上面的内容介绍，了解了 Intranet 网络故障的总体情况，现在就一些实际操作过程中经常遇到的情况稍作列举，以供在实践中参考。

1. 常见物理故障

（1）网卡故障

网卡一般有两个指示灯，"连接指示灯（Link）"和"信号指示灯（Act）"。正常情况下，"连接指示灯（Link）"应该一直亮着，黄色表示 10Mb/s 网络连接，绿色表示 100Mb/s 网络连接；而"信号指示灯（Act）"在信号传输时应该不停地闪烁。

故障现象：首先检查插上计算机 I/O 插槽上的网卡侧面的指示灯是否工作正常，如果"连接指示灯（Link）"不亮，应该考虑连接故障，即网卡自身是否正常，安装是否正确，网线、集线器是否有故障。

解决方法：从 Windows 硬件管理器中检查网卡是否正常安装，否则更新驱动程序或者更换网卡重试。检查上连网络是否有问题，包括线路、集线器和交换设备。

（2）RJ-45 接头或网线问题

RJ-45 接头由于经常插拔或者制作不当，很容易出现故障。例如，双绞线的铜线没有完全接触水晶头铜芯，或铜芯氧化而造成与网卡接触不良。

用检测仪器很容易检测到此类问题，只要更换网线，或者重新压制水晶头即可解决此问题。

（3）集线器和交换机故障

集线器和交换机通常是每天 24 小时工作，如果不注意日常维护，也会产生故障。这些设备应该注意除尘和散热，因为灰尘覆盖在电子元器件上，会导致散热不良而烧坏，另外电子元器件都有一定的工作温度，过高则会导致工作不正常。

交换机的接口指示灯与网卡指示灯非常类似，当有主机连接到接口时，指示灯亮，黄色表示 10Mb/s 网络连接，绿色表示 100Mb/s 网络连接；当有数据传输时，应闪烁。

在网络设备级连的环境中，上连接口的工作状态非常重要，如 5 口集线器有 1~5 口，第 1 口是级联口，不能占用，否则会导致所有端口不能正常通信。

（4）网线故障

这种情况通常是在外力作用下，对双绞线造成的人为破坏，它可能造成线路中断或出现混线，从而直接影响计算机的正常通信。

故障现象：计算机 ping 本机地址成功，ping 外部地址不通，使用测试仪对网络线路进行测量，发现部分用于传输数据的主要芯线不通。

解决方法：采用网络测试仪对双绞线两端接头进行测试，必要时可让两端双绞线脱离配线架、模块或水晶头，直接进行测量确诊，以防因连接问题造成误诊，确诊后即可沿网络路由对故障点进行人工查找。

如果有专用网络测试仪就可直接查到断点处与测量点间的距离，从而更准确地定位故障点。对线路断开的处理通常可将双绞线、铜芯一一对应缠绕连接后加以焊接并进行外皮的密封处理，也可将断点的所有芯线断开，分别压制进入水晶头后用对接模块进行直接连接。

如果无法查找断点或无法焊接，在保证断开芯线不多于 4 根的情况下，也可在两端将完好芯线顺序优先调整为 1、2、3、6，以确保信号有效传输。在条件许可的情况下，也可用新双绞线重新进行布设。

（5）线路阻值发生变化引起的网络无法通信

双绞线路阻值发生变化通常是因外部环境影响或其他原因直接改变其正常连接后的阻值，从而造成了信号的衰减，致使计算机数据的电平信号过低，无法通信或丢包严重。造成阻值变化的原因主要包括线路长期处于潮湿环境，线路因长期受到外力作用出现延展，网络线路与其他通信线路并行走线时发生信号串扰，末端连接模块因受潮或氧化而出现接触点阻值变大等。

故障现象：原来能够正常通信的计算机终端出现无法与交换机连接的情况，利用测试仪对线路进行测试时，网络测试仪上各信号灯显示连接情况正常，在末端接入另一网络交换机实现信号放大的情况下，数据通信方可恢复。

解决方法：由上述故障现象初步判断此故障为线路阻值变大引起的，用福禄克网络万用仪对计算机接入的端口进行接入测量，发现它与交换机连接时的信号电平低于正常通信的电平值。用万用表对每对线进行测量时，发现 1、2 两根线阻抗较大，打开墙壁模块盒对打线模块接合处进行检查，发现因墙体受潮导致网络模块上的卡线刀片出现严重氧化，线序 1、2 接触点氧化较为严重。更换网络模块后故障排除。

2. 常见逻辑故障

（1）IP 和子网掩码故障

分配正确的 IP 是主机使用网络的首要条件，IP 和子网掩码是匹配的，子网掩码决定所获取的 IP 地址的哪几位是主机地址，哪几位是网络地址，这样数据包才能正常传输。

（2）默认网关

默认网关是网络路由中的一个重要概念。网络节点通常有多条路由，由它决定数据包的发送方向。用 route print 命令即可查看本机的路由表。

```
C:\>route print
===========================================================================
Interface List
0x1 ........................... MS TCP Loopback interface
0x20002 ...00 0d 61 c4 be 77 ...... Realtek RTL8139 Family PCI Fast Ethernet NIC –
数据包计划程序微型端口
===========================================================================

===========================================================================
Active Routes:
Network Destination        Netmask          Gateway       Interface   Metric
         0.0.0.0            0.0.0.0        10.150.15.1    10.150.15.75    30
      10.150.15.0      255.255.255.0      10.150.15.75   10.150.15.75    30
     10.150.15.75    255.255.255.255       127.0.0.1      127.0.0.1      30
  10.255.255.255    255.255.255.255      10.150.15.75   10.150.15.75    30
       127.0.0.0          255.0.0.0         127.0.0.1      127.0.0.1       1
       224.0.0.0          240.0.0.0      10.150.15.75   10.150.15.75    30
 255.255.255.255    255.255.255.255      10.150.15.75   10.150.15.75     1
Default Gateway:        10.150.15.1
===========================================================================
Persistent Routes:
  None

C:\>
```

其中如下两行定义了本机的默认路由。

    0.0.0.0   0.0.0.0   10.150.15.1   10.150.15.75   30
Default Gateway: 10.150.15.1

而如下一行表示发往网络的 10.150.15.0 的数据包都直接由 192.168.15.75（本机网关）发送出去。

    10.150.15.0   255.255.255.0   10.150.15.75   10.150.15.75   30

那么发往网络 10.150.16.0 数据包该从哪个接口出去呢？显然不能从 10.150.15.75，因为它与 10.150.15.0 不在同一个网络。此时可以转发给默认路由，由它来完成。其实这也是网络路由的简单模型。

（3）DHCP 故障

DHCP 动态地为局域网计算机配置网络信息，可以大大降低管理工作量。但是错误的网络配置则会导致计算机无法上网，尤其是局域网存在多台 DHCP 服务器时，每个 DHCP 服务器都可以提供服务。

运行 ipconfig /all 命令，即可以查看网络的详细信息，其中就包括了 DHCP 信息。

```
C:\>ipconfig  /all

Windows IP Configuration

        Host Name . . . . . . . . . . . : netoff
        Primary Dns Suffix   . . . . . . . :
        Node Type . . . . . . . . . . . : Unknown
        IP Routing Enabled. . . . . . . . : No
        WINS Proxy Enabled. . . . . . . . : No

Ethernet adapter 本地连接:

        Connection-specific DNS Suffix :
        Description . . . . . . . . . . : Realtek RTL8139 Family PCI Fast Ethernet NIC
        Physical Address. . . . . . . . : 00-0D-61-C4-BE-77
        Dhcp Enabled. . . . . . . . . . : No
        IP Address. . . . . . . . . . . : 10.150.15.75
        Subnet Mask . . . . . . . . . . : 255.255.255.0
        Default Gateway . . . . . . . . : 10.150.15.1
        DNS Servers . . . . . . . . . . : 61.128.128.68
                                          61.128.128.69
C:\>
```

管理员从以上输出可以判断出当前使用哪个 DHCP 服务器，以及所获取的网络配置。如果不正常，应该修改 DHCP 服务器的配置。

（4）DNS 故障

DNS 的作用是将一个域名转换成对应的 IP 地址，这在 HTTP 服务、SMTP 服务中十分常用。如果配置不正常，服务器程序将会明显地报告 DNS 错误。管理员也可以通过 ping 命令来检测。

```
C:\>ping    www.sohu.com
Pinging cachesh1.sohu.com [61.152.234.77] with 32 bytes of data:
Reply from 61.152.234.77: bytes=32 time=35ms TTL=52
Reply from 61.152.234.77: bytes=32 time=35ms TTL=52
Reply from 61.152.234.77: bytes=32 time=35ms TTL=52
Reply from 61.152.234.77: bytes=32 time=34ms TTL=52
  Ping statistics for 61.152.234.77:
  Packets: Sent = 4, Received = 4, Lost = 0 (0% loss),
  Approximate round trip times in milli-seconds:
  Minimum = 34ms, Maximum = 35ms, Average = 34ms
```

```
C:\>
```

当 ping 一个域名时，会先进行域名解析。若失败，则显示以下结果。

```
C:\>ping   www.sohu.com
          Ping request could not find host www.sohu.com. Please check the name and try
gain.

C:\>
```

另一个功能强大的 DNS 检测工具是 nslookup 命令。下面的命令将从 DNS 服务器获取域名的详细信息，以下的例子说明设置的 DNS 工作正常。

```
C:\>nslookup    www.163.com
Server:   cache-cqdp.cta.net.cn
Address:   61.128.128.68

Non-authoritative answer:
Name:     www.cache.split.netease.com
Address:   220.181.28.42
Aliases:   www.163.com

C:\>
```

网络故障虽然多种多样，但并非没有规律可循。随着理论知识和经验技术的积累，故障排除将会变得越来越快、越来越简单。严格的网络管理是减少网络故障的重要手段；完备的技术档案是排除故障的重要参考；有效的测试和监视工具则是预防、排除故障的有力助手。

小　　结

本章介绍企业局域网 Intranet 的相关知识。通过本章的学习，将学到 Intranet、Internet 和局域网三者的区别与联系，简单 Intranet 网络构建，Intranet 性能测试与优化，Intranet 网速减慢的故障解决，Intranet 常见故障诊断与排除等，可以切实提高读者解决 Intranet 实际问题的能力。

思考与练习

一、填空题

1. _____是由私人、公司或企业等利用 Internet 技术及其通信标准和工具建立的内部 TCP/IP 信息网络。

2. 目前，企业内部的信息网络已经从 C/S 结构向 B/S 结构转向，即企业内部与外部将会以相同的工作方式进行信息的浏览和查询。

3. 多个 Intranet 需要联合经营，并以_____方式工作，实现有限资源的共享。

4._____命令主要用于测量网络上端到端的路由信息，它是随着 Internet 多网关互连的结构而出现的，其目的是跟踪数据包可能经过的每一条线路。

5. 从网络故障的性质来分析，可以把网络故障分为_____故障和_____故障。

6. 布设网线时应尽量远离强电线路与相关设备，以防止_____。

7. 使用_____命令可以查看本机的路由表。

8. 命令_____是一个强大的 DNS 检测工具。

二、简答题

1. 什么是 Intranet？Intranet 与 Internet 有什么区别与联系？

2. 简述 NetTrace 软件的三种视图方式的含义。

3. 列举你所知道的能够造成 Intranet 网速减慢的主要因素，并说明解决的办法。

4. 何谓网络性能优化？简单介绍两个你所知道的能够用于网络性能优化的工具软件。

◆ **实　　训**

项目　网络邻居访问故障的解决

:: 实训目的

通过实验理解和掌握网上邻居访问障碍的形成因素以及解决的方法。

:: 实训环境

至少两台主机构成的计算机网络，其中至少一台安装了 Windows 操作系统。

:: 实训内容与步骤

Windows 系统具有完备的用户管理体系，因此仅仅按照常规的共享方式并不能直接访问这些文件，反而会出现用户连接窗口，必须输入正确的用户名和密码才能顺利建立连接，甚至不能出现该连接窗口。对于这些情况，必须对系统进行适当的设置，下面以最常用的 Guest 用户为例介绍具体的实现方法。

1. 启用 Guest 账号

1）在控制面板中双击"管理工具→计算机管理"图标，在弹出的窗口中依次进入"本地用户和组→用户"菜单，此时可以在窗口右部查看到当前系统中存在的所有用户，如图 10.34 所示。

2）双击"Guest"用户，从弹出的属性窗口中取消"账户已停用"的选中状态，确认保存之后即可启用系统附带的 Guest 账户，如图 10.35 所示。

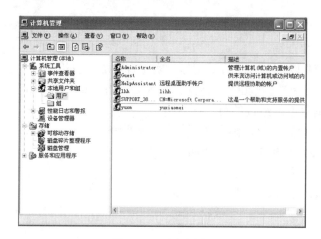

图 10.34　选择用户

图 10.35　启用 Guest 账户

激活了 Guest 账号之后，由于 Guest 是 Windows 系统附带的，其他任何用户只要在"网上邻居"中双击当前共享的文件夹就能够以此用户的身份对文件进行操作了。

2．修改默认组策略设置

通过用户组能够更加快捷地进行权限管理，因此这种方式可以用来进行重要文件的共享，但是如果用户组的权限设置有误也会造成文件共享失败。

1）在"运行"命令窗口中输入"gpedit.msc"打开组策略编辑器，如图 10.36 所示。

2）在编辑器窗口左侧依次进入"计算机配置→Windows 设置→安全设置→本地策略→用户权利指派"子项，此时可以在右部区域查看到当前系统中所有的策略，如图 10.37 所示。

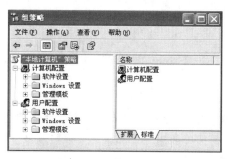

图 10.36　组策略编辑器

图 10.37　查看系统所有策略

3）从策略中选择"拒绝从网络访问这台计算机"，双击打开其属性对话框，选择用户"Guest"，单击"删除"按钮，如图 10.38 所示。

3．安装并启用"网络文件和打印机共享"服务组件

1）在桌面上用鼠标右键单击"网上邻居"图标，在弹出的快捷菜单中执行"属性"命令，打开"网络连接"窗口，如图 10.39 所示。

2）选中"本地连接"图标，单击鼠标右键，在弹出的快捷菜单中执行"属性"命令，弹出如图 10.40 所示的对话框。检查是否安装并启用了"网络文件和打印机共享"服务。

图 10.38　删除 Guest 用户　　　　　　　图 10.39　"网络连接"窗口

4. 启用 TCP/IP 上的 NETBIOS 服务

目前，大多数网络是混合网，有 Windows 不同版本的系统，因此需要在 TCP/IP 协议上捆绑 NETBIOS 解析计算机名。

1）打开"本地连接"的"属性"对话框，选择"Internet 协议（TCP/IP）"，单击鼠标右键，打开"Internet 协议（TCP/IP）属性"对话框，然后单击"高级"按钮并选择"WINS"选项卡，如图 10.41 所示。

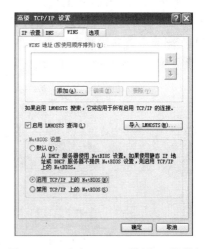

图 10.40　"本地连接属性"对话框　　　　图 10.41　"高级 TCP/IP 设置"对话框

2）选中"启用 TCP/IP 上的 NetBIOS"，单击"确定"按钮。

5. 启用"Computer Browser"服务

"Computer Browser"服务在网络上维护一个计算机更新列表，并将此列表提供给指定为浏览器的计算机。如果停止了此服务，则既不更新也不维护该列表。

1）在桌面上用鼠标右键单击"我的电脑"图标，在弹出的快捷菜单中执行"管理"命令，打开"计算机管理"控制台窗口。然后展开"服务和应用程序"目录，单击选中"服务"选项。在右窗格的服务列表中找到"Computer Browser"选项，检查其"启动类型"是否显示为"自动"，以及"状态"列表中是否显示为"已启动"，如图 10.42 所示。

2）双击"Computer Browser"服务，打开如图 10.43 所示对话框，启动该服务，并将其启动类型设置为"自动"。

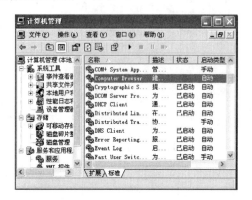

图 10.42 "计算机管理"对话框　　　　图 10.43 "Computer Browser 的属性"对话框

6. 修改防火墙错误设置

为了增强计算机的安全，很多人都安装了网络防火墙来抵御外来的侵扰。不过，防火墙在阻止外部非法连接的同时也有可能阻碍正常的连接。如果在访问对方计算机的时候出现无法访问的情况，那很可能就是由于防火墙的干扰了。目前很多的防火墙都提供了信任区域访问功能，如瑞星个人防火墙，只需进行相应的设置即可解决这个故障。

1）在瑞星个人防火墙主窗口中选中"详细设置"一项，并且单击"可信区"按钮激活可信区设置窗口，如图 10.44 所示。

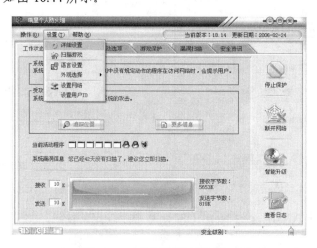

图 10.44 打开"可信区"窗口

2）在"规则设置"下选中"可信区"，单击"添加"按钮，可以选择单个 IP 地址、一个 IP 地址范围段，如图 10.45 所示。

3）确认之后即可以出现一个界面，只有在授权列表中的计算机才能正常连接到你的计算机，并且访问共享的资源。

7. 取消简单文件共享

1）在桌面上双击"我的电脑"，在主菜单中选择"工具"，打开"文件夹选项"对话框并切换到"查看"选项卡，如图 10.46 所示。

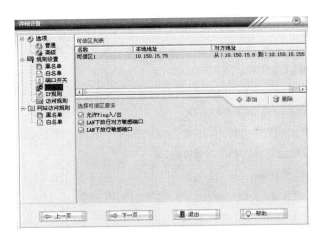

图 10.45　添加 IP 地址到可信区　　　　图 10.46　"文件夹选项"对话框

2）找到"使用简单文件共享"选项，取消该项的使用。

附录　常用的 TCP/UDP 端口号

端　口	服　务	协　议	说　明
7	echo	TCP/UDP	Echo 服务，用于调试和检测的服务，收到什么原封发回什么
9	discard	TCP/UDP	用于连接测试的空服务
11	systat	TCP	用于列举连接了的端口的系统状态
13	daytime	TCP/UDP	给请求主机发送日期和时间
17	qotd	TCP/UDP	给连接了的主机发送每日格言
19	chargen	TCP/UDP	字符生成服务；发送无止境的字符流
20	ftp-data	TCP	FTP 数据端口
21	ftp	TCP	文件传输协议端口，有时被文件服务协议（FSP）使用
22	ssh	TCP	安全 Shell（SSH）服务
23	telnet	TCP	Telnet 服务
25	smtp	TCP	简单邮件传输协议（Simple Mail Transfer Protocol）
37	time	TCP/UDP	时间协议
39	rlp	UDP	资源定位协议
42	name server	TCP/UDP	Internet 名称服务
43	nicname	TCP	WHOIS 目录服务
53	domain	TCP/UDP	域名服务（Domain Name Server）
67	bootps	UDP	引导协议（BOOTP）服务，还被 DHCP 服务使用
68	bootpc	UDP	Bootstrap（BOOTP）客户，还被 DHCP 客户使用
69	tftp	UDP	小文件传输协议（Trivial File Transfer）
70	gopher	TCP	Internet 文档搜寻和检索
79	finger	TCP	用于用户联系信息的 Finger 服务
80	http	TCP	用于万维网（WWW）服务
88	kerberos	TCP/UDP	Kerberos 网络验证系统
101	hostname	TCP	SRI-NIC 机器上的主机名服务
102	iso-tsap	TCP	ISO 开发环境（ISODE）网络应用
107	rtelnet	TCP	远程 Telnet
109	pop2	TCP	邮局协议版本 2（Office Protocol-Version 2）
110	POP3	TCP	邮局协议版本 3（Office Protocol-Version 3）
111	sunrpc	TCP/UDP	用于远程命令执行的远程过程调用（RPC）协议，被 NFS 使用
113	auth	TCP	验证和身份识别协议
117	uucp-path	TCP	UNIX 到 UNIX 复制协议（UUCP）路径服务
119	nntp	TCP	网络新闻传输协议（Network News Transfer Protocol）

续表

端 口	服 务	协 议	说 明
123	ntp	UDP	网络时间协议（NTP）
135	epmap	TCP/UDP	rpc 的 endpoint map
137	netbios-ns	TCP/UDP	在 Linux 中被 Samba 使用的 NETBIOS 名称服务
138	netbios-dgm	UDP	在 Linux 中被 Samba 使用的 NETBIOS 数据报服务
139	netbios-ssn	TCP	在 Linux 被 Samba 使用的 NETBIOS 会话服务
143	imap	TCP	Internet 消息存取协议（Internet Message Access Protocol）
158	pc mail-srv	TCP	PC Mail Server
161	snmp	UDP	简单网络管理协议
162	snmptrap	UDP	SNMP 的陷阱
170	print-srv	TCP	Network PostScript
179	bgp	TCP	边界网络协议
194	irc	TCP	Internet 中继聊天（Internet Relay Chat Protocol）
213	ipx	UDP	互连网络分组交换协议，被 Netware 环境常用的数据报协议
389	ldap	TCP	轻型目录存取协议（Lightweight Directory Access Protocol）
443	https	TCP/UDP	安全超文本传输协议（HTTP）
445	microsoft-ds	TCP/UDP	通过 TCP/IP 的服务器消息块（SMB）
464	kpasswd	TCP/UDP	Kerberos 口令和钥匙改换服务
500	isakmp	UDP	Internet 安全关联和钥匙管理协议（ISAKMP）
512	exec	TCP	用于对远程执行的进程进行验证
512	biff	UDP	异步邮件客户（biff）服务
513	login	TCP	远程登录
513	who	UDP	whod 用户记录守护进程
514	cmd	TCP	无记录的远程 shell（rshell）和远程复制（rcp）
514	syslog	UDP	UNIX 系统日志服务
515	printer	TCP	打印机（lpr）假脱机
517	talk	UDP	Talk 远程对话服务和客户
518	ntalk	UDP	网络交谈（ntalk），远程对话服务和客户
520	efs	TCP	扩展文件名服务器（EFS）
520	router	UDP	选路信息协议（RIP）
525	timed	UDP	时间守护进程（timed）
526	tempo	TCP	Tempo
530	courier	TCP	Courier 远程过程调用（RPC）协议
531	conference	TCP	Internet 中继聊天
532	netnews	TCP	Netnews 新闻组服务
533	netwall	UDP	用于紧急广播
540	uucp	TCP	UNIX-to-UNIX 复制服务

续表

端 口	服 务	协 议	说 明
543	klogin	TCP	Kerberos 版本 5（v5）远程登录
544	kshell	TCP	Kerberos 版本 5（v5）远程 shell
556	remotefs	TCP	Brunhoff 的远程文件系统（RFS）
636	ldaps	TCP	通过安全套接字层的轻型目录访问协议（LDAP over TLS/SSL）
749	kerberos-adm	TCP/UDP	Kerberos 版本 5（v5）的"kadmin"数据库管理
750	kerberos-iv	UDP	Kerberos 版本 4（v4）服务
1080	sock	UDP	Socks 代理　SOCKS 网络应用程序代理服务
1167	phone	UDP	Conference calling
1433	ms-sql-s	TCP/UDP	Microsoft SQL 服务器
1434	ms-sql-m	TCP/UDP	Microsoft SQL 监视器
1512	wins	TCP/UDP	Microsoft Windows Internet 名称服务器
1524	ingreslock	TCP	Ingres 数据库管理系统（DBMS）锁定服务
1701	l2tp	UDP	第 2 层隧道服务（Layer Two Tunneling Protocol）
1723	pptp	TCP	Point-to-Point Tunnelling Protocol
1812	radius	UDP	Radius 拨号验证和记账服务
1813	radacct	UDP	Radius 记账
2049	nfsd	UDP	网络文件系统（NFS）
3389	Hyper Trminal	TCP	Hyper Terminal
4000	oicq	UDP	OICQ Client
8000	oicq	UDP	OICQ Server
9535	man	TCP	显示命令的连机帮助信息
6881~6889	bt	TCP	BT 默认使用的端口，每一个下载只使用一个端口，顺次分配

参 考 文 献

Greg Tomsho. 2003. 网络维护和故障诊断指南. 北京：清华大学出版社

http://www.chinaitlab.com